计算机系列教材

Visual C++面向对象程序设计

主 编 彭玉华
副主编 黄 薇 曾 辉
　　　　刘 艳 袁 琼
主 审 赵海廷

武汉大学出版社

图书在版编目(CIP)数据

Visual C++面向对象程序设计/彭玉华主编.—武汉:武汉大学出版社,
2011.8
计算机系列教材
ISBN 978-7-307-09035-4

Ⅰ.V… Ⅱ.彭… Ⅲ.C语言—程序设计—高等学校—教材 Ⅳ.TP312

中国版本图书馆 CIP 数据核字(2011)第 153131 号

责任编辑:林 莉　　责任校对:刘 欣　　版式设计:支 笛

出版发行:**武汉大学出版社** （430072　武昌　珞珈山）
（电子邮件:cbs22@whu.edu.cn 网址:www.wdp.com.cn）
印刷:通山金地印务有限公司
开本:787×1092　1/16　印张:25.75　字数:654 千字
版次:2011 年 8 月第 1 版　2011 年 8 月第 1 次印刷
ISBN 978-7-307-09035-4/TP·406　　定价:39.00 元

版权所有,不得翻印;凡购买我社的图书,如有缺页、倒页、脱页等质量问题,请与当地图书销售部门联系调换。

前 言

本教材作者通过多年 C++面向对象程序设计的教学和 Visual C++开发经历,结合高等院校的教学模式,先介绍 C 语言,再介绍 C++和 Visual C++。由于专业总学时不断压缩,专业课开设较多,需对相近课程进行整合,于是结合 C++和 Visual C++教学实践,编写了这本 Visual C++教材。

本书继承了《Visual C++ 面向对象程序设计教程》一书的特点,针对 C++中对 C 语言的扩展内容进行了详细介绍,并介绍了 Visual C++ 6.0 的开发环境,及对 C++语言进行调试的方法。在学习 C++语言基础上进行 Visual C++应用程序的开发。将 C++面向对象程序设计分为 C++语言基础、C++程序设计、多态性与虚函数 3 章进行系统介绍,选例完整、突出重点。通过这个过程,上机调试 C++程序,不仅掌握 C++语言的知识,同时熟悉 Visual C++6.0 的开发环境。从第 4 章到第 7 章介绍 Windows 图形界面资源(对话框、菜单、工具栏和状态栏、常用控件、图形和文本处理)的创建和使用的方法,重点介绍 MFC 应用程序的编程。第 8 章介绍 Windows 文档与视图之间的关系,更进一步加深对 Windows 应用程序的来龙去脉的理解。第 9 章介绍数据库编程及项目开发实例。一般在讲解内容后紧跟实例,操作步骤清晰,都能上机调试通过,配合《Visual C++面向对象程序设计实验教程》的实验,一步步引导读者上机操作和编程,能更容易、更快捷地掌握 Visual C++编程技巧,学会用 Visual C++开发信息管理系统和游戏。鉴于作者水平有限,书中难免有些错误,恳请广大读者批评、指正。

本书不仅适合于教学,也适合于用 Visual C++6.0 编程和开发应用程序的开发人员学习和参考。

本书在编写、修改过程中,作者参考了参考文献中列举的书籍及资料,在此向这些书籍的作者表示诚挚的谢意!

在本书编写过程中得到了武汉大学出版社、武昌理工学院王化文教授以及有关领导和同仁的大力支持和帮助,在此表示衷心的感谢!

作 者

2011 年 6 月

目 录

第1章 C++基本知识 ... 1
1.1 C++概述 ... 1
1.1.1 C++的起源 ... 1
1.1.2 C++程序的特点 ... 1
1.1.3 C++程序与C程序的比较 ... 2
1.1.4 C++程序的基本结构 ... 3
1.2 C++的输入与输出 ... 5
1.2.1 C语言中的printf和scanf的缺陷 ... 5
1.2.2 标准输入/输出(I/O)流类 ... 6
1.2.3 I/O格式控制符 ... 8
1.2.4 输入输出操作的成员函数 ... 10
1.2.5 文件流 ... 13
1.2.6 顺序文件 ... 13
1.2.7 随机文件 ... 16
1.3 C++的函数 ... 17
1.3.1 函数的定义 ... 17
1.3.2 函数的调用 ... 18
1.3.3 内联函数 ... 22
1.3.4 带默认参数的函数 ... 23
1.3.5 重载函数 ... 26
1.4 指针和引用 ... 27
1.4.1 指针变量 ... 27
1.4.2 指针和数组 ... 28
1.4.3 引用 ... 29
1.5 C++新增运算符 ... 31
1.5.1 C++语言中的动态内存管理运算符 ... 31
1.5.2 作用域限定运算符 ... 33
1.6 Visual C++6.0 开发环境 ... 34
1.6.1 Visual C++6.0集成开发环境简介 ... 34
1.6.2 工具栏的显示或隐藏 ... 35
1.6.3 创建一个控制台应用程序 ... 37
习题 ... 40

第2章 面向对象的C++程序设计 ... 46
2.1 类和对象 ... 47
2.1.1 类的定义 ... 47
2.1.2 对象 ... 50
2.1.3 构造函数 ... 54
2.1.4 析构函数 ... 58
2.1.5 对象数组 ... 59
2.1.6 对象指针 ... 62
2.2 类的共享 ... 65
2.2.1 静态成员变量 ... 66
2.2.2 静态成员函数 ... 69
2.2.3 友元函数 ... 70
2.2.4 友元类 ... 72
2.3 类的继承和派生 ... 73
2.3.1 单继承 ... 74
2.3.2 多继承 ... 85
2.3.3 派生类的构造函数与析构函数 ... 87
习题 ... 92

第3章 多态性与虚函数 ... 100
3.1 类的多重继承 ... 100
3.1.1 二义性问题 ... 100
3.1.2 虚基类 ... 102
3.2 类的多态性 ... 104
3.2.1 虚函数 ... 104
3.2.2 纯虚函数与抽象类 ... 107
3.3 运算符的重载 ... 108
3.3.1 运算符重载的形式 ... 108
3.3.2 赋值运算符的重载 ... 111
3.3.3 插入符和提取符运算符的重载 ... 113
3.3.4 增1或减1运算符的重载 ... 115
3.4 模板 ... 117
3.4.1 函数模板 ... 117
3.4.2 类模板 ... 119
习题 ... 121

第4章 对话框 ... 129
4.1 从C++到Windows编程 ... 129
4.1.1 简单的Windows应用程序 ... 129
4.1.2 Windows编程特点 ... 136

4.1.3 Windows 基本数据类型 137
4.2 MFC 应用程序 137
  4.2.1 MFC 概述 137
  4.2.2 简单的 MFC 应用程序 138
  4.2.3 MFC 应用程序的分析 139
4.3 MFC 应用程序类型 140
  4.3.1 MFC 应用程序框架类型 140
  4.3.2 创建一个单文档应用程序 141
  4.3.3 项目管理 143
4.4 消息和消息映射 146
  4.4.1 消息分类 147
  4.4.2 ClassWizard 映射消息 147
4.5 Visual C++常用操作 151
  4.5.1 类的添加和删除 151
  4.5.2 类成员函数和变量的添加 152
  4.5.3 文件打开和成员定位 153
  4.5.4 使用向导工具栏 153
4.6 对话框的使用 154
  4.6.1 对话框的概述 155
  4.6.2 创建基于对话框的应用程序 156
  4.6.3 对话框编辑器的使用 157
  4.6.4 添加并使用对话框 159
  4.6.5 模式对话框和非模式对话框 168
  4.6.6 消息对话框 170
  4.6.7 通用对话框 172
习题 176

第5章 菜单、工具栏和状态栏设计 178
5.1 菜单设计 178
  5.1.1 菜单资源编辑器 178
  5.1.2 设置菜单项属性 178
  5.1.3 菜单的命令消息 180
  5.1.4 设置菜单项加速键 181
  5.1.5 在程序中改变菜单的属性 182
  5.1.6 动态添加菜单 184
  5.1.7 动态删除菜单 187
5.2 工具栏 189
  5.2.1 工具栏编辑器 189
  5.2.2 工具栏和菜单项的关联 190
  5.2.3 用户界面更新消息的处理 193

5.3 状态栏 193
   5.3.1 状态栏的定义 193
   5.3.2 状态栏的常用操作 194
5.4 菜单和工具栏综合实例 197
5.5 设计学生管理信息系统用户主界面 200
   5.5.1 设计主界面中主菜单 200
   5.5.2 设计主界面中背景 201
习题 202

第 6 章 常用控件 204
6.1 控件概述 204
   6.1.1 控件 204
   6.1.2 在对话框模板上创建控件 205
   6.1.3 控件的属性 206
   6.1.4 控件的数据交换和数据校验 206
6.2 静态控件和按钮 208
   6.2.1 静态控件 208
   6.2.2 按钮 208
6.3 编辑框和旋转按钮 213
   6.3.1 编辑框 213
   6.3.2 旋转按钮 217
6.4 列表框 225
6.5 组合框 234
6.6 滚动条 239
6.7 滑动条 245
6.8 进度条 249
6.9 日期时间控件、图像列表和标签控件 256
   6.9.1 日期时间控件 256
   6.9.2 图像列表 257
   6.9.3 标签控件 258
6.10 文件系统控件 266
习题 269

第 7 章 图形和文本处理 271
7.1 图形设备接口（GDI）概述 271
   7.1.1 图形设备接口 271
   7.1.2 设备环境类 271
   7.1.3 坐标映射 272
   7.1.4 GDI 图形对象 274
7.2 简单图形绘制 280

7.2.1	画点、线	280
7.2.2	画矩形和多边形	281
7.2.3	画曲线	281

7.3 文本处理 ... 284
   7.3.1 创建字体 ... 284
   7.3.2 文本输出 ... 288
   7.3.3 文本对齐 ... 291
   7.3.4 文本输出颜色的设置 ... 291
习题 ... 295

第8章 文档视图 ... 297

8.1 文档视图体系结构 ... 297
   8.1.1 文档类 ... 297
   8.1.2 视图类 ... 303
   8.1.3 文档视图之间的相互作用 ... 305
8.2 文档和视图应用示例 ... 306
习题 ... 313

第9章 数据库应用及项目开发实例 ... 314

9.1 数据库应用开发概述 ... 314
   9.1.1 ODBC 技术 ... 314
   9.1.2 DAO 技术 ... 314
   9.1.3 OLE DB 技术 ... 315
   9.1.4 ADO 技术 ... 315
9.2 使用 ODBC 编程 ... 315
   9.2.1 创建数据库 ... 315
   9.2.2 创建 ODBC 数据源 ... 317
   9.2.3 编写一个简单的支持数据库的应用程序 ... 318
   9.2.4 实现数据库的显示功能 ... 320
   9.2.5 实现数据库的查询功能 ... 322
   9.2.6 实现数据库的编辑功能 ... 323
9.3 数据库相关的 ActiveX 控件 ... 325
   9.3.1 ADO Data 控件和 DataGrid 控件 ... 326
   9.3.2 DataList 控件和 DataCombo 控件 ... 328
9.4 使用 ADO 访问数据库 ... 329
   9.4.1 ADO 的内置对象 ... 329
   9.4.2 ADO 的对象指针 ... 330
   9.4.3 ADO 编程 ... 330
9.5 学生信息管理系统项目开发实例 ... 334
   9.5.1 用户登录模块设计 ... 335

9.5.2 使用 ADO 连接数据库 ··· 339
9.5.3 学生基本信息模块设计 ··· 341
9.5.4 履历信息模块设计 ·· 349
9.5.5 成绩管理模块设计 ·· 356
9.5.6 院系设置模块设计 ·· 366
9.5.7 课程设置模块设计 ·· 380
9.5.8 用户管理模块设计 ·· 390
习题 ··· 398

附录 A C/C++主要关键字及其用途 ·· 399

附录 B C/C++运算符的优先级别 ··· 401

参考文献 ·· 402

第 1 章 C++基本知识

C++是一种面向对象的程序设计语言，也是目前最受欢迎的程序设计语言之一。面向对象程序设计思想来源于客观世界，符合人们的思维习惯，是未来最重要的编程思想。目前 C++已经成为学习面向对象程序设计的基础语言，学习 C++，可以快速掌握面向对象程序设计的思想。本章首先简要概述 C++语言的起源、C++程序的特点、C++程序与 C 程序的比较及 C++程序的基本结构等基础知识，然后介绍 C++程序中的输入与输出流、C++程序中的函数、C++新增的运算符等基础知识。

1.1 C++概述

C++语言是一种新型的、面向对象的计算机程序设计语言，既适合用来编写系统程序，也适合用来编写应用程序软件。自 20 世纪 80 年代由 AT&T 贝尔实验室的 Bjarne Stroustrup 博士创建 C++以来，C++日益受到重视并得到广泛应用，已经成为程序设计最主要的语言之一。

1.1.1 C++的起源

C++语言是从 C 语言发展而来的。C 语言是一种面向过程的程序设计语言，实现了结构化和模块化，在处理小规模程序时，显得比较方便，但是在处理大规模、复杂的程序时，就显得明显不足。因为 C 语言对程序人员的要求比较高，要求程序设计人员必须全面、细致地设计程序的每一个步骤和细节，整体规划程序的各个环节，显得很烦琐，不适合设计大型软件。针对这个问题，20 世纪 80 年代提出了面向对象的程序设计方法，客观模仿事物被组合在一起的方式，将人们的习惯思维和表达方式运用在程序设计中，程序设计人员可以按照人们通常习惯的思维方式来进行程序设计，从而设计出更可靠、更容易理解、可重用性更强的程序，C++就是在这种情况下产生的。自 1983 年 C++诞生以来，就受到了人们普遍重视，特别是在 1998 年推出了 C++国际标准版本以后，C++更是得到了飞速发展，成为当代程序设计的主流语言。

1.1.2 C++程序的特点

C++是 C 语言的扩充和延伸，C++既保留了 C 语言原有的许多优点，又扩充了 C 语言的许多功能，增加了面向对象的机制。C++拥有丰富的运算符和数据结构，采用结构化程序设计方法，具有良好的移植性和高效的机器代码，程序设计更加简单灵活、方便快捷。C++既支持传统的面向过程程序设计，又支持当前的面向对象程序设计（Object Oriented Programming，OOP），是一种新型的程序设计语言，完全兼容 C 语言，用 C 语言编写的程序可以不加修改地在 C++中使用。C++提出了将数据和数据操作方法封装在一起，作为一个整体,称为"对象",每个对象都属于一个类型,称为"类",类中的数据用本类的方法进行处理,并通过继承、派生、重载和多态性等特征,实现了程序代码的重复应用和程序自动生成。

1.1.3 C++程序与C程序的比较

C++程序和C程序有许多相同之处,可以通过下面三个实例来进行比较。

【例1.1】用C语言编程求一个边长为6的正方形的面积。

```
#include<stdio.h>
void main( )
{
    int L,S;
    scanf("%d",&L);          //输入边长L的值
    S=L*L;
    printf("%d\n",S);        //输出面积S的值
}
```

运行程序时输入6,结果为:

36

【例1.2】用C++语言编程求一个边长为6的正方形的面积。

```
#include <iostream.h>
void main( )
{
    int L,S;
    cin>>L;                  //输入边长L的值
    S=L*L;
    cout<<S<<endl;           //输出面积S
}
```

运行程序时输入6,结果为:

36

这两个程序分别是用C和C++来编写的,可以看出,程序在结构上基本是相同的:都是以main函数作为入口函数;以一对大括号"{}"把函数中的语句括起来;以分号作为语句结束标志。因为二者都是采用面向过程的方法。但是也有一定的区别,如表1-1所示。

表1-1　　　　　　　　　　　C语言与C++语言的区别

语言	输入输出头文件	输出流 cout	输入流 cin
C++	iostream.h	"<<" 插入符	">>" 提取符
C	stdio.h	printf( )	scanf( )

C++语言除了支持面向过程的程序设计方法外,还支持面向对象的程序设计方法。下面的实例采用的是面向对象的程序设计方法来实现这一功能。

【例1.3】用C++语言编程求一个边长为6的正方形面积的程序。

```cpp
#include <iostream.h>
class Area                          //声明一个名为 Area 的类
{
public:                             //声明公有访问权限的成员
    Area (int newLength);           //声明 Area 类的构造函数
    ~Area( );                       //声明 Area 类的析构函数
private:                            //声明私有访问权限的成员
    int Length,Square;
};
Area::Area(int newLength)           //Area 类构造函数的具体实现
{
    Length =newLength;
}
Area::~Area ( )                     //Area 类析构函数的具体实现
{
    Square = Length * Length;
    cout<< Square <<endl;
}
void main( )                        //主函数
{
    Area myArea(6);   //声明一个 Area 类的对象 myArea,自动调用构造函数
}                     //退出 main( )函数时自动调用析构函数释放对象 myArea
```
运行结果为:
36

例 1.3 采用面向对象的程序设计方法,程序的功能与例 1.1、例 1.2 完全一样。首先声明了一个类名为 Area 的类,在类中又声明了公有的构造函数 Area( )与析构函数~Area( ),以及私有变量 Length, Square,在主函数中直接声明了 Area 类的对象 myArea 并赋予参数值 6。该对象会调用类中的公有构造函数,通过参数传递将值 6 传递给私有变量 Length,在主函数运行结束时释放对象 myArea,并调用类中的公有析构函数,在析构函数中计算私有变量 Square 的值并输出。通过这样的方法最后计算出正方形的面积。有关该程序中的公有构造函数与析构函数、私有变量、类和对象的具体概念及声明方式将在第 2 章具体讲述。读者可能觉得这种方法比前面的两种方法要麻烦,但在实际开发软件时,会逐渐感受到采用面向对象的方法给程序开发带来的好处。

通过上面的三个实例可以看出:用 C++语言编写的程序和 C 语言编写的程序在程序结构上基本上是相同的,例如程序由函数构成,并且都是从 main( )函数开始执行,语句分为说明语句和执行语句,用分号";"作为语句结束的标志,但是二者之间又不完全相同,分别具有各自的特点。

1.1.4 C++程序的基本结构

完整的 C++程序一般包含类、普通函数和主函数。其中,普通函数和主函数与 C 语言中

的类似，类是 C++新增加的一个概念，也正是因为有了它，才使得 C++可以进行面向对象的程序设计。在 C++类中的成员一般有函数成员和数据成员，将数据和数据操作方法封装在一起，采用信息屏蔽的原则，减少了成员与外界的联系，提高了数据的安全性，使程序设计更加方便、灵活。类中成员的访问属性通常包括公有成员、私有成员和保护成员，使类中的成员具有不同的访问权限，从而实现类的封装性、继承性和多态性。

通过下面一个实例来了解 C++程序的基本结构。

【例 1.4】计算长方形的面积。

```cpp
#include <iostream.h>
class RectArea                          //声明一个名为 RectArea 的类
{
public:                                 //公有类型函数成员
    void input(int a,int b)
    {
        Length=a;
        Width=b;
    }
    void output( )
    {
        int Square=Length*Width;
        cout<<Square<<endl;             //输出 Square 值并换行
    }
private:                                //私有类型数据成员
    int Length,Width;
};                                      // ";"为类声明的结束标志
void show( )                            //普通函数
{
    cout<<"The area is:"<<endl;         //输出一行提示文本
}
void main( )                            //主函数
{
    RectArea myRectArea;                //声明 RectArea 类的对象 myRectArea
    int a,b;
    cin>>a>>b;                          //输入 a,b 的值
    show( );                            //调用普通函数 show( )
                                        //通过对象 myRectArea 来访问类中的成员函数
    myRectArea.input(a,b);
    myRectArea.output( );
}
```

例 1.4 程序运行时需要输入两个整型数，分别表示长方形的长与宽，以空格分开。假如输入 6 和 2，则运行结果为：

The area is:
12

事实上，C++程序通常是由编译预处理命令、函数、语句、对象、变量、类、输入、输出及注释等几个部分组成的。

（1）编译预处理命令

在 C++程序的开头的行，以"#"作为标记的命令项（该命令不以"；"作语句的结束标志），称为编译预处理命令。编译预处理命令是在程序被正常编译之前执行的，故称为预处理命令。C++提供的编译预处理命令主要有：宏定义命令，文件包含命令和条件编译命令三种。

（2）函数

函数是构成 C++程序的基本单位，一个 C++程序由若干个函数构成。函数包含函数说明部分和函数体，函数体一般由说明语句和执行语句构成。C++的函数分为两类：由 C++系统提供的标准库函数和用户根据需要自己定义的函数。另外，一个 C++程序中必须有一个而且只能有一个主函数。主函数名是 main( )，它是程序的入口，主函数可以调用其他函数，其他函数可以相互调用，但是其他函数不能调用主函数。

（3）语句

语句是构成 C++程序的基本单元，用来描述程序的执行过程，以分号"；"作为语句结束标志。一条语句可以占用多行，多条语句可以安排在一行中。

（4）对象和变量

大多数 C++程序都有对象和变量，变量的类型很多，基本类型有整型、实型、字符型等；对象是一种"类"类型的变量。

（5）类

类是 C++中特殊的数据类型，类包含数据成员和成员函数，类典型的特征是将数据和数据操作方法封装在一起，作为一个整体使用。

（6）输入与输出

C++不仅保留了 C 的输入、输出系统，还增加了标准输入、输出流。使用标准输入、输出流时，用#include 将其头文件包含进来。

（7）注释

C++允许在程序中使用注释来提高程序的可读性。注释方法有两种：

①以"//"开头的文字一直到行尾，称为行注释。

②兼容 C 语言的注释，即把注释内容放在一对符号"/*"与"*/"之间，可以占用多行，称为段落注释。

1.2　C++的输入与输出

1.2.1　C 语言中的 printf 和 scanf 的缺陷

C 语言程序一般采用 scanf 函数和 printf 函数来进行数据的输入和输出操作。例如在下面这段程序中，采用 scanf 函数实现从键盘输入两个十进制整数，采用 printf 函数将输入的两个十进制数输出到终端（显示器）。

【例 1.5】输入两个十进制整数并输出。

```
#include <stdio.h>
  void main( )
  {
      int a,b;
       scanf("%d%d",&a,&b);
       printf("%d,%d\n",a,b);
  }
```

在 C 语言中要执行输入和输出操作必须指定输入或输出数据的格式。在例 1.5 的程序中，分别输入和输出两个十进制整数，都使用了"%d"格式控制。如果要输入、输出不同类型的数据必须指定不同的数据格式控制。这给编写程序带来了一定的难度。在 C++中，这个问题得到了很好的解决。

1.2.2 标准输入/输出(I/O)流类

C++保留了 C 语言的输入、输出系统，可以直接使用 C 语言输入、输出方式进行数据的输入、输出。另外，在 C++的编译系统中，有一个 I/O 流类库，数据的输入与输出可以通过 I/O 流来处理。"流"是 C++的一个重要概念，数据从一个对象到另一个对象的流动抽象为"流"。它负责在数据的生产者与数据的消费者之间建立联系并管理数据的流动。当数据从外部对象流向程序时称为"输入流"，当数据从程序流向外部对象时称为"输出流"。使用 C++的 I/O 标准流进行数据的输入、输出操作时，系统能自动完成数据类型的转换。表 1-2 列出了 C++的 I/O 标准输入、输出流类。表 1-2 中 I/O 标准输入、输出流类之间的关系如图 1-1 所示。

表 1-2　　　　　　　　　　　　　　　I/O 标准流

类　名		说　明	包含文件
抽象流基类	ios	流基类	iostream.h
输入流类	istream	通用输入流类和其他输入流的基类	iostream.h
	ifstream	输入文件流类	fstream.h
	istream_withassign	cin 的输入流类	iostream.h
	istrstream	输入字符串流类	strstrea.h
输出流类	ostream	通用输出流类和其他输出流的基类	iostream.h
	ofstream	输出文件流类	fstream.h
	ostream_withassign	cout、cerr 和 clog 的输出流类	iostream.h
	ostrstream	输出字符串流类	strstrea.h
输入/输出流类	iostream	通用输入/输出流类和其他输入/输出流的基类	iostream.h
	fstream	输入/输出文件流类	fstream.h
	strstream	输入/输出字符串流类	strstrea.h
	stdiostream	标准 I/O 文件的输入/输出类	swtdiostr.h
流缓冲区类	streambuf	抽象流缓冲区基类	iostream.h
	filebuf	磁盘文件的流缓冲区类	fstream.h
	strstreambuf	字符串的流缓冲区类	strstrea.h
	stdiobuf	标准 I/O 文件的流缓冲区类	stdiostr.h
预先定义的流初始化类	iostream_init	预先定义的流初始化类	iostream.h

图 1-1　I/O 流关系图

为了方便程序设计，C++系统提供了 4 个预定义的标准 I/O 流对象：cin、cout、ceer 和 clog，如表 1-3 所示，使用这些对象时，必须在程序的开头用#include 将其头文件 iostream.h 包含进来。

表 1-3　　　　　　　　　　C++系统预定义的标准流对象

流对象名	含　义	缺省设备
cin	标准输入	键　盘
cout	标准输出	显示器
ceer	标准错误输出	显示器
clog	ceer 的缓冲形式	显示器

1. 数据的输入

数据的输入可以使用输入流对象 cin，cin 代表标准输入设备(键盘)，使用提取符 ">>"，表示从设备(键盘)获取数据送到输入流对象 cin 中，然后送到内存中的变量。使用 cin 可以获得多个从键盘的输入值，其具体使用格式如下：

cin>>表达式 1>>表达式 2…>>表达式 n;

其中，提取符后面的表达式通常是获取输入数据的变量或对象。例如：

int x,y;

double m,n;

cin>>x>>y>>m>>n;

此时，要求从键盘输入两个整数和两个实数，输入时，数值之间用空格（空格数量不限）或回车隔开。执行上述语句，用户可以输入：

6 8 7.5 8.9↙

或

6↵
8↵
7.5↵
8.9↵

变量 x 获取值为 6，变量 y 获取值为 8，变量 m 获取值为 7.5，变量 n 获取值为 8.9。

【注意】使用输入流对象 cin 可以输入任何类型的数据，且不需要在提取符后面指定数据的类型。

2. 数据的输出

数据的输出可以使用输出流对象 cout，cout 代表标准输出设备（显示器），使用插入符"<<"将数据输出到流对象 cout（显示器），其具体使用格式如下：

cout<<表达式 1<<表达式 2…<<表达式 n;

其中，插入符后面的表达式通常是要输出到屏幕的常量、变量、字符串、转义字符、对象或其他表达式。

例如，将 x,y 的值以及 x+y=的值在屏幕上显示出来，可用如下命令：

int x=3,y=4;
cout<<"x="<<x<<"\t"<<"y="<<y;
cout<<"\nx+y="<<x+y<<endl;   //其中字符串"x+y="作为提示文本原样输出

执行上述语句，输出结果为：

x=3   y=4
x+y=7

对比一下 C 语言中的输入和输出，不难看出 C++语言要方便得多。

【注意】使用输出流对象 cout 可以输出任何类型的数据，且不需要在插入符后面指定数据的类型，系统会自动按数据本身的类型进行输出。

1.2.3　I/O 格式控制符

使用 cin 和 cout 进行输入与输出操作时，不管输入或输出的数据是什么类型，它们都能够自动地按照正确的默认格式处理。但有时需要设置特殊的格式，这时就要用到格式控制符。

在 C++的 I/O 流库中提供了一些格式控制符，这些控制符可直接嵌入到 I/O 语句中，实现 I/O 的格式控制。表 1-4 给出了一些常用的格式控制符。但必须注意的是，在使用 setprecision(int p)、setw(int w)和 setfill(char ch)这些控制符时，在程序的开头除了包含"iostream.h"头文件外，还必须包含"iomanip.h"头文件。

表 1-4　　　　　　　　　　C++常用的 I/O 格式控制符

控制符	含　义	控制符	含　义
dec	数值用十进制表示	ends	插入空字符
hex	数值用十六进制表示	flush	刷新流，不插入换行符
oct	数值用八进制表示	setprecision(int p)	设置实数输出的有效位数为 p
ws	提取空白字符	setw(int w)	设置输出域宽为 w
endl	插入换行符，并刷新	setfill(char ch)	设置填充字符为 ch

【例 1.6】 使用 cout 格式控制符输出。

```cpp
#include<iostream.h>
#include<iomanip.h>
void main( )
{
    int nNum=123;
    double fNum=1.2345678,dNum=9.876543;
    cout<<"1234567890"<<endl;
    cout<<setw(10)<<nNum<<endl;      //整型数据默认靠右对齐,左边以空格填充
    cout<<setw(2)<<nNum<<endl;       //设置域宽小于实际长度时无效
    cout<<fNum<<endl;                //实型数据默认有效数字为 6 位,靠左对齐
    cout<<setw(10)<<fNum<<endl;
    cout<<setw(3)<<fNum<<endl;
    cout<<setw(10)<<setfill('*')<<nNum<<endl;
    cout<<setw(10)<<fNum<<endl;      //设置域宽为 10
    cout<<ends<<setw(3)<<setprecision(2)<<fNum<<endl;
    cout<<dNum<<endl;
    cout<<setfill('#')<<setw(5)<<dNum<<endl;  //设置域宽为 5,不足部分以"#"填充
    cout<<ends<<setw(4)<<setprecision(3)<<fNum<<endl;
}
```

运行结果如下：
```
1234567890
       123
123
1.23457
   1.23457
1.23457
*******123
***1.23457
 1.2
9.9
##9.9
 1.23
```

【注意】

①使用 setw(int w)用于设置数据输出占用的宽度,当其设置的宽度小于实际宽度时,该设置无效,数据按实际长度输出；setw(int w)只对紧跟其后的数据有效,如果要设置多个数据的域宽,必须要多次使用 setw(int w)。

②使用 setprecision(int p)设置实型数据输出的有效数字个数,其有效位不包括小数点在内。setprecision(int p)作用域从使用开始一直到重新设置或程序结束为止。

③setfill(char ch)设置输出数据时填充字符,只能是单个字符,必须用单引号括起来。

在有些情况下，程序中数据需要以八进制和十六进制的形式输出，在输出流中插入控制符 dec（十进制）、oct（八进制）、hex（十六进制）即可。

【例 1.7】不同进制数的输出。

```
#include<iostream.h>
void main( )
{
    int num;
    cout<<"请输入一个整型数据：";
    cin>>dec>>num;
    cout<<"八进制数是："<<oct<<num<<endl;
    cout<<"十进制数是："<<dec<<num<<endl;
    cout<<"十六进制数是："<<hex<<num<<endl;
}
```

运行结果如下：

请输入一个整型数据：2010↙

八进制数是：3732

十进制数是：2010

十六进制数是：7da

1.2.4 输入输出操作的成员函数

cin 是 istream 类的对象，">>"是提取操作符，cout 是 ostream 类的对象，"<<" 是插入操作符，不同数据类型的输入和输出可以通过 ">>" 和 "<<" 来进行，如果要把输入的空格、制表符、换行符和回车等任意字符当做字符读入，就要使用 istream 和 ostream 类中的相关成员函数。

1. 输入操作的成员函数

输入流 istream 操作的成员函数 get 函数、getline 函数和 read 函数用于输入一个字符或一串字符。

（1）get 函数和 getline 函数

get 函数可以从输入流中读取一个字符，有三种格式：

```
int get( );                                                    //格式1
istream& get(char &ch);                                        //格式2
istream& get(char *str,int length,char delimiter= '结束字符');  //格式3
```

其中，格式 1 表示读取一个字符并转换成整型数据；格式 2 表示读取一个字符到 ch 中；格式 3 表示读取一个字符串由 str 返回，参数 length 表示指定读取字符的数量不超过 length-1 个字符，参数 delimiter 表示指定读入结束的字符，默认值是换行符('\n')。

getline 函数可以从输入流中读取一串字符，其格式如下：

```
istream& getline(char *str,int length,char delimiter= '结束字符');
```

【例 1.8】get 函数和 getline 函数的应用。

```
#include<iostream.h>
void main( )
```

```cpp
{
    char s1,s2,s3[50],s4[50];
    cout<<"请输入一个字符:";
    cout<<cin.get( )<<endl;
                        //读取输入的一个字符并输出对应的ASCII码值,默认值是ASCII码值
    cin.get( );                     //提取换行符
    cout<<"请输入两个字符:";
    cin.get(s1).get(s2);            //读取输入的两个字符分别到s1和s2中
    cout<<s1<<s2<<endl;
    cin.get( );                     //提取换行符
    cout<<"请输入一串字符:";
    cin.get(s3,50);
    cout<<s3<<endl;
    cin.get( );                     //提取换行符
    cout<<"请输入一串字符:";
    cin.getline(s4,50);
    cout<<s4<<endl;
}
```

运行结果如下:
请输入一个字符:d✓
100
请输入两个字符:mn✓
mn
请输入一串字符:Good✓
Good
请输入一串字符:Bye✓
Bye

其中,get(s3,50)和getline(s4,50)函数输入字符的结束符是回车符,是系统默认的。

(2) read 函数

read 函数可以从输入流中读取一行字符串或多行字符串,其格式如下:

istream& read(char *str,int length);

【例1.9】read 函数的应用。

```cpp
#include<iostream.h>
void main( )
{
    char ch[100];
    char *str=ch;
    cout<<"read 函数的使用!"<<endl;
    cout<<"请输入字符:"<<endl;
```

```
    cin.read(str,100);              //从输入流中读取字符到 str 中
    str[cin.gcount( )]='\0';        //将 str 中最后一个字符设置为 0
    cout<<str<<endl;
}
```

运行结果如下：

read 函数的使用！

请输入字符：

istream↙

ostream↙

^Z↙

istream

ostream

其中，^Z 表示按下"Ctrl+z"键结束字符输入，gcount( )函数是获取流中字符个数。

2. 输出操作的成员函数

输出流 ostream 的成员函数 put( )和 write( )用于输出单个字符或多个字符，其格式为：

ostream& put(char ch);

ostream& write(const char *str,int length);

其中，put( )函数可以把一个字符写到输出流中；write( )函数可以把 str 指向的字符串以 length 长度输出，当 length 等于字符串 str 长度时输出整个字符串。

【例 1.10】put 函数和 write 函数的应用。

```
#include<iostream.h>
#include<string.h>
void main( )
{
    char s1[100],s2[50]="HAPPY NEW YEAR";
    cout<<"put 和 write 函数的使用!"<<endl;
    cout<<'M'<<endl;
    cout.put('M');                       //输出一个字符
    cout.put('\n');
    cout<<"请输入一串字符:";
    cin.read(s1,100);                    //从输入流中读取字符到 s1 中
    cout.write(s1,5)<<endl;              //将 s1 中的字符写到输出流中
    cout.write(s2,strlen(s2))<<endl;
}
```

运行结果如下：

put 和 write 函数的使用！

M

M

请输入一串字符: write↙
^Z↙
write
HAPPY NEW YEAR

1.2.5 文件流

文件按数据的组织方式，可以分为文本文件和二进制文件。文本文件又称 ASCII 码文件，文件中每一个字节都以 ASCII 码值存放，输出时系统自动地对字符进行相应的转换。二进制文件将数据以二进制形式存放。文件按处理方式分为顺序文件和随机文件。顺序文件处理从文件的开头一直到文件的最后。随机文件处理是通过相关的函数移动文件指针，并指向要处理的字符。

1.2.6 顺序文件

1. 文件的打开

C++中打开或创建一个指定的文件，首先声明一个流类的对象，然后使用 open( )函数打开相应的文件。

（1）声明对象

ifstream ifile;   //声明一个输入（读）文件流对象 ifile
ofstream ofile;   //声明一个输出（写）文件流对象 ofile
fstream iofile;   //声明一个输入输出文件流对象 iofile

（2）打开文件

使用 open( )函数可以打开文件，其格式如下：

文件流对象名.open(const char *filename,int mode,int prot=filebuf::openprot);

其中，filename 是文件名，mode 是文件打开模式，mode 的取值如表 1-5 所示，可用或"|"组合在一起。prot 是文件的访问方式（0 表示普通文件、1 表示只读文件、2 表示隐含文件、3 表示系统文件）。

使用流对象可以打开指定文件，例如：

  ifile.open("D:\\C++\\example.txt", ios::ate);

表示以只读方式打开 example.txt 文本文件，并将文件指针定位到文件尾。

  ofile.open("D:\\C++\\example.txt"，ios::binary);

表示以二进制方式打开一个可写的文件。

  iofile.open("D:\\C++\\example.txt", ios::in| ios::out);

表示打开一个可读可写的文件。

除了使用 open( )函数打开文件之外，可在声明对象时指定文件名。将上面的两条语句合并成一条语句。例如：

ifstream ifile("D:\\C++\\example.txt", ios::ate);
ofstream ofile("D:\\C++\\example.txt"，ios::binary);
fstream iofile("D:\\C++\\example.txt", ios::in| ios::out);

表 1-5　　　　　　　　　　　文件流打开模式

标　志	功　　能
ios::app	打开一个输出文件用于在文件尾添加数据
ios::ate	打开一个现存文件（用于输入/输出）并查找到结尾
ios::in	打开一个输入文件，对 ifstream 流对象，此模式是默认的
ios::out	打开一个文件用于输出，对 ofstream 对象，此模式是默认的
ios::nocreate	检测一个文件是否存在，若文件不存在，则该打开失败
ios::noreplace	检测一个文件是否存在，若文件已存在，则打开失败
ios::trunc	打开一个文件，若已存在该文件，则删除其中内容，若指定了 ios::out，但未指定 ios::ate、ios::app，ios::in，则默认此模式
ios::binary	以二进制形式打开文件，默认的是文本文件

2. 文件的关闭

当文件操作结束时应关闭文件，关闭文件 close 函数的格式如下：

文件流对象名.close( );

close 函数可以将缓冲区中的内容刷新，撤销流与文件之间的连接，没有返回值。例如：ofile.close( );表示关闭 example.txt 文件。

3. 文件的读写

使用 get、getline、read 函数以及提取符 ">>" 可以从文件中读取内容；使用 put、write 函数以及插入符 "<<" 可以向文件中写入内容。

【例 1.11】 文件输出流的应用。

```
#include<iostream.h>
#include<fstream.h>
void main( )
{
    char str[100];
    ofstream myFout("D:\\C++\\example.txt",ios::out);//创建输出流对象
    cout<<"文件输出流应用!"<<endl;
    if(myFout.fail( )) //判断文件是否存在,如果存在则调用 open 函数打开
    {
        cout<<"This file does not exist!"<<endl;
        return;                        //文件出错，结束程序运行
    }
    else
    {
        cout<<"Open this file!"<<endl;
    }
    for(int i=0;i<4;i++)
    {
```

```
    cin>>str;                    //输入 4 个字符串
    myFout<<str<<endl;           //通过对象 myFout 进行写出操作
  }
  myFout.close( );               //关闭文件
}
```
运行结果如下:
文件输出流应用!
Open this file!
百川东到海↙
何时复西归↙
少壮不努力↙
老大徒伤悲↙

【例 1.12】文件输入流的应用。
```
#include<iostream.h>
#include<fstream.h>
void main( )
{
  char str[100];
  ifstream myFin("D:\\C++\\example.txt",ios::in); //创建输入流对象
  cout<<"文件输入流应用!"<<endl;
  if(myFin.fail( )) //判断文件是否存在,如果存在则调用 open 函数打开
  {
    cout<<"This file does not exist!"<<endl;
    return;
  }
  else
  {
    cout<<"Open this file!"<<endl;
  }
  for(int i=0;i<4;i++)
  {
    myFin>>str;                  //通过 myFin 对象读出操作
    cout<<str<<endl;
  }
  myFin.close( );
}
```
程序读取的内容是例 1.11 写入的内容。运行结果如下:
文件输入流应用!
Open this file!
百川东到海

何时复西归

少壮不努力

老大徒伤悲

【例 1.13】将 FileRead 文件内容写入到 FileWrite 文件中,并将其显示出来。

```
#include<iostream.h>
#include<fstream.h>
void main( )
{
    char str;
    fstream FileRead,FileWrite;
    FileRead.open("D:\\C++\\FileRead.txt",ios::in);       //打开文件用于读文件
    FileWrite.open("D:\\C++\\FileWrite.txt",ios::out);    //打开文件用于输出(写)文件
    while(!FileRead.eof( ))                               //判断是否读完文件
    {
        FileRead.read(&str,1);
        cout<<str;
        FileWrite.write(&str,1);
    }
    FileWrite.close( );
    FileRead.close( );
}
```

1.2.7 随机文件

C++提供了非顺序访问文件的功能即随机访问文件,从而达到快速查找、修改和删除文件内容的目的。

为快速定位文件指定的位置,可用 seekp( )函数和 seekg( )函数实现。函数格式如下:

istream seekg(long pos);

表示将输入文件流的指针移到指定位置,pos 指定文件指针移到第 n 个字节后。

ostream seekp(long pos);

表示将输出文件流的指针移到指定位置,pos 指定文件指针移到第 n 个字节后。

【例 1.14】随机文件访问应用。

```
#include<iostream.h>
#include<fstream.h>
#include<string.h>
void main( )
{
    char i,str[50]={"READWRITECLOSE"};
    fstream file("Stud.txt",ios::in|ios::out|ios::binary);    //打开当前目录文件
    if(!file)
    {
```

```
            cerr<<"文件打开失败!"<<endl;           //cerr 错误输出流对象
            return ;
        }
        file.write(str,strlen(str));              //将 str 值写入 Stud.txt 文件
        file.close( );
        file.open("Stud.txt",ios::in|ios::binary);
        file.seekg(3);                            //将文件指针移到第 3 个字节后
        file.read(&i,1);                          //将文件第 4 个字符读入 i 中
        cout<<"第 4 个数是"<<(int)i;              //i 的值以整型显示
        i='!';
        file.seekg(4);                            //将文件指针移到第 4 个字节后
        file.put(i);                              //将 i 值写入第 5 个字节
        cout<<",第 5 个字符是"<<i<<endl;
        file.close( );
    }
```

运行结果如下：
第 4 个数是 68,第 5 个字符是!

1.3 C++的函数

函数是一个具有独立功能的程序模块，能完成一个相对独立的功能，利用函数编写程序，可以将一个复杂的任务分解为若干个简单的子任务来分别解决。事实上，一个完整的 C++程序一般包含一个 main 函数和若干个其他函数，main 函数可以调用其他函数，其他函数之间也可以相互调用，函数还可以调用自身，实现递归。C++函数的定义和使用方法与 C 语言函数的定义和使用方法基本相同。

1.3.1 函数的定义

在 C++中，定义一个函数的语法格式如下：
类型标识符　函数名（类型说明的形式参数列表）
{
　　　函数体
}
下面定义一个函数求两个形参中的较大者。
```
int max(int x,int y)
{
    int m;
    if(x>y)    m=x;
    else       m=y;
    return m;
}
```

说明:

①类型标识符表示函数的返回值类型。类型可以是 C++语言中的基本数据类型,也可以是结构体或类类型等。若被调函数的返回值需要返回给主调函数,则由被调函数中的 return 语句带回;若无返回值,则函数的返回值类型为 void,且函数体中不必写 return 语句。

②函数名属于 C++标识符,应符合标识符的命名规则,与 C 语言相同。

③形参列表是指函数调用时需要传递的参数。如果函数需要有形式参数,应说明形式参数的类型;如果不需要有形式参数,形式参数列表为空(void)。如果有多个参数时,用逗号隔开。如上例中函数的参数列表有两个参数。

④函数体是函数的主体部分,描述函数的具体功能,函数体通常由说明语句和执行语句构成。

⑤函数的返回值只有一个,使用 return 语句。例如

        return m;

也可以使用:

        return(m);

【例 1.15】求长方形的面积。

```cpp
#include <iostream.h>
void main( )
{
    int A,B,S;
    int area(int X,int Y);
    cout<<"please input the data:";
    cin>>A>>B;
    S=area(A,B);              //调用函数 area(A,B)的结果赋值 S
    cout<<"the area is:"<<S<<endl;
}
int area(int X,int Y)         //定义 area 函数计算长方形面积
{
    int Z;
    Z=X*Y;
    return Z;                 //将 Z 返回给主调函数
}
```

运行结果如下:

please input the data: 3 4↙

the area is:12

1.3.2 函数的调用

函数定义后,在程序中仍是一段静态的代码,不起任何作用,只有调用该函数时才能执行该函数的功能。在 C++程序中,函数是可以相互调用的,调用其他函数的函数称为主调函数,而被其他函数调用的函数称为被调函数。除 main 函数外,如果一个函数既调用了其他函数,又被另外的函数调用,则该函数既是主调函数又是被调函数。

1. 函数的声明

在 C++程序中，一般将被调函数放置在主调函数的前面，如果主调函数在被调函数之前，则必须在主调函数中声明函数原型，其具体语法格式如下：

函数类型　被调函数名（类型说明的形参列表）；

如例 1.15 的第 5 行 "int area(int X,int Y);" 就是对 area 函数的说明。

int area(int X,int Y);

还可以写成：

int area(int,int);

二者之间是等价的。

【注意】在主调函数中，对被调函数应"先声明，后调用"，即函数的声明语句应出现在函数的调用语句之前。

2. 函数调用

函数一旦定义后，就可以反复调用，对函数调用可以是一条语句，也可以是一个表达式，函数调用的一般形式为：

函数名（实参列表）；

如例 1.15 中第 8 行 S=area(A,B);语句中的 A，B 就是函数的实际参数。通常情况下，函数的实参可以是常量或变量，也可以是表达式；函数实参的个数和类型应该与函数定义时的形参的个数和类型保持一致，并按顺序一一对应。

【例 1.16】利用函数调用求长方形的面积。

```cpp
#include <iostream.h>
int length,width,square;
void sayHi( )                        //定义函数 sayHi( )
{
    cout<<"Please input:"<<endl;
}
void input(int a,int b)              //定义函数 input( )
{
    length=a;
    width=b;
}
void main( )                         //定义主函数 main( )
{
    sayHi( );                        //在主函数中调用 sayHi( )函数
    int a,b;
    cin>>a>>b;
    input(a,b);                      //在主函数中调用 input( )函数
    void output( );                  //在主函数中声明 output( )函数原型
    output( );                       //在主函数中调用 output( )函数
}
void output( )                       //定义函数 output( )
```

```
    {
        square=length*width;
        cout<<"The area is:"<<square<<endl;
    }
```
该程序运行时输入：
Please input:
8 6↙
计算结果为：
The area is:48

在上面的程序中，函数 sayHi( )和 input( )在主函数之前定义，所以主函数可直接调用，不必声明函数原型，而 output( )函数在主函数之后定义，在主函数中调用它时，必须首先声明它的函数原型，然后再调用。

C++不允许函数嵌套定义，但允许嵌套调用。如果函数 A 调用了函数 B，而函数 B 又调用了函数 C，这种情况称为函数的嵌套调用。将例 1.16 的程序修改成嵌套调用，程序如下：

```
#include <iostream.h>
int length,width,square;
void sayHi( )
{
    cout<<"Please input:"<<endl;
}
void input(int a,int b)
{
    length=a;
    width=b;
}
void main( )
{
    sayHi( );
    int a,b;
    cin>>a>>b;
    input(a,b);
    void output( );              //声明 output( )函数的原型
    output( );                   //调用 output( )函数
}
void sayPrompt( )                //定义函数 sayPrompt
{
    cout<<"The area is:";
}
void output( )
{
```

```
        square=length*width;
        sayPrompt( );                    //调用函数 sayPrompt( )
        cout<<square<<endl;
}
```
该程序运行结果为：
Please input:
6 8↙
The area is: 48

可以看出，主函数 main( )调用了 output( )函数，而 output( )函数又调用了 sayPrompt( )函数，从而形成了函数的嵌套调用。

一个函数不仅可以调用其他函数，而且还可以直接或间接地调用它自身，这种情况称为递归调用。直接递归调用是指函数 A 自己调用自己，而间接递归调用是指函数 A 调用了函数 B，而函数 B 又调用了函数 A。

3. 函数的参数传递

C++编程时，在函数调用过程中，数据之间的传递是通过形参与实参的虚实结合来实现的。参数之间虚实结合的方式有两种：值传递和引用型变量传递。

（1）值传递

进行函数调用时，如果采用值传递方式，此时，实参会初始化形参，直接将实参的值传递给形参。这一过程是单向的，形参只要获得了实参的值与实参脱离关系，在执行被调用函数期间，无论形参值怎样发生变化都不会影响实参，因为形参和实参不是同一个存储单元。前面的例 1.16 中的函数调用就是值传递。下面的程序无法实现两个变量的值互换。

【例 1.17】一个错误的程序。
```
#include <iostream.h>
void Destroy(int m,int n) //定义 Destroy 函数，使用普通变量作形参
{
    int k;
    k=m;
    m=n;
    n=k;
}
void main( )
{
    int x,y;
    cin>>x>>y;
    Destroy(x,y);
    cout<<x<<","<<y<<endl;    //调用 Destroy 函数，传递实参的值
}
```
运行结果如下：
1 2↙
1,2

输出 x,y 的值并没有发生改变,这是因为上述程序在调用函数时,采用的是值传递方式,传递的是实参的值,而且是单向传递,形参的改变不会影响到实参,所以 m 和 n 的值的改变不会改变 x 和 y 的值。

(2) 引用型变量传递

引用可以被看做是一个变量的别名,与变量标识同一个存储单元。在函数调用过程中,引用型变量传递与值传递不同,如果将一个引用型变量作为函数的形参,该形参被实参初始化后,将成为实参的一个别名,在执行被调函数期间,只要形参值发生变化都会直接影响实参值的改变,因为形参与实参都是同一个存储单元地址,对形参的任何操作也就等同对实参的相应操作。

引用传递与值传递在主函数中的调用语句是完全一样的,只是函数形参的写法不同。下面的程序将顺利实现两个变量的值交换。

【例 1.18】使用"引用型变量"作函数的形参,实现两个变量值交换。

```
#include <iostream.h>
void Destroy(int &m,int &n)   //定义 Destroy 函数,使用引用型变量作形参
{
    int k;
    k=m;
    m=n;
    n=k;
}
void main( )
{
    int x,y;
    cin>>x>>y;
    Destroy(x,y);
    cout<<x<<","<<y<<endl;     //调用 Destroy 函数,传递实参的别名
}
```

运行结果如下:

1 2✓

2,1

输出 x,y 的值已经发生改变,这是因为上述程序在调用函数时,采用"引用型变量"作函数的形参,所以改变形参 m 和 n 的值等同改变实参 x 和 y 的值。

1.3.3 内联函数

使用函数模块化编程,既有效地提高了程序代码的重用率,又便于修改与维护。但调用函数也会降低程序的执行效率。因为调用函数时,系统要进行现场处理工作,首先要保存主调函数的现场和返回地址,然后转到被调函数的起始地址去执行被调函数,被调函数执行完毕后,再恢复主调函数的现场状态,取出返回地址,返回到主调函数的调用处,继续执行主调函数后面的语句。这一系列操作需要占用一定的时间,因此,当函数调用频繁时,附加的现场处理工作所占用的时间比较多,降低了程序的运行速度。所以,对于那些功能简单、规

模较小且使用频繁的函数,可以将其设计为内联函数。

内联函数是一种实现了嵌入功能的函数,在被调用时不发生控制转移,而是在编译时将函数体嵌入到调用处。将函数的调用转换成程序代码的顺序执行,节省了在参数传递、控制转移等方面所占用的系统资源,减少程序的运行时间,提高程序的运行速度。

内联函数定义的一般格式如下:

inline　类型说明符　被调函数名（类型说明的形参列表）

【例 1.19】利用内联函数求三角形的面积。

```
#include <iostream.h>
#include<math.h>
inline double area(double L,double W,double H)
    {                            //定义内联函数,计算三角形的面积
        double a=0.5*(L+W+H);
        double s=sqrt(a*(a-L)*(a-W)*(a-H));
        return s;
}
void main( )    //主函数
{
    double    x(3.0);
    double    y(4.0);
     double    z(5.0);                //x、y、z是三角形的边长
    double newArea;
    newArea=area(x,y,z);             //调用内联函数求三角形的面积
    cout<<newArea<<endl;
}
```

该程序的运行结果如下:

6

上述程序中的 double x(3.0);是一个变量初始化语句,等价于 double x=3.0;

【注意】

①内联函数内不能有循环语句、switch 语句和复杂嵌套的 if 语句;

②内联函数的定义必须出现在第一次被调用之前定义;

③对内联函数不能进行异常接口声明;

④内联函数不能进行递归调用。

1.3.4　带默认参数的函数

C++允许在声明函数或定义函数时,为形参指定一个默认值。调用该函数时如果给出对应的实参,则将实参值传给形参,如果没有给出对应的实参,则形参值就是指定的默认值。

例如:

```
void area(int L=6,W=8);    //定义函数,指定形参的默认值
{
    return L*W;
```

}
void sum(int a=4,int b=8);   //声明函数,指定形参的默认值

【例1.20】使用带默认形参值的函数编程。
```
#include <iostream.h>
int area(int x=7,int y=8)    //定义函数,指定形参默认值
{
    int z;
    z=x*y;
    return z;
}
void main( )
{
    int A,B,S1,S2,S3;
    cout<<"please input the data:";
    cin>>A>>B;         //输入A,B的值(假定输入:A=2,B=3)
    S1=area( );        //调用函数,使用形参两个默认值(x=7,y=8)
    S2=area(A);        //调用函数,使用一个传递实参,一个默认参数(x=2,y=8)
    S3=area(A,B);      //调用函数,传递两个实参(x=2,y=3)
    cout<<"S1="<<S1<<endl;
    cout<<"S2="<<S2<<endl;
    cout<<"S3="<<S3<<endl;
}
```
运行结果如下:
please input the data:2 3↙
S1=56
S2=16
S3=6

为函数定义默认的形参值时必须注意:
①当函数有多个默认形参值时,默认形参的值应按从右到左顺序定义。例如:
　　int area(int a=8,int b)   //错误
　　int area(int a,int b=6)   //正确
　　int area(int a=8,int b=6)   //正确
②当函数既有声明又有定义后,只能在声明时指定默认形参值,不能在函数定义时指定默认形参值。

【例1.21】声明时指定默认形参值的使用。
```
#include <iostream.h>
int add(int x=7,int y=8);    //声明函数,指定形参默认值
void main( )
{
    int A,B,S;
```

```
        cout<<"please input the data:";
        cin>>A>>B;
        S=add(A,B);
        cout<<"S="<<S<<endl;
}
int add(int x,int y)    //定义函数，不能指定形参默认值
{
        int z;
        z=x+y;
        return z;
}
```

③形参的默认值可以是全局常量、局部常量，甚至是一个函数，但绝不能是变量。在相同的作用域内，默认形参值的定义必须唯一，但在不同的作用域内，指定的默认形参值可以不同。

【例 1.22】默认形参值为全局常量和局部常量的使用。

```
#include<iostream.h>
int L,W,S;
void input(int a=2,int b=3)          //定义函数，指定全局默认形参值
{
    L=a;
    W=b;
}
void output( )
{
    S=L*W;
    cout<<"The area is:"<<S<<endl;
}
void show( )
{
        void input(int a=5,int b=6);  //声明函数，指定局部默认形参值
        input( );                      //调用函数，使用局部默认的形参值（a=5，b=6）
        output( );
}
void main( )
{
        input( );                      //调用函数，使用全局默认的形参值（a=2，b=3）
        output( );
        input(8,6);                    //调用函数，用实参初始化形参
        output( );
        show( );
```

}
运行结果如下:
The area is:6
The area is:48
The area is:30

1.3.5 重载函数

在现实生活中,经常会进行一些类似的活动。例如打排球、打篮球、打羽毛球等,虽然都是打球,但具体的打法却截然不同。

在编程中,同样也存在类似的情况。有时所用到的若干函数执行的功能类似,但这些函数在具体的操作上又有些不同。以前都是用不同的名称来命名这些函数,这样很麻烦。C++中可以用同样的名称来命名这些函数,这就是函数重载。

函数重载是指 C++允许在同一作用域内使用一个函数名来定义多个函数,但这些函数形参的类型或个数必须有所不同,C++系统编译器将根据实参与形参的类型和实参与形参的个数自动选择调用其中最合适的函数。

在 C++中,可以将具有类似功能的函数在相同的作用域内以相同的函数名定义,这样就形成了函数的重载。

例如要求从 2 个或 3 个整数中求出最大值,如果不使用函数重载,就必须分别定义两个不同的函数,其原型为:

int max_2(int x,int y);
int max_3(int x,int y,int z);

如果使用函数重载,可以使用同一个函数名来定义函数,其原型为:

int max(int x,int y);
int max(int x,int y,int z);

【例 1.23】编程求 2 个或 3 个整数中的最大值。

```
#include <iostream.h>
int max(int x,int y)           //求两个整数中的最大值
{
    if(x>y) return x;
    else return y;
}
int max(int x,int y,int z)     //求三个整数中的最大值
{
    if(x>y) y=x;
    if(y>z) return y;
    else return z;
}
void main( )
{
    cout<<"max(1,5)="<<max(1,5)<<endl;
```

```
        cout<<"max(4,1,9)="<<max(4,1,9)<<endl;
}
```
运行结果如下：
max(1,5)=5
max(4,1,9)=9

在上述程序中，对 max ( )函数定义了两次形参类型相同，但个数不同，形成函数重载，因此在调用它们时，编译系统会自动根据形参的类型与个数来确定调用哪个 max ( )函数。给函数的调用带来了方便。

1.4 指针和引用

C 语言中有灵活、实用和高效的指针操作，在 C++中，除了指针外，还引入了"引用"的概念，指针和引用在 C++程序设计中都是非常重要的。

1.4.1 指针变量

指针是地址，也就是内存地址。指针变量是存放内存地址的变量。指针变量中存放的不是普通的数据，而是地址。如果一个指针变量中存放的是某一个变量的地址，那么指针变量就指向那个变量。

1. 定义指针变量

定义指针变量一般格式如下：

类型名 *指针变量名;

类型名用来指定该指针变量可以指向的变量的类型。例如：

int *pInt1,*pInt2;

pInt1 和 pInt2 可以用来指向整型变量，也就是可以存放整型变量的地址。

"*"是定义指针变量的说明符。指针变量名是 pInt1、pInt2，而不是*pInt1、*pInt2。定义指针后，系统会为指针分配一个内存单元，内存空间的大小是根据指针所指的数据类型决定的。指针指向的数据类型与指针的移动和运算相关，如"使指针移动 1 个位置"或"使指针值加 1"，如果指针指向整型变量，表示地址值移动 2 个字节或增加 2 个字节；如果指针是指向一个实型变量，则移动或增加的不是 2 而是 4。

2. 指针的运算符

C++中有两个专门用于指针的运算符：

    &   取地址运算符
    *   取值运算符

取地址运算符"&"通常放在变量的前面，作用是取该变量的地址。取值运算符"*"通常放在指针变量前面，作用是取该指针所指内存单元中的内容。例如：

```
int a=8;          //声明整型变量 a，初值为 8
int *p=&a;        //声明指向整型变量的指针 p，其值为 a 的地址
int b=*p;         //声明整型变量 b，并将指针变量 p 所指存储单元的内容赋值给 b
int *p1;          //声明指向整型变量的指针 p1
p1=p;             //将指针变量 p 的地址赋给 p1，p1 也指向 a 的存储单元
```

//它等价于 p1=&a

【注意】

①定义指针变量之后，必须要对其初始化，否则无意义。
②指针变量的类型必须与其存放的变量类型保持一致。
③指针变量之间赋值，必须使其类型相同。
④指针变量只能赋一个指针的值，若赋的是一个变量的值或常量的值，而不是变量的地址，系统会以这个值作为地址，根据这个"地址"读写的结果将是致命。

【例 1.24】指针变量的应用。

```
#include <iostream.h>
void main( )
{
    int a,*pi;
    pi=&a;              //pi 指向 a
    *pi=8;              //pi 所指存储单元数据为 8
    cout<<"a 的地值为:"<<&a<<endl;    //输出变量 a 的地址，不同机器值不同
    cout<<"pi 的值为:"<<pi<<endl;     //输出变量 pi 的地址，不同机器值不同
    cout<<"a="<<a<<endl;              //输出变量 a 的值
    a=10;
    cout<<"*pi="<<*pi<<endl;          //输出 pi 所指存储单元的数据
}
```

运行结果如下：
a 的地值为:0x0012FF7C
pi 的值为:0x0012FF7C
a=8
*pi=10

1.4.2 指针和数组

对数组元素的存取操作一般使用数组下标来确定。每个数组元素都有相应的地址。可以使用指针指向数组首地址，通过指针实现对数组元素的存取操作。

例如，定义数组如下：
int array[10];
int *p;
p=&array[0];   //array[0]表示数组首元素的地址，也是数组的首地址
等价于
p=array;   //数组名表示数组的首地址
通过指针引用数组元素。例如：
*(p+1)=2;   //等价于 array[1]=2;
p+1 表示数组下一个元素 array[1]的地址，而 p+i 表示数组第 i 个元素 array[i]的地址。
由于数组名和指针变量都是地址值的变量，因此指向数组的指针变量也可以与数组名一样使用。例如：p[i]与 array[i]是等价的，*(p+i)与*(array+i)是等价的。

【例 1.25】 指针和数组的应用。

```
#include <iostream.h>
void main( )
{
    int a[10],*p;
    p=a;
    for(int i=0;i<10;i++)
        a[i]=i+2;
    for(i=0;i<10;i++)
        cout<<"a["<<i<<"]="<<p[i]<<" ";        //使用下标引用数组元素
    cout<<endl;
    for(i=0;i<10;i++)
        cout<<"a["<<i<<"]="<<*(a+i)<<" ";      //使用数组名引用数组元素
    cout<<endl;
    for(p=a,i=0;p<a+10;p++,i++)
        cout<<"a["<<i<<"]="<<*p<<" ";          //使用指针引用数组元素
    cout<<endl;
}
```

运行结果如下：
a[0]=2 a[1]=3 a[2]=4 a[3]=5 a[4]=6 a[5]=7 a[6]=8 a[7]=a a[8]=10 a[9]=11
a[0]=2 a[1]=3 a[2]=4 a[3]=5 a[4]=6 a[5]=7 a[6]=8 a[7]=a a[8]=10 a[9]=11
a[0]=2 a[1]=3 a[2]=4 a[3]=5 a[4]=6 a[5]=7 a[6]=8 a[7]=a a[8]=10 a[9]=11

1.4.3 引用

引用是为变量起的一个别名，定义引用类型变量，系统不会为其分配内存空间，它与引用的目标变量使用同一个空间。对别名的操作等价于对目标变量的操作。

1. 引用的定义

引用定义的一般格式为：
类型名 &引用名=变量名;
其中，变量名是目标对象的引用，必须是已定义过的变量。例如：
int m=0,*p;
int &rm=m;
int *&rp=p;
这里，rm 是变量 m 的引用，它是变量 m 的别名，rp 是*p 的引用。
rm=rm+5;   //实质是 m 的值加 5，m 的结果为 5

【注意】

①定义引用类型变量，必须对其初始化，并且与其初始化的变量类型一致。引用一旦初始化后，不能再更新为其他变量。

②当引用类型变量初始化的值是常数时，必须定义成 const 类型。例如：
const int &ra=2;

③不能引用数组名,因为数组是某个数据类型元素的集合,数组名表示该集合的起始地址,而不是数组中的某个元素。例如:
```
int arr[10];
int &rar[10]=arr;          //错误的
```
④没有引用的引用,因为引用本身不是一种数据类型。例如:
```
int n;
int &rn=n;
int &rrn=rn;               //是不允许的
```

2. 用作为函数的参数

【例1.26】引用作为函数的参数应用。
```
#include <iostream.h>
void fun(int b[],int n,int &rmax,int &rmin)
{
    for(int i=0;i<n;i++)
    {
        if(rmax<b[i])    rmax=b[i];
        if(rmin>b[i])    rmin=b[i];
    }
}
void main( )
{
    int a[10]={1,2,3,4,5,6,7,8,9,10};
    int max,min;
    max=min=a[0];
    cout<<"max="<<max<<","<<"min="<<min<<endl; //输出max和min的初始值
    fun(a,10,max,min);
    //输出调用fun函数之后max和min的值
    cout<<"max="<<max<<","<<"min="<<min<<endl;
}
```
运行结果如下:
max=1,min=1
max=10,min=1

函数fun中的&rmax和&rmin是形参的引用说明,在执行fun(a,10,max,min);时,实际是将实参max、min的地址传给形参,也就是说对形参的任何操作就是对实参的操作,因为它们共同标识同一内存单元,形参值的改变,实参值也随着发生改变。

引用除了作函数的形参外,还可以作函数的返回值。

3. 函数的返回值为引用

【例1.27】函数的返回值为引用的应用。
```
#include<iostream.h>
double temp;
```

```
double &fun1(double m)
{
    temp=m+24.5;
    return temp;
}
double fun2(double m)
{
    temp=m+24.5;
    return temp;
}
void main( )
{
    double &a=fun1(5.5);
    double b=fun1(5.5);
    double c=fun2(5.5);
    double &b=fun2(5.5);       //错误,函数 fun2 的返回值类型是 double,而不是 double &
    cout<<"a="<<a<<",b="<<b<<",c="<<c<<endl;
}
```

运行结果如下：
a=30，b=30，c=30

通常情况下，当函数的返回值是全局变量时可以返回引用，如果是函数的局部变量，函数返回时该引用的变量内存单元已被释放，所以不能返回。

1.5 C++新增运算符

1.5.1 C++语言中的动态内存管理运算符

在 C 语言程序中，经常使用标准库函数 malloc、calloc 和 free 来直接进行动态内存的分配和释放。在 C++中，除了可以使用上述的三个函数外，还可以使用运算符 new 和 delete 进行动态内存的分配和释放，并能检测到被分配的动态内存是否存在漏洞。

1. new 运算符

在 C++中，new 运算符用来动态分配内存空间，其使用一般格式为：

 p=new 类型（初值列表）;

动态内存分配如果成功，new 运算符将返回一个指定类型的指针值，如果内存分配失败，则返回空指针 NULL。

例如：
①int *p1=new int;   //分配一个存放 int 型数据的内存空间,并将该内存空间的地址赋给 p1
②int *p2=new int(10);   //分配一个存放 int 型数据的内存空间,指定初值为 10,并将该内存空间的地址赋给 p2

③float *p3=new float;   //分配一个存放 float 型数据的内存空间,并将该内存空间的地址赋给 p3

④float *p4=new float(12.5);   //分配一个存放 float 型数据的内存空间,指定初值为 12.5,并将该内存空间的地址赋给 p4

⑤int *p5=new int[20];   //分配一个存放 int 型一维数组的内存空间,该数组有 20 个元素,并将该数组的首地址赋给 p5

⑥float *p6=new float[3][4];   //分配一个存放 float 型二维数组的内存空间,该数组大小为 3*4,并将该数组的首地址赋给 p6

2. delete 运算符

delete 运算符用来释放由 new 分配的内存空间,其使用一般格式如下:

delete 指针变量名;

例如:

int *p=new int;

float *pp=new float[10];

delete p;   //释放 p 所指向的内存空间(该内存空间是由 new 分配的)。

delete []pp;   //释放 pp 所指向的内存空间(该内存空间是由 new 分配的)。

【例 1.28】 使用动态内存分配的应用。

```
#include <iostream.h>
void main( )
{
    int *p;         //定义指针
//用 new 运算符来建立整型内存空间,并赋以初值 6,然后将首地址赋给指针 P
    p=new int(6);
    cout<<*p<<endl;
    delete p;       //删除 new 运算符建立的内存空间
}
```

运行结果如下:

6

【注意】

①利用 new 分配内存空间,不需要指定内存空间的大小,只要指定内存空间存放的数据类型,系统自动根据数据类型计算出内存空间的大小。

②使用 new 分配内存空间时,可以指定数据初值,但分配动态数组的内存空间时,不能指定数组的初值。

③使用 new 分配动态数组的内存空间时,必须指出数组元素的个数。

④delete 只能用来释放由 new 分配的内存空间,否则有可能引起系统的崩溃。

⑤用 delete 释放动态数组所占用的内存空间时,应在指针变量前指明。

例如: int *p=new a[10];

　　　delete []p;

或

　　　int *p=new a[10];

```
        delete [10]p;
```
【例1.29】使用动态数组编程。
```
#include <iostream.h>
#include<cstdlib>
#include<iomanip.h>
void main( )
{
    int *P;
    P=new int[10];
    if(P= =NULL)
    {
        cout<<"内存分配失败!"<<endl;
        exit(1);
    }
    for(int i=0;i<10;i++)
    {
        P[i]=i;
        cout<<P[i]<<setw(3);
    }
    cout<<endl;
    delete []P;
}
```
运行结果如下：
0 1 2 3 4 5 6 7 8 9

1.5.2 作用域限定运算符

在程序设计中，每一个变量都有作用域，并且每个变量都只能在其作用域内有效。在C语言程序设计中，可以同时使用全局变量和局部变量，但当全局变量与局部变量同名时，在局部变量的作用域内，全局变量暂时被屏蔽，不起作用。如果想在局部变量的作用域内使用全局变量，C语言是无法实现的，因为C语言没有提供这种情况下访问全局变量的途径。但C++可以实现在局部变量的作用域内使用全局变量，因为C++提供了作用域运算符::，可以通过作用域运算符::来标识同名的全局变量。

【例1.30】作用域限定符使用。
```
#include <iostream.h>
int b=2;                    //定义全局变量b
void main( )
{
    int a=3;                //定义局部变量a
    int b=4;                //定义局部变量b
    int c,d;
```

```
        c=a+::b;              //计算局部变量 a 和全局变量 b 之和
        d=a+b;
        cout<<c<<endl;
        cout<<d<<endl;
}
```
运行结果如下：
5
7

【注意】 作用域运算符::只能用来访问同名的全局变量，不能用来访问一个在语句外部定义的同名局部变量。下面的程序是错误的。

程序如下：
```
#include <iostream.h>
void main( )
{
        int b=2;              //定义局部变量 b
        {
        int a=3;
        int b=4;              //定义局部变量 b
        int c,d;
        c=a+::b;              //错误,用::非法访问在复合语句外部定义的局部变量
        d=a+b;
        cout<<c<<endl;
        cout<<d<<endl;
        }
}
```

1.6 Visual C++6.0 开发环境

Visual C++6.0 是 Microsoft 公司于 1998 年推出的基于 Windows 操作系统的可视化软件开发工具，它继承了以前版本的灵活、方便、性能优越等优点的同时，给 C++带来了更高水平的生产效率。

Visual C++6.0 分为标准版、专业版和企业版三种，其功能基本相同。本书以企业版作为开发环境。

1.6.1 Visual C++6.0 集成开发环境简介

Visual C++6.0 是一种 C/C++编译程序，内含一个集成开发环境简称 IDE（Integrated Development Environment）。

在 Windows 9X/NT/2000/XP 操作系统正确安装了 Visual C++6.0 后，从 Windows "开始"菜单中，选择"程序"中的"Microsoft Visual Studio 6.0"菜单中的"Microsoft Visual C++ 6.0"菜单项，就可启动 Visual C++6.0 开发环境，显示 Visual C++ 6.0 开发环境窗口。

第一次运行时，会在前面显示每日一贴对话框"Tip of the Day"，如图 1-2 所示。单击"Next Tip"按钮，可了解 Visual C++6.0 的一些特性以及使用方法；如果不选中"Show tips at startup"复选框，以后运行时，将不再出现此对话框。单击"Close"按钮关闭此对话框，即可进入 Visual C++ 6.0 开发环境。

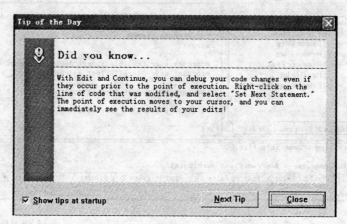

图 1-2　"Tip of the Day"对话框

Visual C++ 6.0 开发环境窗口由标题栏、菜单栏、工具栏、项目工作区窗口、文档编辑窗口、输出窗口以及状态栏等组成，如图 1-3 所示。当用户创建或打开一个项目时，其对应的窗口会给出相应的显示信息。

①标题栏。窗口最顶端为标题栏、显示当前项目的名称和当前编辑文档的名称。名称后面有时会显示一个星号（*），表示当前文档在修改后还没有保存。

②菜单栏。标题栏下面是菜单栏，菜单栏包含了 Visual C++中全部的操作命令，它提供了文档操作、程序的编译、调试、窗口操作等一系列功能。用户可以通过选取各个菜单项执行各种操作。

③工具栏。工具栏一般显示在菜单栏的下方。工具栏以位图的形式显示常用操作命令，比菜单操作更为快捷。当用户点击工具栏中的工具按钮时，能发出相应的命令消息。

④项目工作区窗口。工具栏下面的左边是工作区窗口，包含用户项目的一些信息如 ClassView、ResourceView 和 FileView 三个页面，分别列出当前应用程序中所有类、资源和项目源文件。在项目工作区窗口中的任何标题或图标处单击鼠标右键，会弹出当前状态下的常用操作的快捷菜单。

⑤文档编辑窗口。工具栏右下方是编辑区窗口，显示各种程序的源代码文件。

⑥输出窗口。一般位于文档编辑窗口和工作窗口的下面。它显示编译、链接和调试的相关信息。如果进入程序调试(Debug)状态，主窗口中还将出现一些调试窗口。

⑦状态栏。状态栏是在应用程序的主窗口底部的一个区域，状态栏用于显示文本消息，包括对菜单、工具栏的解释提示以及 Caps Lock、Num Lock 和 Scroll Lock 键的状态等。

1.6.2　工具栏的显示或隐藏

工具栏按钮分别对应于其菜单命令项。用户可以直接用鼠标单击这些按钮来完成指定的

Visual C++面向对象程序设计

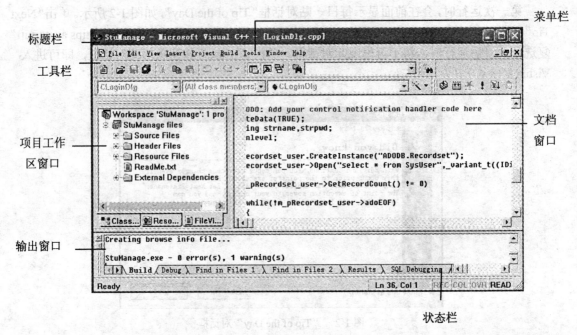

图 1-3 Visual C++ 6.0 开发环境窗口

功能。工具栏比菜单更方便、快捷，但是，如果使用很多能够满足或者不能满足用户需要的按钮填满整个工具栏的话，它很快就会变得过于臃肿，当创建多个工具栏时，用户可以根据需要进行显示、隐藏，也可以根据自己的爱好和习惯进行定制。缺省工具栏 IDR_MAINFRAME 包括一些更为常见的按钮，比如打开文件或创建新文件时用到的按钮。

工具栏的显示或隐藏的方法是在菜单栏或工具栏的空白处单击鼠标右键，然后在弹出式菜单中选择相应的工具栏。如图 1-4 所示。也可以执行"Tools"菜单的"Customize"菜单命令，打开"Customize"对话框，然后选择"Toolbars"选项卡，并根据需要进行选择，如图 1-5 所示。通过"Tools/Customize/New"菜单命令可以定制工具栏。

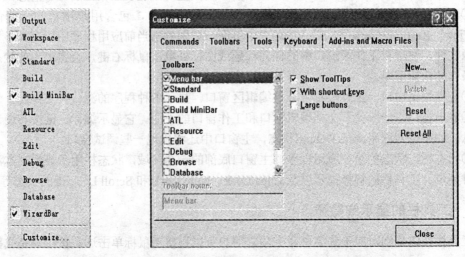

图 1-4 显示或隐藏工具栏　　　　　　图 1-5 在 Customize 对话框中设置工具栏

1.6.3 创建一个控制台应用程序

所谓控制台应用程序是那些需要与传统 DOS 操作系统保持某种程序的兼容，同时又不需要为用户提供完善界面的程序。也就是在 Windows 环境下运行的 DOS 程序。

在 Visual C++ 6.0 中，创建一个控制台应用程序的步骤如下：

（1）启动 Visual C++ 6.0

①初次使用需要建立子目录，例如在 D 盘新建文件夹 C++，用于保存 C++源程序文件，扩展名为.cpp；目标文件，扩展名为.obj；可执行文件，扩展名为.exe，以及系统生成的其他文件。其中文件名与源程序文件名相同。

②选择"开始/程序/Microsoft Visual Studio 6.0/Microsoft Visual C++ 6.0"菜单项，就可启动 Visual C++6.0 开发环境。

（2）创建一个项目

①选择"File"菜单中"New"命令，弹出"New"对话框，在此对话框中选择"Project"标签，显示应用程序项目的类型，在"Project"列表框中，选择"Win32 Console Application"，在"Project Name"文本框中输入新建的工程项目名称 Welcome。单击 Location（位置）文本框右侧浏览按钮（…），选择项目的保存路径。也可以直接键入文件夹名称和相应的保存路径。如图 1-6 所示，单击"OK"。

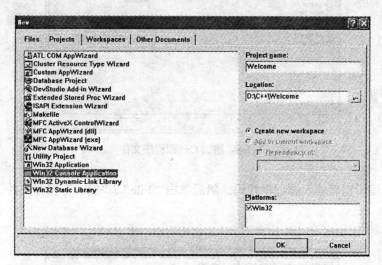

图 1-6 New 对话框

②在弹出的"Win32 Console Application-Step 1 of 1"对话框中选择"An empty project"选项。然后单击"Finish"按钮，如图 1-7 所示。

③在"New Project Information"对话框中单击"OK"按钮，系统自动创建此应用程序。

（3）创建 C++源程序

①选择"File"菜单中"New"命令，弹出"New"对话框，在此对话框中选择"Files"标签，选中"C++ Source File"，在"File"下面的文本框中输入 C++源程序文件名"Welcome"，如图 1-8 所示。单击"OK"。

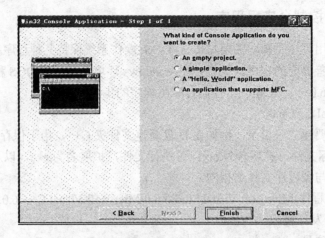

图 1-7 Win32 Console Application 类型选择

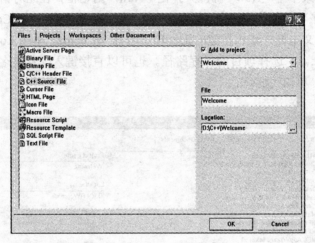

图 1-8 添加 C++源程序文件

②在文档编辑窗口输入源程序代码，然后单击"File"/"Save"保存文件。如图 1-9 所示。

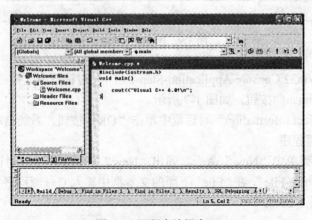

图 1-9 源程序编辑窗口

③单击"Build"菜单，选择"Build Welcome.exe"菜单项或按 F7 编译、连接生成可执行文件 Welcome.exe，在输出窗口中显示的内容为：

Welcome.exe - 0 error(s), 0 warning(s)

表示没有错误。单击"Build"菜单，选择"Execute Welcome.exe"菜单项或按 Ctrl+F5 运行程序。运行结果如图 1-10 所示。或者单击工具栏 的按钮 编译、连接生成可执行.exe 文件，然后单击 按钮运行程序。

图 1-10 程序运行结果

(4) 添加新 C++源程序代码
①关闭原来的项目，单击"File"菜单的"Close Workspace"选项。
②单击工具栏的按钮 新建一个文档窗口，在此窗口中输入如图 1-11 所示的代码。

图 1-11 C++源程序代码

③选择"File"菜单中"Save"选项或按 Ctrl+S，弹出另存为对话框，在此对话框中选择保存文件的位置，输入文件名称"first.cpp"，.cpp 为 C++源程序文件的扩展名不能省略。保存后，Visual C++ 6.0 文本编辑器具有语法颜色功能，窗口中代码颜色发生改变。

④单击 按钮，出现如图 1-12 所示的对话框询问是否使用默认的项目空间，单击"是"按钮。系统进行编译、连接生成可执行文件，出现如图 1-13 所示的结果。程序没有错误，按 Ctrl+F5 运行程序，如图 1-14 所示，从键盘输入字符"VisualC++6.0",结果会显示出来。

图 1-12　设置项目空间

图 1-13　生成可执行文件

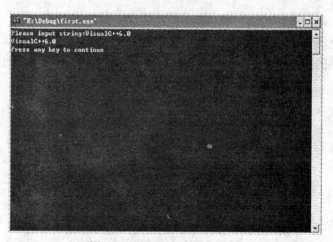

图 1-14　C++源程序运行结果

习　题

一、单项选择题

1. 适合定义为内联函数的是（　　）。
   A. 函数体含有循环语句　　　　　　B. 函数体含有 if 语句的嵌套
   C. 函数代码少、频繁调用　　　　　D. 函数代码多、不常调用
2. 关于函数返回值说法正确的是（　　）。
   A. 函数返回值类型可以是数组和函数的类型

B．函数返回值可以是引用　　　　C．函数返回值不可以是指针
D．如果函数的参数是另一个函数的返回值，参数类型可以与函数的返回值类型不一致
3．关于引用作为函数参数说法正确的是（　　）。
  A．形参与实参没有关系　　　　B．实参对象和形参对象标识同一个内存单元
  C．在声明引用参数时，需要赋初始值　D．在函数调用时，实参对象名传给形参对象名
4．关于函数默认值的描述中说法正确的是（　　）。
  A．函数默认值给出的顺序可以是任意的
  B．函数默认值设置必须在函数原型中，而不能在函数定义语句中设置
  C．函数具有一个参数时不能设置默认值　D．设置函数默认值参数应先设置左边的
5．char min(char,char);不可与下列哪个函数重载（　　）。
  A．int min(int,int)　　　　　　B．int min(int,char)
  C．int min(char,char)　　　　　D．char min(char,char,char)
6．对文件操作时需要包含的头文件是（　　）。
  A．stdio.h　　B．stdlib.h　　C．fstream.h　　D．iostream.h
7．使用 setw(int)必须包含的头文件是（　　）。
  A．iostream.h　　B．fstream　　C．iomanip　　D．ifstream
8．定义语句 char a[5],*p=a;正确的赋值语句是（　　）。
  A．b="abcd"　　B．*b="abcd"　　C．p="abcd"　　D．*p="abcd"
9．设 int x=56；int r=x；若 cout <<&x；显示 0012FF7A，则 cout <<&r；输出值为（　　）。
  A．56　　B．0012FF7A　　C．0012FF7B　　D．未知
10．使用下列哪个流格式控制符可设置转换基数为八进制（　　）。
  A．dec　　B．oct　　C．hex　　D．endl
11．设函数 void one(int &)将形参减 1，如整型变量 int k=10，则执行 one(k);后，k 的值为（　　）。
  A．9　　B．10　　C．11　　D．未知
12．包含下列哪种语句的函数不能声明为内联函数（　　）。
  A．变量定义　　B．if…else　　C．位操作　　D．switch

二、分析程序题
1．分析程序的输出结果。
```
#include<iostream.h>
#include<iomanip.h>
void main( ){
    cout<<setfill('*');
    cout<<oct<<12;
    cout<<hex<<setw(8)<<12<<endl;
    cout<<dec<<setw(8)<<123;
    cout<<setw(8)<<123<<endl;
    cout<<hex<<123<<setw(8);
    cout<<123<<endl;
}
```

2. 分析程序的输出结果。
```cpp
#include<iostream.h>
#include<iomanip.h>
void main(){
    for(int i=0;i<6;i++)
        cout<<endl<<setw(i+10)<<'*'<<setw(10)<<'*';
    cout<<endl;
}
```

3. 分析程序的输出结果。
```cpp
#include<iostream.h>
void   main( )
{
    char a[2][4]={"abc","def"},*p[2];
    int i,j,k=0;
    for(i=0;i<2;i++)    p[i]=a[i];
    for(i=0;i<2;i++)
        for(j=0;p[i][j]>'\0'&&p[i][j]<='b';j+=2)
            k=10*k+p[j][k]-'0';
        cout<<k<<endl;
}
```

4. 分析程序的输出结果。
```cpp
#include<iostream.h>
int sum(int x,int y) { return x+y; }
void main( )
{
    int m=2,n=3;
    cout<<"1: "<<sum(m++,m+n)<<endl;
    m=2,n=3;
    cout<<"2: "<<sum(++m,m+n)<<endl;
    m=2,n=3;
    cout<<"3: "<<sum(++m,m+n)<<endl;
    m=2,n=3;
    cout<<"4: "<<sum(m,++m+n)<<endl;
}
```

5. 分析程序的输出结果。
```cpp
#include<iostream.h>
int max(int a,int b)
{   return a>b?a:b;     }
int max(int a,int b,int c)
{   int t=max(a,b);
```

```
    return(max(t,c));
}
int max(int a,int b,int c,int d)
{   int t1=max(a,b);
    int t2=max(c,d);
    return max(t1,t2);
}
void main( )
{
cout<<max(12,3,6,8)<<endl;
    cout<<max(-3,7,0)<<endl;
}
```

6．分析程序的输出结果。
```
#include<fstream.h>
void main( )
{
    char    s[]="二进制文件";
    ofstream ofile("example.txt",ios::out|ios::binary|ios::nocreate);
    cout<<"写入文件的内容为: "<<s;
    ofile<<s;
    cout<<endl;
}
```

三、改错题

1．分析程序中的错误并改正。
```
    void main( ){
        int   &i=j;
        i=i+10;
        j=j+50;
    }
```

2．分析程序中实现两个数交换的错误并改正。
```
void swap(int a,int b){
  int temp=a;   a=b;   b=temp;   }
  void main( ){
     int x=7,y=8;
     swap(x,y);
     cout<<"x="<<x<<",y="<<y<<endl;
}
```

3．分析程序中的错误并改正。
```
#include<iostream.h>
#define PI 3.14159
```

```
void main( )
{
    double i;
    int r;
    cout<<"输入圆形半径：";
    cin>>r;
    i=2 * PI * r;
    cout<<"圆形周长="<<i<<endl;
    i=PI * r * r;
    cout<<"圆形面积="<<i<<endl;
}
```

4. 找出下列程序中的错误并改正。
```
#include<iostream.h>
void fun( ){
    ifstream myfile("d:\abcd");
    myfile<<"my file\n";
}
void main( )
{    fun( );    }
```

四、完成程序题

1. 使程序计算 100 以内所有可被 7 整除的自然数之和，填充程序内容。
```
#include <iostream.h>
void main( )
{
int x=1;
int sum=0;
while(true)
{
    if(x>100){
        ① ;
    }
    if( ② ){
        sum=sum+x;
    }
    x++;
}
    cout<<sum<<endl;
}
```

2. 根据程序如下运行结果，填写程序内容。
10   3   5   150

```
10      12      5           600
10      12      15          1800
#include<iostream.h>
#include<iomanip.h>
int volume(int length,int width=3,int height=5)
{
    cout<<setw(5)<<length<<setw(5)<<width<<setw(5)<<height<<setw(8);
    return length*width*height;
}
void  main( )
{
    int x=10,y=12,z=15;
    cout<<volume(x)<<endl;
    cout<<①<<endl;
    cout<<②<<endl;
}
```

五、编程题

1．设计三个函数 Area( )，重载为求圆的面积、长方形面积、正方形面积。

2．定义带默认参数值的函数计算球的体积。

3．编写为 50 个 char 型变量分配存储空间的程序。

4．输入三角形的三条边，判断是否能构成三角形，如果正确计算其面积并将结果存入文件中。

5．从键盘输入一串字符，将其中的小写字母转换成大写字母，然后存入磁盘文件中保存，输入的字符串以"x"结束。

第 2 章　面向对象的 C++ 程序设计

　　C++是一种面向对象的程序设计语言，与传统的面向过程的程序设计语言相比，C++引入了面向对象的程序设计方法。在面向对象的程序设计方法出现以前，程序设计一直采用面向过程的设计方法，要求程序设计人员必须全面考虑程序执行的每一个步骤和具体要求，如先做什么，后做什么，怎么做，如何做，面对的是程序的整个过程，并且在整个程序中，数据和处理数据的过程是分离的、相互独立的，当数据的结构发生局部改变时，整个程序中与其相关的处理过程也必须作相应的修改，程序的可重用性差，不适合编写现代大型应用程序。面向对象的程序设计方法与面向过程的程序设计方法不同的是在认识问题、处理问题时不再将问题实现的步骤放在首位考虑，而是将客观世界看做由对象组成，向对象发送消息，将激活对象所具有的行为。这种被称为"对象"的事物就是所要处理的问题。

　　面向对象的程序设计方法是将任何事物都看成一个对象，每个对象都是由数据和处理数据的操作方法构成的，程序设计时，将整个程序分解成多个能够完成独立功能的对象，将要处理的数据分别属于不同的对象，并封装在对象中，对象与对象之间可以通过消息进行通信，只要激发每个对象完成了相对独立的操作功能，整个程序就会自然完成全部操作。可以这样认为，面向对象程序设计注重对象的结果，忽略对象内部的具体过程。

　　面向对象的程序设计方法（object oriented programming，OOP），模仿了客观世界中物体被组合在一起的方式，将人们习惯的思维和表达方式应用在程序设计中，从而使程序设计可以按照人们通常习惯的思维方式进行。使用这种设计方法，可以设计出安全可靠、易于理解、可重用性强的应用程序。

　　例如，处理一个关于学生成绩的问题。对象：学生；数据：姓名、年龄、分数、学号；消息：统计总分、平均分、排序。

　　对象、消息都可在面向对象方式的程序中体现为数值化形成。虽然"面向对象"这个名词是第一次出现，但事实上每个人原来就是以"面向对象"的方法认识、理解世界的。不管是自然界的万物还是各种虚拟的事物都可被视为具有各种数值化属性，能产生各种不同行为的对象。

　　OOP 的设计规则就是在程序中保留各种对象属性，规划出使用者与对象，以及对象与对象间的交互关系，来完成程序数据处理的功能，而不是只重视处理问题的步骤。

　　激发科学家们产生 OOP 原始动机就是在利用计算机来仿真模拟各种生物交互行为时所采用的方式。OOP 认为：现实世界是由一系列彼此相关且能够相互通信的实体组成，这些实体就称为对象。

　　采用此方法设计时一般要经过三个步骤：
①确定对象，确定问题领域内所含的对象；
②将对象分类，按一定的层次关系组织、定义；
③表达、组织对象与外界交互。

OOP 风格的程序会弱化语句、操作序列的次序，强化模块化的外在表现。不管是有形或无形的事物，只要可形容其状态、特征都视为对象。它创造了一种包装的结构，将程序要处理的事物的方方面面组合在一起形成程序中的一个有意义的软件单元。所以其程序具有抽象、封装、继承、多态的特征。

①抽象：将对象（程序要处理的事物）数值化；

②封装：将所有涉及该对象的数据、行为组合在一个软件单元（类）中；

③继承：通过某个软件单元的某些特征的再利用产生新对象；

④多态：同样的消息在不同对象中的响应不同。

采用这样的方式表达程序比较接近实际的对应关系，不易被算法所分隔，因此程序容易理解，结构较自然、比较容易维护，适合编写大型应用程序。

本章将首先介绍类和对象的有关定义，接着讲述类的共享、类的继承和派生。

2.1 类和对象

在现实生活中，人们习惯将具有相同本质的事物划分成一类，这是人类在认识客观世界时习惯采用的思维方法。例如，当你看见一个人时，你之所以认为他（或她）是一个人，是因为他（或她）具有人类的外形、情感、语言等人类的本质特征，而不管他（或她）是什么人种、是男人还是女人、是老人还是儿童等。不难看出，人们将客观世界中的事物进行分类的基本方法是忽略事物的非本质特征（例如上述所说的人种、性别、年龄等），注意事物的本质特征（如上述所说的外形、情感、语言等），只要是本质特征相同的，就将这些事物划分为一类，属于同一类的事物应该具有相同的基本特征。所以说，具体的人就是人类的对象，人类就是人的类型。

面向对象的程序设计方法认为：对象是包含客观世界中某一事物特征的抽象实体，现实世界中的每一个事物都可以看成对象，从计算机的角度来看，一个对象应包括两个要素：数据和处理这些数据的操作方法，可以这样认为：对象是一个包含数据和处理这些数据方法的集合。C++中，对象的类型称为"类"（class），类集中体现了对象的特征和共性，是对象的抽象，是一种特殊的数据类型，对象是类的具体实例，是"类"类型的"变量"。对象和类是密切相关的，C++面向对象编程实质就是面向"类"类型变量编程。C++程序设计的重点应在类的定义实现上。

2.1.1 类的定义

类就是 OOP 风格的程序所要反映体现在程序中的软件单元。类是每一个 OOP 风格的程序不可缺少的成分，其作用是数据进行封装、隐藏和处理。类之于 C++就如同函数之于 C 语言。

函数是逻辑上相关的语句组合到一起，主要用于执行；而类则是逻辑上相关的函数及数据的集合，它的集成程度更高，主要不是用来执行，而是提供程序资源（数据，函数）。

面向对象程序设计中的类都具有以下两个属性：

①状态：数据成员；

②行为：函数成员表示能改变数据成员的操作。

借助这两者来抽象描述事物：

例如，以学生这个群体为例，当它成为程序要处理的事物或是问题所涉及的事物后，就会形成学生类：

状态：姓名、学号、年龄、身高。

行为：统计分数，按学号查询。

再例如，设计一程序对电梯的运行进行控制的电梯类：

状态：速度、载客数、楼层号。

行为：楼层选择、计算人数、上下驱动。

面向对象程序设计中的"类"正是抽象出对象的共性而形成的，它为属于该类的对象提供了抽象的描述。

C++中，类是由数据成员（成员变量）和成员函数（方法）构成的。类定义一般格式如下：

  class 类名
  {
  private:
    私有数据成员和成员函数；
  public:
    公有数据成员和成员函数；
  protected:
    保护数据成员和成员函数；
  };
  各个成员函数的实现 //该部分也可以放在类的内部

其中，类的定义由关键字 class 开头，其后是用户定义的类名，花括号内的部分为类体，由用户根据需要来定义。数据成员和成员函数都是类中的成员，需要说明的是，由于数据成员是用变量来描述的，因此数据成员又称为"成员变量"。

类体中的关键字 private、public 和 protected 用来限定数据成员和成员函数的访问控制权限，类中的成员只能有一种访问控制权限，如果一个数据成员或成员函数在定义时省略了访问控制权限，则其访问控制权限默认为 private。

【例 2.1】定义一个学生类。

```
class Student                                    //定义 Student 类
{
private:                                         //声明私有数据成员
    char name[4];
    int  age;
    char sex;
public:                                          //声明公有成员函数
    void input(char newname[4],int newage,char newsex);
    void output( );
};
```

例 2.1 程序中，定义了一个 Student 类，包含 3 个私有数据成员和 2 个公有成员函数。其中，class 是声明类的关键字，Student 是类名，private 和 public 表示类成员的访问控制属性，分别表示私有和公有的访问控制属性。

private 表示数据成员和成员函数是类的私有成员，只能被本类中的成员函数访问，不能被外部的程序访问，通常情况下，类中的数据成员一般定义为 public，表示数据成员和成员函数是类的公有成员，能被本类中的成员函数访问，也能被外面的程序访问，是类与外部的接口，成员函数一般定义为 public；protected 表示数据成员和成员函数是类的保护成员，允许被本类的成员函数和派生类的成员函数访问。

类中数据成员的类型是任意的，可以是整型、实型、字符型、数组、指针和引用，也可以是另一个类的对象。

定义类时，不能对类中的数据成员进行初始化，但可以对成员函数的形参进行初始化；类体中各成员的声明顺序是任意的，限定访问控制属性的关键字也可以多次出现。

程序设计时，尽量将类的声明单独存放在一个.h 文件中，将成员函数存放在与.h 同名的.cpp 文件中，main 函数放在另一个.cpp 文件中。

在上述 Student 类中，只声明了成员函数的原型，事实上，成员函数所描述的是类的行为，是程序算法的实现部分，成员函数的实现可以在类的内部定义，也可以在类的外面定义。

在 C++中，一般将内联函数定义在类中，而将成员函数定义在类体之外。成员函数在类外部的定义与普通函数的定义在形式上基本相同，但必须在成员函数的前面加上类名和作用域运算符::，其一般定义格式如下：

函数类型　类名::函数成员名(形参列表)
{
　　函数体
}

【例 2.2】Student 类中成员函数的实现。

```
void Student::input(char newname[4],int newage,char newsex)
{
    for (int i=0;i<4;i++)
    {
        name[i]=newname[i];
    }
    age=newage;
    sex=newsex;
}
void Student::output( )
{
    for (int i=0;i<4;i++)
    {
        cout<<name[i];
    }
    cout<<","<<age<<","<<sex<<endl;
}
```

成员函数还可以带默认值。例如，Student 类中，input 函数的实现可以改为：

```
void Student::input(char newname[4]="jima",int newage=10,char newsex='f')
{
    for (int i=0;i<4;i++)
    {
        name[i]=newname[i];
    }
    age=newage;
    sex=newsex;
}
```

这样,如果调用这个函数时没有给出实参,就会按照默认形参值来执行。也就是说,姓名为 Jima,年龄为 10,性别为 f。

【例 2.3】 定义一个日期类。

```
class  Date
{
public:
    void set ( int   a, int   b, int   c );
    bool fun ( );
    void show ( );
private:
    int year,month,day;
};
void  Date:: set (int   a, int   b, int   c )
{  year = a;    month = b;    day = c; }
bool  Date::fun ( )
{
    if ( year%4= =0&& year%100!=0||year%400= =0)
        return true;
    else   return false ;
}
void Date::show ( )
{  cout << year <<"年"<< month <<"月"<< day<<"日"<<   " ; }
```

在以上 Date 类的声明中。该类包含了三个私有 int 类型的变量 year、month 和 day,三个公有类型的成员函数 set、fun 和 show。

其中 set 函数所描述的行为是设置某个日期的年、月和日,fun 函数所描述的行为是判断某个年份是否闰年,show 函数所描述的行为是输出该日期的年、月、日。

2.1.2 对象

类是抽象出对象的共性而形成的,那么对象又是什么呢?该类的对象就是具有类中所描述本质特征的某一特定实体。

学生类: 对象 1,   对象 2,……

每个对象即 1 个学生：("李明"，23，'m') ……

对象是程序处理的有具体值的具体事物，类则是提供该事物各种特征的资源。

例如 Student 类，它抽象出了所有学生所具有的共性，即姓名、年龄和性别，那么这些学生中的某一个学生就是该类的一个对象。

类与对象的关系就如同汽车与一辆具体的车的关系，是一个从一般到特殊，总体到个体，共性到个性的关系。汽车都是交通工具，都有轮子、发动机，这是共性，总体集合的表现；具体到某一辆车时，这些共性特征就会具体为不同型号、不同重量、不同驱动方式。

事实上类就是一个广义的数据类型，对象就是体现这个类型特征的具体变量。如表 2-1 所示。

表 2-1　　　　　　　　　　　数据类型与变量关系

类　　　型	变　　　量
int	a(5),b(18)
struct xue{int n;char name[10];}	xue a(200901,"黄宇"),b(200902,"曾菁")
class Student{ 状态：… 　　　　　 行为：… }	Student a,b;

基本类型可直接使用，不需设置定义类型的语法。

结构体复合类型，需要事先说明该类型，才可使用所定义的各种数据属性，类也需要事先说明该类型，才可使用其数据属性和行为属性。

这些对象以具体化的不同状态予以区分，但都可使用属于该类的函数。

采用 OOP 的构造方式，利用"类"来构造程序时，许多数据和函数都被重新安排，隶属于不同"类"中。除了这样一种有机的归类之外，这些数据和函数的取用也分别受到限制，只有通过特定的方式才允许触发行为，进而使对象某种状态得以改变。

在 C++中定义一个对象，其一般格式如下：

类名 对象名；

例如，定义一个 Student 类型的对象 mystu 可采用以下语句：

Student mystu;

声明一个 Date 类型的对象 myDate 可采用以下语句：

Date myDate;

对象一旦定义后，就具有同类一样的数据成员和成员函数，也就是说，一个对象的成员就是该对象的类所定义的成员，对象的成员引用一般格式如下：

对象名.数据成员名

对象名.成员函数名(实参列表)；

对象名.数据成员名表示引用类的数据成员，对象名.成员函数名表示引用类的成员函数，"."是一个成员运算符，用来访问对象的成员。例如：

mystu.age;　　　　　　//访问类的数据成员

mystu.output( );　　　　//访问类的成员函数

对日期进行设置赋值可以这样调用日期类的成员函数：

myDate.set(2010,5,19);

对日期进行输出可以这样调用日期类的 show 函数:

myDate.show( );

对指针对象的类的成员引用格式如下:

对象名->数据成员名

对象名->成员函数名(实参列表);

"->"也是一个成员运算符,用来访问指针对象的成员。

例如:定义一个 Student 类型的指针对象 p1 可采用以下语句:

```
Student   *p1;
p1->age;               //与(*p1).age 是等价的
p1->output( );         //与(*p1).output( )是等价的
```

在类的外部,类的对象只能访问类的公有成员;在类的内部,所有成员直接通过成员名相互访问。

【例2.4】一个完整的学生类程序。

```
#include<iostream.h>
class Student                                //定义 Student 类
{
private:                                     //声明私有数据成员
    char name[4];
    int  age;
    char sex;
public:                                      //声明公有成员函数
    void input(char newname[4],int newage,char newsex);  //输入学生信息的成员函数
    void output( );                          //输出学生信息的成员函数
};
//学生类成员函数的具体实现
void Student::input(char newname[4],int newage,char newsex)
{
    for (int i=0;i<4;i++)
    {
        name[i]=newname[i];
    }
    age=newage;
    sex=newsex;
}
void Student::output( )
{
    for (int i=0;i<4;i++)
    {
        cout<<name[i];
```

```
        }
        cout<<","<<age<<","<<sex<<endl;
}
//主函数
void main( )
{
    Student mystu;                  //定义对象 mystu
    Student *p;                     //定义对象指针 p
    mystu.input("Jack",18,'F');     //输入学生信息
    mystu.output( );                //输出学生信息
    p=&mystu;                       //对象指针初始化,将 mystu 对象的地址赋给指针变量
    p->output( );                   //通过对象指针 p 访问成员函数
    (*p).output( );
}
```
运行结果如下：
Jack，18，F
Jack，18，F
Jack，18，F

上述程序分为三个部分。第一部分是 Student 类的声明，在 Student 类中，声明了公有成员函数 input( )和 output( )，另外还声明了私有数据成员 name[4]、age 和 sex；第二部分是成员函数的实现，这一部分体现了成员函数的功能，其中 input( )函数的功能是输入学生姓名、年龄和性别，output( )函数的功能是输出学生姓名、年龄和性别；第三部分是 main( )函数，在 main( )函数中定义了 Student 类的一个对象 mystu、对象指针 p，然后通过 mystu 对象访问两个成员函数 input( )和 output( )来实现数据的处理，通过对象指针 p 访问 output( )成员函数。

【例 2.5】日期类的完整程序。

```
#include<iostream.h>
class    Date
{
public:
        void set ( int   a, int   b, int   c );
        bool fun ( );
        void show ( );
private:
        int year,month,day;
};
void   Date:: set (int   a, int   b, int   c )
{   year = a;    month = b;    day = c; }
bool   Date::fun ( )
{
    if ( year%4= =0&& year%100!=0||year%400= =0)
```

```
            return true;
        else   return false ;
}
void Date::show ( )
{   cout << year <<"年"<< month <<"日"<< day<<"日"<<"   " ; }
void main( )
{
    Date    myDate1,myDate2;
    myDate1.set(2008,9,30);
    cout<<"第一组日期:";
    myDate1.show( );
    if(myDate1.fun( )= =true) cout<<"此年份是闰年。"<<endl;
    else cout<<"该年份不是闰年。"<<endl;
    myDate2.set(2010,12,21);
    cout<<"第二组日期:";
    myDate2.show( );
    if(myDate2.fun( )= =true) cout<<"此年份是闰年。"<<endl;
    else cout<<"该年份不是闰年。"<<endl;
}
```

程序运行后显示的结果如下：
第一组日期:2008 年 9 月 30 日   此年份是闰年。
第二组日期:2010 年 12 月 21 日   该年份不是闰年。

2.1.3 构造函数

在建立了某个类的对象后，往往会针对对象中所包含的数据成分进行赋值。这样设置对象值的工作在以前的例子中都是借助类体中有赋值作用的函数来完成的。

例：Date   myDate;
    myDate . set (2009, 10, 1);

每次赋值给对象，每次都要调用函数，自然而然就联想到，有没有可能存在一种更简便更直接的赋值方式给对象赋值，辟如说：myDate (2009, 10, 1);

产生这样的想法绝非偶然，因为作为对象，其地位就像变量一样，既然 int a(5);那么程序中某个类的对象也应该有这样一种途径直接赋值，而不必每次调用赋值函数。这就是构造函数。

由于定义类时不能直接初始化类体中的数据成员(成员变量)，因此，在定义对象时，如果需要初始化对象的数据成员，就应当使用构造函数来完成。构造函数是一种特殊的成员函数，在定义对象时系统自动调用执行，且只能执行一次，其作用是在对象被定义时用特定的值自动初始化对象。

构造函数的特点如下：
①构造函数是类的特殊成员函数；
②构造函数名称必须与所属的类同名，构造函数可以带参数，也可以不带参数，且没返

回值；

③通常情况下，构造函数被声明为公有成员函数，构造函数可以重载；

④构造函数只能是系统自动调用。系统在编译过程中遇到对象的声明语句将自动生成对构造函数的调用语句。如果没有定义构造函数，系统在编译时将自动生成一个默认的构造函数，该构造函数不带参数，不做任何事情，在建立对象时，编译系统会自动调用构造函数。如果用户定义了构造函数，系统将自动调用所定义的构造函数。如果用户定义了带参数的构造函数，系统不会自动生成不带参数的默认构造函数。

构造函数可以在类体中直接定义，也可以在类外面定义。如果在类外面定义构造函数，则在类体中应对构造函数先进行声明，声明一般格式如下：

构造函数名（参数列表）；

然后，在类外面使用作用域运算符::定义构造函数，构造函数的一般定义格式如下：

类名:: 构造函数名（参数列表）
{
　　函数体
}

【例2.6】在类体中定义不带参数的构造函数。

```
#include<iostream.h>
#include<String.h>
class Student                                    //定义Student类
{
private:                                         //声明私有数据成员
    char name[8];
    int  age;
    char sex;
public:
    Student ( )         //定义构造函数，函数名与类名相同，且无返回值
    {
        strcpy(name,"Li hua");
        age=18;
        sex='F';
    }        //以上3行为给数据成员赋初值
    void output( )
    {
        cout<<"name:"<<name<<"\t age:"<<age<<"\t sex:"<<sex<<endl;
    }
};
void main( )
{
    Student   stu1;
```
//在定义对象stu1时自动调用构造函数,当构造函数中相应实参没有被指定时，使用默认值。

stu1.output( );
}

运行结果如下：

name: Li hua age:18 sex:F

如果要建立两个对象，分别对数据赋予初值，也可以这样定义构造函数 Student 吗？回答是否定的。因为这样会使两个学生的初值相同。为了区分两个学生信息，应该赋予不同的初值。应定义带有参数的构造函数，修改构造函数如下：

```cpp
Student (char newname[8],int newage,char newsex)
{
    strcpy(name, newname);
    age= newage;
    sex= newsex;
}
```

此时数据的值不由构造函数 Student 确定，而是在调用此函数时由实参传递过来。

【注意】

①不能用调用一般成员函数的方法来调用构造函数。例如：
  stu1. Student ("Wang hu",18, 'F');   //错误

②实参应该在建立对象时给出。例如：
  Student stu1("Wang hu",18, 'F');
  Student stu2("Li na",20, 'M');

现在定义了两对象 stu1 和 stu2，它们的数据初值是不同的。如果想分别输出两个学生的数据，可以用下列语句：
  stu1. output( );
  stu2. output( );

③创建对象时，不能在构造函数中调用另一个构造函数。

```cpp
Student (char newname[8],int newage,char newsex)
{
    Student( );                                    //错误
}
```

④构造函数可带部分形参。

```cpp
Student (int newage)
{   age= newage;   }
Student (int newage,char newsex)
{
    age= newage;
    sex= newsex;
}
```

这两个构造函数可以一起出现在一个类中。这些不同形式的构造函数会形成重载，可以根据实际情况各取所需，有针对性地选择合适形式，将对象构造成特定状态。

【例 2.7】构造函数重载。

```cpp
#include<iostream.h>
#include<string.h>
class Student                                           //定义 Student 类
{
 private:                                               //声明私有数据成员
    char name[8];
    int   age;
    char sex;
 public:
    Student ( );                                        //声明无参数的构造函数
    Student (char newname[8],int newage,char newsex);
    //声明带参数的构造函数，构造函数可以重载
    void output( );
};
Student::Student ( )                                    //定义无参数的构造函数
{
    strcpy(name,"Li hua");
    age=18;
    sex='F';
}
Student::Student (char newname[8],int newage,char newsex)  //定义带参数的构造函数
{
    strcpy(name, newname);
    age= newage;
    sex= newsex;
}
void Student::output( )
{
    cout<<"name:"<<name<<"\tage:"<<age<<"\tsex:"<<sex<<endl; // "\t" 转义字符表示制表位
}
void main( )
{
  Student   stu1("Wang hu",18, 'F'); //定义对象 stu1 时，系统自动调用带参数的构造函数
  Student   stu2("Li na",20, 'M');   //定义对象 stu2 时，系统自动调用带参数的构造函数
  Student   stu3;                    //定义对象 stu3 时，系统自动调用不带参数的构造函数
  stu1.output( );
  stu2.output( );
  stu3.output( );
}
```

运行结果如下:
name: Wang hu   age:18   sex:F
name: Li na   age:20   sex:M
name: Li hua   age:18   sex:F

2.1.4 析构函数

析构函数的功能与构造函数相反，是用来释放一个对象，完成对象被删除前的一些清理工作。当一个对象的生存期结束时，系统自动调用该对象所属类的析构函数，调用完毕后，对象消失，相应的资源被释放。

在所属类中声明析构函数的一般格式为：

~析构函数名（ ）;

定义析构函数的一般格式为：

类名:: ~析构函数名（ ）
{
    函数体
}

与构造函数一样，析构函数也是类的成员函数。析构函数的特点如下：
①析构函数必须与所属的类同名，并在类名前加上一个"~"符号。
②析构函数不能带任何参数，没有返回值，也不能重载，但可以是虚函数，如果在程序中没有定义析构函数，系统将自动生成一个默认的、不进行任何操作的析构函数。

析构函数一般在下列两种情况下被自动调用：
①当对象定义在一个函数体中，该函数调用结束后,析构函数被自动调用。
②用 new 为对象分配动态内存，当使用 delete 释放对象时，析构函数被自动调用。

【例 2.8】在程序中使用构造函数和析构函数。

```
#include<iostream.h>
class Date
{
public:
     Date (int NewY,int NewM,int NewD);      //声明构造函数
     ~Date( );                                //声明析构函数
     void SetDate(int NewY,int NewM,int NewD);
     void ShowDate( );
private:
     int Year,Month,Day;
};
Date::Date(int NewY,int NewM,int NewD)        //定义构造函数
{
     Year=NewY;
     Month=NewM;
     Day=NewD;
```

```cpp
}
Date::~Date( )                                    //定义析构函数
{
    cout<<"The program is end!"<<endl;
}
void Date::SetDate(int NewY,int NewM,int NewD)
{
    Year=NewY;
    Month=NewM;
    Day=NewD;
}
void Date::ShowDate( )
{
    cout<<Year<<","<<Month<<","<<Day<<endl;
}
//主函数
void main( )
{
    Date myDate(2010,10,1);
    cout<<"The first date output:"<<endl;
    myDate.ShowDate( );
    cout<<"The second date set and output:"<<endl;
    myDate.SetDate(2010,12,20);
    myDate.ShowDate( );
}
```

运行结果如下：

The first date output:

2010,10,1

The second date set and output:

2010,12,20

The program is end!

从以上程序可以看出，析构函数是在对象被释放时自动调用的。如果要在对象被删除之前自动完成某些事情，就可以将其写入析构函数体中。

2.1.5 对象数组

如果一个数组中的元素不是普通的数据，而是一个所属类的对象，那么，该数组就是一个对象数组。对象数组的一般声明格式如下：

类名 数组名[下标表达式];

例如：

class Point   //定义 Point 类

```
{
    private:                              //声明私有数据成员
        int x,y;
    public:
        Point( );
        Point(int xx,int yy);
};
…
Point   A[10];                            //定义一个 Point 类的对象数组 A[10]
…
```

同普通数组相似,一个对象数组的所有元素都是属于同一个类的对象,在程序中可以访问对象数组元素的公有成员。对象数组元素的成员一般定义格式如下:

数组名[下标].成员名;

例如:A[0].x 表示 A 对象数组中第一个元素的数据成员 x。

在声明对象数组时,可以直接对其进行初始化。对象数组的初始化实际上就是数组内的每一个对象元素调用相应构造函数的过程。如果在定义数组时为数组元素指定显式的初始值,就会调用相应的带形参的构造函数,如果未指定初始值,则调用默认的不带参数的构造函数,例如:

Point   A [2]={Point(10,20)};

执行时,先调用带形参的构造函数初始化 A[0],成员变量被赋值为 10、20,然后再调用不带参数的构造函数初始化 A[1],所有成员变量被赋值为 0。当对象数组中的对象元素被删除时,系统会自动调用相应的析构函数来完成一些清理工作。

【例 2.9】对象数组初始化示例。

```
#include<iostream.h>
class Point                               //定义 Student 类
{
    private:                              //声明私有数据成员
        int x,y;
    public:
        Point( );
        Point(int xx,int yy);
};
Point::Point( )
{
    x=0;
    y=0;
    cout<<"Point("<<x<<","<<y<<")"<<endl;
}
Point::Point(int xx,int yy)
{
```

```
    x=xx;
    y=yy;
    cout<<"Point("<<x<<","<<y<<")"<<endl;
}
void main( )
{
    Point A[2]={Point(10,20)};
}
```
运行结果如下：
Point(10,20)
Point(0,0)

从程序中可以看出，在定义类时，声明了两个构造函数，一个带形参，一个不带形参。在 main( )函数中，声明了一个对象数组并将其初始化，元素 A[0]被指定了显式的初始值，因此，执行时自动调用带参数的构造函数，结果显示 Point(10,20)，元素 A[1]没有被指定显式的初始值，因此，执行时自动调用不带参数的构造函数，结果显示 Point(0,0)。上述程序中对构造函数的使用就是构造函数的重载。

【注意】如果类中声明了一个带形参的构造函数，系统不会自动生成一个默认的构造函数。

【例 2.10】定义一个 Student 类,其中包括每个学生的编号、姓名、城市和邮编等属性以及 dispData( )函数。函数 dispData( )用于输出每个学生的编号、姓名、城市和邮编等属性,在主程序中实现对四个学生的信息录入和输出操作。

```
#include"iostream.h"
#include"string.h"
class Student
{
private:
    int no;
    char name[10];
    char city[20];
    char zip[8];
public:
    Student(int n,char *na,char *ct,char *zi);
    void dispData( );
};
Student ::Student(int n,char *na,char *ct,char *zi)
{
    no=n;
    strcpy(name,na);
    strcpy(city,ct);
    strcpy(zip,zi);
```

}
```
void  Student::dispData( )
{
    cout<<"学号:"<<no<<"       "<<"姓名:"<<name<<"       "<<"家庭住址:"<<city<<"      "<<"邮编:"<<zip<<endl;
}
void main( )
{
    Student   X[4]={ Student(200901,"张玲","汉阳区翠微路 12 号","430050"),
    Student(200905,"王康","江岸区特九号","430013"),
    Student(200912,"祝静"," 青山区建设二路 7 号","430079"),
    Student(200913,"刘乐","武昌区民族大道光谷小区五栋三楼","430223")};
               //声明对象数组并初始化
    for(int i=0;i<4;i++)
    {
        X[i].dispData( );//访问对象数组输出每个元素
    }
}
```
程序运行结果如下:

学号: 200901   姓名:张玲   家庭住址:汉阳区翠微路 12 号   邮编:430050
学号: 200905   姓名:王康   家庭住址:江岸区特九号   邮编:430013
学号: 200912   姓名:祝静   家庭住址:青山区建设二路 7 号   邮编:430079
学号: 200913   姓名:刘乐   家庭住址:武昌区民族大道光谷小区五栋三楼 邮:430223

2.1.6 对象指针

1. 对象指针

对象指针就是一个类的对象的地址,一个所属类的对象只要创建以后,在内存中将占用一定的内存单元,也就是说,每一个对象都有确定的地址。在程序中,对象名对应该对象的存储空间,程序设计人员可以通过对象名来访问该对象的成员,也可以通过对象的地址来访问该对象的成员。

如果一个变量的值是一个类的对象的地址,那么该变量就是一个指向对象的指针变量,也就是对象指针,指向对象的指针变量一般声明格式如下:

    类名 *对象指针名;

或

    类名*对象指针名 =new 类名;

例如:
```
class class1
{
 private:
     int value;
```

```
public:
    int makevalue( );
}
…
class1 object1,object2;              //声明 class1 类对象
class1 *p;                           //声明指向 class1 类对象的指针变量 p1
class1 *p2=new class1;               //声明指向 class1 类对象的指针变量 p2
…
```

一个对象指针变量只能指向一个具体的类的对象,不能再指向其他类的对象,在程序中,可以通过对象指针变量来访问对象的成员,其具体形式如下:

对象指针名->成员名

或

(*对象指针名).成员名

【例 2.11】利用对象指针编程。

```
#include<iostream.h>
class Date
{
public:
    void ShowDate(int,int,int);
    ~Date( ){};
private:
    int Year,Month,Day;
};
inline void Date::ShowDate(int Year,int Month,int Day)
{
    cout<<Year<<","<<Month<<","<<Day<<endl;
}
//主函数
void main( )
{
    Date myDate;                       //声明 Data 类的对象 mydate
    Date *p1;                          //声明指向 Data 类对象的指针变量
    p1=&myDate;                        //将对象 mydate 的地址赋给指针变量 p1
    p1->ShowDate(2010,9,10);           //通过指针变量 p1 访问对象成员
    (*p1).ShowDate(2010,10,10);        //通过指针变量 p1 访问对象成员
    myDate.ShowDate(2010,12,22);       //通过对象名访问对象成员
}
```

运行结果如下:

2010,9,10

2010,10,10

2010,12,22

可以看出,使用对象指针变量和对象名来访问对象成员,结果是一样的。

2. this 指针

this 指针是一个隐含于每个类的成员函数之中的特殊指针,也就是说,每个成员函数都有一个 this 指针变量,当定义一个对象时,该对象的每个成员函数都含有一个由系统自动产生的指向当前对象的 this 指针,当对象调用成员函数时,系统先将该对象的地址赋给 this 指针,然后调用成员函数。当不同的对象调用同一个成员函数时,编译器便依据成员函数的 this 指针所指向的不同对象来确定应该引用哪一个对象的数据成员。

【例 2.12】利用 this 指针编程。

```
#include<iostream.h>
class Date
{
public:
    Date(int,int,int);
    void ShowDate( );
private:
    int Year,Month,Day;
};
Date::Date(int xx,int yy,int zz)
{
    Year=xx;
    Month=yy;
    Day=zz;
}
void Date::ShowDate( )
{
    cout<<this->Year<<","<<this->Month<<","<<this->Day<<endl;
}
//主函数
void main( )
{
    Date myDate(2010,12,22);
    myDate.ShowDate( );
}
```

运行结果如下:

2010,12,22

程序中使用了 this 指针,this 指针代表操作该成员函数的地址。

【例 2.13】利用 this 指针作函数的参数应用。

```
#include<iostream.h>
class Date
```

```
    {
    public:
        Date(int,int,int);
        void ShowDate( );
        int Year,Month,Day;
    };
    Date::Date(int xx,int yy,int zz)
    {
        Year=xx;
        Month=yy;
        Day=zz;
    }
    void display(Date *tt)
    {
        cout<<tt->Year<<","<<tt->Month<<","<<tt->Day<<endl;
    }
    void Date::ShowDate( )
    {
        display(this);
    }
    //主函数
    void main( )
    {
        Date myDate1(2010,12,22);
        myDate1.ShowDate( );
        Date myDate2(2011,2,20);
        myDate2.ShowDate( );
    }
```
运行结果如下:
2010,12,22
2011,2,20

可以看出,程序在运行过程中两次使用了 this 指针作为实参,调用了一般函数,并在一般函数中输出不同对象的数据成员。

2.2 类的共享

设置全局变量可以实现类中数据的共享,但全局变量可以在程序的任一函数内被访问,造成程序的不安全性。在面向对象的程序设计中,对象是一个独立的实体,数据的访问必须使用特定的接口。全局变量不能实现多个对象的数据的共享。对于同一个类的对象如果要实现数据共享,可以设置为静态成员。例如,统计学生的人数,如果把这个值放在类外,则无法实现数据的隐藏，如果在类中用一个普通的数据成员来存放它，则会在每一个对象中都存在一个副本。那怎么办呢？这里就要用到静态成员变量。

2.2.1 静态成员变量

一般情况下，同一个类的不同对象具有相同的属性和不同属性值，也就是说，当用同一个类定义多个对象时，每个对象都有自己的数据成员，这些数据成员分别占用不同的内存单元。但有些时候，不同对象的某个特定数据成员的值又是相同的，为了节省内存，通常在定义类时将该数据成员设定为静态数据成员。静态数据成员是一种特殊的成员，是类中所有对象公有的，静态数据成员的值对同一个类的所有对象都是一样，对同一个类的不同对象来说，其静态数据成员只存储在一处，供所有对象使用。同静态变量相似，静态数据成员的存储类别是静态存储，具有静态生存期。在类中使用静态数据成员可以实现不同对象间的数据共享。

静态数据成员的一般定义格式如下：

class 类名
{
　…
static 变量类型　静态成员变量名；
　…
};

静态数据成员只能在类中定义，并且只能在类外声明并初始化，其初始化格式如下：

数据类型　类名::　静态成员变量名=初值；

例如：

class Test
{
　private:
　　　　static int x;
　　　　int n;
　public:
　　　　void Getn( );
};
int Test::x=30;

【注意】

①静态数据成员是同一个类的所有对象共享的成员，不是某个对象的成员。

②静态数据成员为同一个类的所有对象共有，不同对象的数据成员存储在同一个存储单元中。

③静态数据成员的值对每一个对象都是一样的。只要一个对象的静态数据成员值改变，其他对象的静态数据成员值也作相应改变。

④静态数据成员可以通过对象来引用，也可以通过类来直接引用。通过类来引用的一般形式如下：

类名::　静态数据成员

或

类名.静态数据成员

【例 2.14】使用静态成员变量统计访问成员函数的次数。
```cpp
#include<iostream.h>
class objcount                    //定义类
{
public:
    static int count;             //定义静态数据成员
    int n;
    void get( );
};
int objcount::count=0;            //静态数据成员初始化
void objcount::get( )
{
    n=0;
    ++n;
    ++count;                      //静态成员变量的值加 1
}
void main( )
{
    objcount a1,a2;
    a1.get( );                    //第一次访问 get( )
    cout<<"count="<<a1.count<<" n="<<a1.n<<endl;
    cout<<"count="<<objcount.count<<endl;
    a2.get( );                    //第二次访问 get( )
    cout<<"count="<<a2.count<<" n="<<a2.n<<endl;
    cout<<"count="<<objcount.count<<endl;
}
```
运行结果如下：
count=1　n=1
count=1
count=2　n=1
count=2

从上述程序可以看出，对静态数据成员的引用可以使用对象名，也可以直接使用类名，而非静态成员只能使用对象名访问。静态数据成员 count 通过对象 a1 和 a2 都可以访问，而 n 是非静态成员只属于某个对象。a1 访问 get( )函数时 n 的值由 0 变为 1，count 的值由 0 变为 1，a2 访问 get( )函数时 n 的值也由 0 变为 1，count 的值由 1 变为 2。

【例 2.15】静态数据成员的使用。
```cpp
#include <iostream.h>
class　Date
{
```

```
    public:
        void set ( int   b, int   c );
        bool fun ( );
        void show ( );
    private:
        static   int   year;
        int month,day;
};
int   Date::year=2010;
void   Date::set ( int   b, int   c )
{   month = b;      day = c; }
bool   Date::fun ( )
{
    if (year%4= =0&&year%100!=0||year%400= =0)
        return true;
    else   return false ;
}
void Date::show ( )
{
   year++;
   cout << year <<"年"<< month <<"日"<< day<<"日"<<endl ;
}
void main( )
{
    Date    mydate1,mydate2;
    mydate1.set(9,30);
    cout<<"第一组日期:";
    mydate1.show( );
    mydate2.set(12,21);
    cout<<"第二组日期:";
    mydate2.show( );
}
```

在此程序中，日期类中数据成员 year 被设置成静态属性的成员，当在主程序中定义日期类的对象时，可以不用对年份赋值,所有对象的年份信息，将共享为:2010。

静态数据成员的值对每个不同对象来说都是一样的。如果这样的值更新一次后，在所有对象中该值都会共享更新成相同的值。

但需要在类外初始化赋值：int   Date::year=2010;

程序运行结果如下：

第一组日期:2011 年 9 月 30 日

第二组日期:2012 年 12 月 21 日

使用静态数据成员可节省内存，因为它是多个对象公共的，因此对多个对象而言，静态数据成员只存储一处，供所有对象使用。

2.2.2 静态成员函数

静态成员函数同静态数据成员一样，都是属于类的静态成员，对静态成员的引用可以不需要对象名。

在定义静态成员函数时，可以直接引用类中声明的静态成员，但不能直接引用类声明的非静态成员，如果要引用非静态成员，可以通过对象来访问。

在类中声明静态成员函数的一般格式如下：

static 函数类型 函数名（形参表列）；

例如：

```
class Date
{  public:
         …
         static void fun(Date d)
         { cout << year<<cout << d.month << d.day; }
};
```

静态成员函数的定义与一般成员函数相同，通常情况下，成员函数都是公有的，可以通过具体对象调用成员函数，也可以通过类名和作用域运算符::来调用静态成员函数，其具体调用方式如下：

类名::静态成员函数名（实参列表）；

例如，Date::fun(mydate1);

【例2.16】静态数据成员和静态成员函数的使用。

```
#include<iostream.h>
class person                          //定义类
{
public:
    person(int a);                    //声明构造函数
    static void Display(person m);    //声明静态成员函数
    int GetA( ){return A+=10;}
private:
    int A;
    static int B;                     //声明静态数据成员
};
int person::B=0;                      //静态数据成员初始化
person::person(int a)                 //定义构造函数
{
    A=a;
    B=B+a;
}
```

```
void person::Display(person m)        //定义静态成员函数
{
    cout<<"A="<<m.A<<endl;            //引用一般数据成员
    cout<<"B="<<B<<endl;              //引用静态数据成员
}
void main( )
{
    person p(100),q(300);             //创建对象
    person::Display(p);               //通过类名调用静态成员函数
    cout<<"p.A="<<p.GetA( )<<endl;
    person::Display(q);
    cout<<"q.A="<<q.GetA( )<<endl;
}
```
运行结果如下：
A=100
B=400
p.A=110
A=300
B=400
q.A=310

【注意】静态成员函数不与某个具体的对象相联系，没有 this 指针，可以不通过对象直接调用，通过类名调用，而非静态成员函数必须通过对象才能调用。

2.2.3 友元函数

类具有数据封装性和数据隐藏性。即外部函数不能访问类中的私有成员和保护成员，只有类中的成员函数才能访问类中的私有成员和保护成员。程序设计时，有时需要在类的外部访问类的私有成员和保护成员，这种方法称为友元。在 C++中提供了友元的方式。它实现了类与一般函数间、不同类之间共享某个类中私有成员的机制。

友元提供了一种特殊的机制，实现了不同的类、对象和一般函数之间的数据共享。程序设计人员可以在定义一个类时使用 friend 关键字将其他的一般函数、类的成员函数或其他的类声明为当前类的友元，则当前类中的保护成员和私有成员就可以被友元访问，实现数据的真正共享。

友元函数是定义类时在类体中声明的带有 friend 关键字的非成员函数。友元函数既可以是一个一般函数，也可以是其他类中的成员函数。尽管友元函数不属于当前类，但可以像成员函数一样访问当前类中的所有成员。友元函数的一般声明格式如下：

friend 函数类型 友元函数名（形参表列）；
例如：
class Number   //定义 number 类
{
 public:

```
        Number(int NewN);
        friend int squareroot(Number &a);        //声明友元函数
private:
        int N;
};
```

友元函数必须在类的定义中声明，友元函数的定义与一般函数的定义基本相同，为了能够在友元函数中访问并设置类的数据成员，通常将该类的引用作为友元函数的参数。定义友元函数的一般格式如下：

函数类型 友元函数名（形参表列）
{
    函数体
}

例如：
```
int squareroot (Number &a)            //定义友元函数
{
    int M= a.N;
    return int(sqrt(M));
}
```

【例 2.17】利用友元函数编程计算 36 的平方根。
```
#include<iostream.h>
#include<math.h>
class Number                                    //定义 number 类
{
 public:
        Number(int NewN);
        friend int squareroot (Number &a);      //声明友元函数
private:
        int N;                                  //N 为私有成员
};
Number::Number(int NewN)
{
    N=NewN;
}
int squareroot (Number &a)         //友元函数中参数需以引用方式传递
{
    int M= a.N;                    //访问私有成员 N
    return int(sqrt(M));           // sqrt(M)对 M 开方后值转换为 int 型，sqrt 为库函数
}
void main( )
{
```

```
        Number a(36);              //声明并初始化对象 mynumber
        int b;
        b= squareroot (a);         //计算平方根并赋值给 b
        cout<< b<<endl;
}
```
运行结果如下:
6

从上述程序可以看出,在 Number 类中声明 squareroot 函数为该类的友元函数,该函数在类外进行了定义,在主函数中像调用普通函数一样进行了调用。squareroot 函数是 Number 类的友元函数,虽然不是该类的成员函数,但它可以通过对象的引用访问类的私有成员,这是友元函数的主要特征之一。

【注意】
①友元函数必须在类中声明,在类外定义。
②友元函数不是类的成员函数,但能访问类的全部成员。
③友元函数在一定程序上破坏了类中数据成员的完整性和封装性,建议尽量不使用或少使用友元函数。

2.2.4 友元类

与友元函数类似,一个类也可以声明作为另一个类的友元,这样的类称为友元类。当一个类作为另一个类的友元时,这个类的所有成员函数都是另一个类的友元函数。也就是说,这个类的所有成员函数都可以访问另一个类的所有成员。

友元类的一般声明格式如下:
class 类名1
{
　…
　friend class 类名2;
　…
};

【例 2.18】利用友元类编程。
```
#include<iostream.h>
class NumberA                      //定义 NumberA 类
{
 public:
        friend class NumberB;      //声明类 NumberB 为 NumberA 的友元类
 private:
        int n;
};
class NumberB                      //定义 NumberB 类
{
 public:
```

```
        void SetNumber(int i);
        void ShowNumber( );
private:
        NumberA a;
};
void NumberB::SetNumber(int i)
{
    a.n=i;
}
void NumberB::ShowNumber( )
{
    cout<<a.n<<endl;
}
void main( )
{
    NumberB M;
    M.SetNumber(16);
    M.ShowNumber( );
}
```

运行结果如下：

16

可以看出，只要将 NumberB 类声明为 NumberA 类的友元类，则 NumberB 类中的成员函数就可以访问 NumberA 类中的所有成员。

【注意】

①友元关系是不传递的。例如：类 A 是类 B 的友元类，类 B 又是类 C 的友元类时，类 A 和类 C 之间不是友元关系。

②友元关系是单向的。例如：类 A 是类 B 的友元类，则类 A 成员函数都是类 B 的友元函数，可以访问类 B 的所有成员，但类 B 的成员函数不是类 A 的友元函数。

③友元声明与访问控制属性无关，但必须出现在类声明的部分。

2.3 类的继承和派生

说到继承这个名词，相信大家都不会陌生。例如，长相、身材、肤色等方面像各自的父母，这是因为继承了父母的基因，而父母又继承了爷爷奶奶和外公外婆的基因，爷爷奶奶和外公外婆又分别继承了上一代的基因，以此类推，一直可以追溯到人类的祖先甚至宇宙大爆炸。但是，长相与人类的祖先截然不同，这是为什么呢？大家都知道，这是因为人类在不断进化。也就是说，从微观角度来讲，不但继承了父母的基因，而且在此基础之上，又进化了一点，所以也有与父母不同的地方。也可以这样说，父母派生出了这样一个既继承了他们的特征又有别于其他新个体。

继承、派生是 OOP 设计中的重要机制。它使得程序要被新的要求有所提高时，提供了升级的技术支持而不必将整个已有的程序推倒重来，克服了传统程序设计方法对编写出来的程序无法重复使用而造成的资源浪费。

这种继承重用机制提供了无限重复利用程序资源的一种途径。它允许扩充、升级、完善旧的程序以适应新的要求；如此一来，不仅节约了开发时间、效率，也能引入新的资源。

继承是面向对象程序设计方法的重要机制之一，在程序设计中，通过继承可以在现有类的基础上创建一个新类，新类继承了现有类的属性，被继承的类称为基类（或父类），在基类上创建的类称为派生类（或子类）。派生类可以看成是基类的扩充和完善，体现了类的可重用性和可扩充性。

2.3.1 单继承

如果只得到一个基类的遗传信息称为单继承；如果得到多个基类的遗传信息称为多继承。在 C++中，任何一个类都可以作为一个基类，一个基类可以有一个或多个派生类，一个派生类也可以继承多个基类。

单继承是指从一个基类派生一个或多个派生类，单继承派生类定义格式如下：

```
class 派生类名：继承方式 基类名
{
    派生类的新成员
};
```

其中，继承方式是派生类的访问控制方式，有三种分别为公有继承（public）、私有继承（private）和保护继承（protected）。如果没有指明继承方式，则系统默认为私有继承（private）方式。

1. 公有继承

公有继承（public）是类继承中最常用的方式，其特点是基类中的非私有成员状态在派生类中保持不变，即基类的 public 成员和 protected 成员在派生类中仍然是 public 成员和 protected 成员。允许在派生类的成员函数中访问基类原有的 public 成员和 protected 成员，还允许通过派生类的对象直接访问基类原有的 public 成员，基类的 private 成员不能被派生类的对象或成员函数访问。

例如，通过一个简单的例子了解继承过程。

```
class A
{
public :
    void  fa( ) {  cout << i << j;  }
protected :
    int  j;
private :
    int  i;
};
class  B : public  A
{
 public :
```

```
        void   fb( ) {   cout << x << y;   }
   protected :
        int   y;
   private :
        int   x;
};
```
那么对于 B 类而言,其成员的访问情况如下:
B : public : fa( ) 和 fb( )
　　protected : j 和 y
　　private : x
若通过 B 类的对象 b,其可以访问的成员如下:
　　fa( ); fb( );
若继续通过 B 类产生子类 C,如下:
```
class   C : public   B
{
public :
        void   fc( );
protected :
        int   m;
};
```
那么对于 C 类而言,其成员的访问情况如下:
C : public : fc( ), fb( ), fa( )
　　protected : m,y,j(由 A 类传承至 C 类中)
　　private :无
若通过 C 类的对象 c,其可以访问的成员如下:
　　fa( ); fb( ); fc( );

【例 2.19】派生类公有继承示例。
```
#include<iostream.h>
#include<string.h>
class father                             //定义 father 类
{
public:
    father( );
    void Skicolor( );
    void Haircolor( );
    void output( );
protected:
    char surname[20];
    char native[20];
private:
```

```cpp
    int age;
};
father::father( )
{
    strcpy(surname,"wang");
    strcpy(native,"HuBei");
    age=50;
}
void father::Skicolor( )
{
    cout<<"the skin color is yellow!"<<endl;
}
void father::Haircolor( )
{
    cout<<"the hair color is black!"<<endl;
}
void father::output( )
{
    cout<<"surname:"<<surname<<"\tnative:"<<native<<"\tage:"<<age<<endl;
}
class child:public father                    //定义 child 类
{
public:
    child( );
    void Hight( );
    void Weight( );
protected:
    char name[20];
private:
    int childage;
};
child::child( )
{
    strcpy(name,"hatao");
    childage=20;
    cout<<"name:"<<surname<<name<<"\tnative:"<<native<<"\tage:"<<childage<<endl;
}
void child::Hight( )
{
    cout<<"The hight of the child is 1.75cm."<<endl;
```

```
}
void child::Weight( )
{
    cout<<"The weight of the child is 70kg."<<endl;
}
void main( )
{
    cout<<"father:"<<endl;
    father thefather;              //创建基类对象 thefather
    thefather.output( );
    thefather.Skicolor( );         //基类对象访问基类成员函数
    thefather.Haircolor( );
    cout<<"child:"<<endl;
    child thechild;                //创建派生类对象 thechild
    thechild.Skicolor( );          //派生类对象访问基类成员函数
    thechild.Haircolor( );
    thechild.Hight( );             //派生类对象访问派生类成员函数
    thechild.Weight( );
}
```

运行结果如下：

father:
surname:wang   native:HuBei   age:50
the skin color is yellow!
the hair color is black!
child:
name:wanghatao   native:HuBei   age:20
the skin color is yellow!
the hair color is black!
The hight of the child is 1.75cm.
The weight of the child is 70kg.

可以看出，派生类 child 类以公有方式继承了 father 类 Skicolor( )、Haircolor( )、output( ) 成员函数，以保护方式继承了 father 类的 surname、native 数据成员，基类 father 的私有成员 age 在派生类中不可访问。派生类的对象 thechild 访问了基类中公有成员函数，派生类的构造函数访问了基类中的保护成员 surname 和 native。

派生类的生成过程一般分为以下三个步骤：

（1）继承基类成员

例如在上面的程序中，派生类 child 继承了 father 类中的三个成员函数 Skincolor( )、Haircolor( )和 output( )，两个数据成员 surname、native，将它们据为己用。

（2）改造基类成员

在声明派生类时会指定派生类的继承方式,不同的继承方式会使派生类中继承而来的成员产生不同的访问属性。

(3)增加新成员

child 类除了继承 father 类成员外,还声明了 hight( )、weight( )两个成员函数和 name、childage 两个数据成员,这是 father 类中所没有的。

【注意】

①基类或基类的对象不能访问派生类的成员。

②如果在派出类中声明了一个与基类成员完全相同的新成员,则派生类的新成员会覆盖基类中的同名成员,称之为同名覆盖。

③一个派生类可以作为基类派生出新的派生类。

④基类的构造函数和析构函数是不能被派生类继承的。

【例 2.20】派生类作为基类派生出新的派生类。

```
#include<iostream.h>
#include<string.h>
class grandfather                              //定义 grandfather 类
{
public:
    grandfather( );
    void Eyes( );
    void Output( );
protected:
    char surname[20];
    char native[20];
private:
    int age;
};
grandfather::grandfather( )
{
    strcpy(surname,"wang");
    strcpy(native,"HuBei");
    age=75;
}
void grandfather::Eyes( )
{
    cout<<"the eyes is big-eyes!"<<endl;
}
void grandfather::Output( )
{
    cout<<"surname:"<<surname<<"\tnative:"<<native<<"\tage:"<<age<<endl;
}
```

```cpp
class father:public grandfather          //定义 grandfather 类的派生类 father
{
public:
     father( );
     void Face( );
     void Display( );
protected:
      char like[20];
private:
     int age;
};
father::father( )
{
    strcpy(like,"Movement");
    age=50;
}
void father::Display( )
{
 cout<<"surname:"<<surname<<"\tnative:"<<native<<"\tage:"<<age<<"\tlike:"<<like<<endl;
}
void father::Face( )
{
    cout<<"the face is Square-face!"<<endl;
}
class child:public father                //定义 father 类的派生类 child
{
public:
    child( );
    void Hight( );
    void Weight( );
protected:
     char name[20];
private:
    int age;
};
child::child( )
{
    strcpy(name,"hatao");
    age=20;
    cout<<"name:"<<surname<<name<<"\tnative:"<<native<<"\tage:"<<age<<endl;
```

```cpp
}
void child::Hight( )
{
    cout<<"The hight of the child is 1.75cm!"<<endl;
}
void child::Weight( )
{
    cout<<"The weight of the child is 70kg!"<<endl;
}
void main( )
{
    cout<<"grandfather:"<<endl;
    grandfather gf;              //创建基类 grandfather 对象 gf
    gf.Output( );
    gf.Eyes( );
    cout<<"father:"<<endl;
    father fa;                   //创建 father 类对象 fa
    fa.Display( );
    fa.Eyes( );
    fa.Face( );
    cout<<"child:"<<endl;
    child ch;                    //创建 child 类对象 ch
    ch.Eyes( );
    ch.Face( );
    ch.Hight( );
    ch.Weight( );
}
```

运行结果如下：

grandfather:
surname:wang   native:HuBei   age:75
the eyes is big-eyes!
father:
surname:wang   native:HuBei   age:50   like:Movement
the eyes is big-eyes!
the face is Square-face!
child:
name:wanghatao native:HuBei   age:20
the eyes is big-eyes!
the face is Square-face!
The hight of the child is 1.75cm!

The weight of the child is 70kg!

从上述程序可以看出，派生类的派生类成员函数可以访问基类的公有和保护成员，派生类的派生类对象可以访问基类的公有成员。

2. 私有继承

私有继承（private）是类继承中很少使用的方式，其特点是基类中的所有成员在派生类中都成为私有成员，只允许派生类的成员函数访问基类中的非私有成员，不允许通过派生类的对象直接访问基类中的任何成员。

将前面 A 类、B 类和 C 类的继承关系更改成 private，那么对于 B 类而言，其成员的访问情况如下：

B : public : fb( )
 protected : y
 private : fa( )，j，x

若通过 B 类的对象 b，其可以访问的成员如下：
 fb( )

若将派生关系改为 class C : private B，此时 C 类中的成员访问情况如下：

C : public : fc( )
 protected : m
 private : y, fb( )

若通过 C 类的对象 c，其可以访问的成员如下：
 fc( )

将例 2.15 所示的程序写成例 2.17 所示的程序。

【例 2.21】派生类私有继承示例。

```cpp
#include<iostream.h>
#include<string.h>
class father                        //定义 father 类
{
public:
    father( );
    void Skicolor( );
    void Haircolor( );
    void Output( );
protected:
    char surname[20];
    char native[20];
private:
    int age;
};
father::father( )
{
    strcpy(surname,"wang");
```

```
        strcpy(native,"HuBei");
        age=50;
}
void father::Skicolor( )
{
    cout<<"the skin color is yellow!"<<endl;
}
void father::Haircolor( )
{
    cout<<"the hair color is black!"<<endl;
}
void father::Output( )
{
    cout<<"surname:"<<surname<<"\tnative:"<<native<<"\tage:"<<age<<endl;
}
class child:private father                //定义 child 类
{
public:
    child( );
    void SH( );
    void Hight( );
    void Weight( );
protected:
    char name[20];
private:
    int childage;
};
child::child( )
{
    strcpy(name,"hatao");
    childage=20;
    cout<<"name:"<<surname<<name<<"\tnative:"<<native<<"\tage:"<<childage<<endl;
}
void child::SH( )
{
    Skicolor( );                //调用基类的成员函数
    Haircolor( );               //调用基类的成员函数
}
void child::Hight( )
{
```

```
        cout<<"The hight of the child is 1.75cm."<<endl;
}
void child::Weight( )
{
        cout<<"The weight of the child is 70kg."<<endl;
}
void main( )
{
        cout<<"father:"<<endl;
        father thefather;              //创建基类对象 thefather
        thefather.Output( );
        thefather.Skicolor( );         //基类对象访问基类成员函数
        thefather.Haircolor( );
        cout<<"child:"<<endl;
        child thechild;                //创建派生类对象 thechild
        thechild.SH( );                //派生类对象访问派生类成员函数
        thechild.Hight( );
        thechild.Weight( );
}
```

运行结果如下：

father:
surname:wang   native:HuBei   age:50
the skin color is yellow!
the hair color is black!
child:
name:wanghatao   native:HuBei   age:20
the skin color is yellow!
the hair color is black!
The hight of the child is 1.75cm.
The weight of the child is 70kg.

可以看出，本例中是派生类对象访问派生类成员函数的过程中调用了基类中的两个函数 Skicolor( )和 Haircolor( )。因为私有继承后，基类成员在派生类中都是私有的，私有成员在类外不可访问，派生类对象 thechild 在类外不能直接访问基类的两个函数 Skicolor( )和 Haircolor( )，而派生类的成员函数 SH( )在类中可以直接访问基类继承的这两个函数。其运行结果与例 2.15 完全相同。

在程序设计中，经常采用作用域运算符::来实现成员函数的调用。例如：在派生类的成员函数 SH( )中调用基类 father 的成员函数 Skicolor( )和 Haircolor( )，可以采用如下调用方式：

```
void child::SH( )
{
```

```
        father::Skicolor( );
        father::Haircolor( );
}
```

3. 保护继承

保护继承(protected)是类继承中的一种特殊方式，其特点是基类中的非私有成员在派生类中都成为保护成员，即基类的 public 成员和 protected 成员在派生类中都变成 protected 成员。只允许在派生类的成员函数中访问基类原有的 public 成员和 protected 成员，不允许通过派生类的对象直接访问基类中的任何成员。

保护成员不能被外界引用（这点和私有成员类似），但它可以被派生类的成员函数引用。如果想在派生类引用基类的成员，可以将基类的成员声明为 protected，也就是把保护成员的引用范围扩展到派生类中。

将前面 A 类、B 类的继承关系更改成 protected，那么对于 B 类而言，其成员的访问情况如下：

  B : public : fb( )
    protected : fa( )，j，y
    private : x

若通过 B 类的对象 b，其可以访问的成员如下：

  fb( )

【例 2.22】派生类保护继承示例。

```cpp
#include<iostream.h>
class SimpleA
{
public:
    void SetC(int i){    c=i; }
    int GetC( ){    return c; }
protected:
    int a,b;
private:
    int c;
};
class SimpleB:protected SimpleA
{
public:
    void Set(int x1,int x2,int x3,int x4)
    {
        a=x1;    b=x2;    SetC(x3); d=x4;
    }
    void output( )
    {
        cout<<"a="<<a<<",b="<<b<<",c="<<GetC( )<<",d="<<d<<endl;
```

```
    }
protected:
    int d;
};
void main( )
{
    SimpleB obj;
    obj.Set(5,15,25,35);
    obj.output( );
}
```
运行结果如下：
a=5,b=15,c=25,d=35

在上述程序中，SimpleB 类以保护方式继承了 SimpleA 类，除了 SimpleA 类中的私有数据成员 c 外，其余成员都以保护属性出现在 SimpleB 类中。通过 Set( )函数调用 SetC( )函数初始化私有数据成员 c，因为私有数据成员 c 在派生类中不可访问，通过 output( )函数调用 GetC( )函数输出 c 的值，其他成员可以直接访问。

表 2-2 列出了三种不同继承方式的基类属性和派生类属性。

表 2-2　　　　　　　　　不同继承方式的基类和派生类的属性

继承方式	基类属性	派生类属性	使用派生类的访问方式
公有继承 public	public	public	派生类成员函数和派生类的对象可以访问
	private	无	不可访问
	protected	protected	派生类成员函数可以访问
私有继承 private	public	private	派生类成员函数可以访问
	private	无	不可访问
	protected	private	派生类成员函数可以访问
保护继承 protected	public	protected	派生类成员函数可以访问
	private	无	不可访问
	protected	protected	派生类成员函数可以访问

根据表 2-2 分析，在公有继承时：
①派生类的对象可以访问基类中的公有成员；
②派生类的成员函数可以访问基类中的公有成员和保护成员。
在私有继承和保护继承时：
①基类的所有成员不能被派生类的对象访问；
②派生类的成员函数可以访问基类中的公有成员和保护成员。

2.3.2 多继承

多继承是指从多个基类派生出一个或多个派生类，多继承派生类的定义格式如下：

```
class 派生类名：继承方式 基类名1, 继承方式 基类名2, …, 继承方式 基类名n
{
    派生类的新成员；
};
```
其中，继承方式同单继承一样有三种：public、private、protected。
例如：
```
class X
{...};
class Y
{...};
class Z:public X, public Y
{...};
```
派生类Z同时继承了基类X和Y，因此，派生类Z的成员包含了基类X的成员和基类Y的成员以及本身的成员。

【例2.23】多继承应用实例。
```
#include<iostream.h>
class X
{
public:
    void SetA(int i){   a=i; ++a;}
    void DispA( ){   cout<<"a="<<a<<"   "; }
private:
    int a;
};
class Y
{
public:
    void SetB(int i){   b=i; ++b;   }
    void DispB( ){   cout<<"b="<<b<<"   "; }
private:
    int b;
};
class Z:public X,public Y
{
public:
    void Set(int i,int j,int k);
    void Disp( );
private:
    int c;
};
```

```
void Z::Set(int i,int j,int k)
{
    SetA(i);
    SetB(j);
    c=k;    ++c;
}
void Z::Disp( )
{
    DispA( );
    DispB( );
    cout<<"c="<<c<<endl;
}
void main( )
{
    Z obj;
    obj.Set(1,2,3);
    obj.Disp( );
}
```
运行结果如下：
    a=2   b=3   c=4

在上面的程序中，声明了一个 X 类、Y 类和 Z 类，通过 X 类和 Y 类派生出了 Z 类，Z 类继承了 X 类和 Y 类的"特征"，如 SetA( )、SetB( )和 DispA( )、DispB( )成员函数，但同时 Z 类也具备了 X 类和 Y 类所不具备的"特征"，如 Set( )和 Disp( )。

2.3.3 派生类的构造函数与析构函数

基类的构造函数和析构函数是不能被派生类继承的。不能在派生类的成员函数中直接调用基类的构造函数和析构函数。因此，在程序中，如果要对派生类中的新成员进行初始化，必须由派生类的构造函数来完成。如果要对从基类中继承下来的成员进行初始化，应由基类的构造函数完成。当程序创建一个派生类对象时，系统首先自动创建一个基类对象，执行基类的构造函数，然后执行派生类的构造函数。当派生类对象的生存期结束时，先调用派生类的析构函数，然后调用基类的析构函数。

在创建派生类的对象时，一般需要使用构造函数对基类的数据成员、派生类数据成员以及对象的数据成员进行初始化。

声明派生类的构造函数的一般格式如下：

派生类的构造函数名（形参总参数表）：基类名（参数表1），基类名2（参数表2），…，基类名 n（参数表 n），对象成员 1（对象成员参数表 1），对象成员 2（对象成员参数表 2），…，对象成员 m（对象成员参数表 m）
    {
        函数体
    }

其中，派生类的构造函数名与派生类名同名。形参总参数表应该包括要传给基类构造函数的参数和派生类本身构造函数的参数及内嵌子对象的参数。所以说，派生类的构造函数既可以初始化派生类自己的数据成员，又可以通过基类的构造函数初始化基类的数据成员，还可以对内嵌对象初始化。

派生类构造函数执行时是按一定顺序进行的。首先调用基类构造函数，调用的顺序按照它们被继承时的声明顺序，与派生类构造函数中的名称顺序无关；其次，调用子对象成员的构造函数，调用顺序按照它们在类中声明的顺序，同样与派生类构造函数中列出的名称顺序无关；最后执行派生类的构造函数体中的语句。需要注意的是，如果派生类的新增成员中没有子对象，则直接执行派生类的构造函数体中的语句。

派生类中的析构函数也是在该类对象的生存期即将结束时进行一些必要的清理工作。其声明方法与以前定义的析构函数完全相同。

在派生类的析构函数体中，只需要完成对新增的非对象成员的清理工作，系统会自动调用基类和对象成员的析构函数来完成对基类和对象成员的清理工作。在派生类中，析构函数的执行次序与构造函数正好相反。它首先对派生类中的新增普通成员进行清理，然后对派生类中的新增对象成员进行清理，最后对从基类继承而来的成员进行清理。如果没有显式地声明某个类的析构函数，则系统会自动地为每个类生成一个默认的析构函数。

【例 2.24】派生类带无参构造函数应用实例。

```
#include<iostream.h>
class base
{
public:
    base( ){ i++; cout<<"base 类的构造函数第"<<i<<"次被调用\n"<<endl;}
    ~base( ){j++; cout<<"base 类的析构函数第"<<j<<"次被调用\n"<<endl;}
private:
    static int i,j;
};
int base::i=0;
int base::j=0;
class derive:public base
{
public:
    derive ( ){  m++; cout<<"derive 类的构造函数第"<<m<<"次被调用\n"<<endl;}
    ~derive ( ){ n++; cout<<"derive 类的析构函数第"<<n<<"次被调用\n"<<endl;}
private:
    static int m,n;
};
int derive::m=0;
int derive::n=0;
void main( )
{    derive   Aa,Ab;    }
```

程序运行结果如下:
base 类的构造函数第 1 次被调用
derive 类的构造函数第 1 次被调用
base 类的构造函数第 2 次被调用
derive 类的构造函数第 2 次被调用
derive 类的析构函数第 1 次被调用
base 类的析构函数第 1 次被调用
derive 类的析构函数第 2 次被调用
base 类的析构函数第 2 次被调用

派生类对象声明时先调用基类构造函数,然后调用派生类的构造函数。但对于析构函数来说,其顺序刚好相反。

【例 2.25】派生类带形参构造函数应用实例。

```
#include<iostream.h>
class base
{
public:
    base(int a){ i=a; cout<<"base 类的构造函数被调用!"<<endl;}
    ~base( ){ cout<<"base 类的析构函数被调用!\ni="<<i<<endl;}
private:
    int i;
};
class derive:public base
{
public:
    derive (int a,int b):base(a){    j=b; cout<<"derive 类的构造函数被调用!"<<endl;}
    ~derive ( ){ cout<<"derive 类的析构函数被调用!\nj="<<j<<endl;}
private:
    int j;
};
void main( )
{    derive   object(50,100);      }
```

程序运行结果如下:
base 类的构造函数被调用!
derive 类的构造函数被调用!
derive 类的析构函数被调用!
j=100
base 类的析构函数被调用!
i=50

一般而言,如果基类中声明了带形参的构造函数,则在派生类中就应声明带形参的构造函数,这样可以利用派生构造函数和基类构造函数初始化基类的数据成员。

【例 2.26】定义一个部门职工类从部门类和职工类派生，要求在派生类中定义构造函数对基类成员初始化。

```cpp
#include"iostream.h"
#include"string.h"
class department
{
public:
    int num;                        //部门编号
    char design[10];                //部门名称
    department(int n,char d[]);     //构造函数
};
department::department(int n,char d[])
{
    num=n;
    strcpy(design,d);
}
class employee
{
public:
    int no;                         //职工编号
    char name[10];                  //职工名称
    employee(int n,char d[]);
};
employee::employee(int n,char d[])
{
    no=n;
    strcpy(name,d);
}
class empl_dept:public employee,public department
{
public:
    empl_dept(int n1,char d1[],int n2,char d2[]):department(n2,d2),employee(n1,d1){}
    void print( );
};
void empl_dept::print( )
{
    cout<<"职员编号："<<no<<"  姓名："<<name;
    cout<<"  部门编号:"<<num<<"  部门名称:"<<design<<endl;
}
void main( )
```

```
{
    int a,b;
    char name[10],no[20];
    cout<<"依次输入职工编号、姓名、部门编号、部门名称：\n";
    cin>>a>>name>>b>>no;
    empl_dept z(a,name,b,no);
    z.print( );
}
```

程序运行结果如下：
依次输入职工编号、姓名、部门编号、部门名称：
110 张三 201 科研处✓
职员编号：110 姓名：张三 部门编号：201 部门名称：科研处

【例 2.27】派生类中含有子对象的构造函数和析构函数应用实例。

```
#include<iostream.h>
class LineA                                    //声明 LineA 类
{
public:
    LineA(int LengthA);
    ~LineA( ){ cout<<"调用 LineA 的析构函数!"<<endl; }   //析构函数
protected:
    int La;
};
LineA::LineA(int LengthA)                      //定义类 LineA 的构造函数
{
    La=LengthA;
    cout<<"The Length of LineA is:"<<La<<endl;
}
class LineB                                    //声明 LineB 类
{
public:
    LineB(int LengthB);
    ~LineB( ){    cout<<"调用 LineB 的析构函数!"<<endl; }   //析构函数
protected:
    int Lb;
};
LineB::LineB(int LengthB)                      //定义类 LineB 的构造函数
{
    Lb=LengthB;
    cout<<"The Length of LineB is:"<<Lb<<endl;
}
```

```cpp
class LineC:public LineB,public LineA         //声明派生类 LineC
{
public:
    LineC::LineC(int a,int b,int c,int d):LineA(a),LineB(b),myLineB(c),myLineA(d)
        {                                     //定义类 LineC 的构造函数
            Lc=La+Lb;
            cout<<"The length of LineC is:"<<Lc<<endl;
        }
    ~LineC( ){   cout<<"调用 LineC 的析构函数!"<<endl;   } //析构函数
private:
    int Lc;
    LineA   myLineA;     // LineA 类的对象成为派生类的私有对象成员
    LineB   myLineB;     // LineB 类的对象成为派生类的私有对象成员
};
void main( )
{
    LineC(19,80,11,28);
}
```

程序运行结果如下：
The Length of LineB is:80
The Length of LineA is:19
The Length of LineA is:28
The Length of LineB is:11
The Length of LineC is:99
调用 LineC 的析构函数!
调用 LineB 的析构函数!
调用 LineA 的析构函数!
调用 LineA 的析构函数!
调用 LineB 的析构函数!

上述程序中，LineC 类是从 LineA 类和 LineB 类派生而来的。其中，在 LineA 类和 LineB 类中都包含了带参数的构造函数。在 LineC 类中，声明了派生类的构造函数。从程序运行结果可以看出，在主函数中声明派生类 LineC 对象时，调用构造函数的顺序是按派生类声明时，继承基类的顺序来调用基类 LineB 和 LineA 的构造函数；子对象成员 myLineA 和 myLineB 的构造是按在类中声明的顺序调用子对象成员的构造函数，先调用 LineA 的构造函数，再调用 LineB 的构造函数，myLineA 和 myLineB 对象的参数是在 LineC 的构造函数中给出，并且调用的是带参构造函数；最后执行派生类构造函数体的内容。析构函数的调用顺序刚好相反。

习　题

一、单项选择题

1. 关于对象的描述中，错误的是（　　）。
A．C++的对象可使用对象名、属性和操作三要素来描述
B．一个对象由一组数据和对这组数据操作的成员函数构成
C．对象是 C 语句中的结构体变量
D．C++对象是系统中用来描述客观事物的一个实体
2. 关于类的描述中，错误的是（　　）。
A．类是抽象数据类型的实体　　　B．类是具有共同行为的若干对象的统一描述体
C．类的作用是定义对象　　　　　D．类就是 C 语言中的结构体类型
3. 类的构造函数被自动调用执行的情况是在定义该类的（　　）。
A．成员函数时　　B．数据成员时　　C．对象时　　D．友元函数时
4. 定义类时，成员访问属性没有关键字，默认为（　　）。
A．privae　　　B．public　　　C．protected　　D．static
5. 关于构造函数的叙述错误的是（　　）。
A．构造函数名与类名相同　　　　B．构造函数可以重载
C．构造函数可以设置默认参数　　D．构造函数必须指定类型说明
6. 已知类 sample 中的一个成员函数的说明如：void Set(sample &a);则该函数的参数"sample &a"的含义是（　　）。
A．指向 sample 的指针为 a
B．将变量 a 的地址赋给类 sample
C．sample 类对象引用 a 作函数的形参
D．变量 sample 与 a 按位与后作函数参数
7. 已知类 A 是类 B 的友元，类 B 是类 C 的友元，则（　　）。
A．类 A 一定是类 C 的友元
B．类 C 一定是类 A 的友元
C．类 C 的成员函数可以访问类 B 的对象的任何成员
D．类 A 的成员函数可以访问类 B 的对象的任何成员
8. 若派生类成员函数不能直接访问基类中继承来的某个成员，则该成员一定是基类中的（　　）。
A．私有成员　　B．公有成员　　C．保护成员　　D．保护成员或私有成员
9. 一个类的静态数据成员所表示的属性（　　）。
A．是类或对象的属性　　　　　　B．只是对象的属性
C．只是类的属性　　　　　　　　D．是类和友元的属性
10. 假定 AB 为一个类，px 为指向该类的一个含有 n 个对象的动态数组的指针，则执行"delete [ ] px;"语句时共调用该类析构函数的次数为（　　）。
A．0　　　　　B．1　　　　　C．n　　　　　D．n+1

二、分析程序题
1. 写出下列程序的输出结果。
```
#include<iostream.h>
class Point{
public:
    int X,Y;
    void setinit(int initX,int initY);
    int GetX( );
```

```cpp
        int GetY( );
};
void Point::setinit (int initX,int initY){
    X=initX;           Y=initY;
}
 int Point::GetX( ) { return X;   }
 int Point::GetY( ) {   return Y; }
 void display(Point& rL)
 {
     cout<<rL. GetX( )<<'\t' <<rL.GetY( )<<endl;
 }
 void main( )
 {
     Point A[5]={{0,0},{1,1},{2,2},{3,3},{4,4}};
     Point *rA=A;
     A[3].setinit(5,3);
     rA->setinit(7,8);
     for (int i=0;i<5;i++)    display(*(rA++));
 }
```

2. 分析程序输出结果。
```cpp
#include< iostream.h >
class base
{
public :
    static int num;
    base( ){  num+=5; }
};
int base::num = 0;
void main( )
{
    cout << base::num << endl;
    base * p=new base;
    cout << p->num <<","<<base::num <<endl;
    base a,b;
    cout<<p->num<<"," << a.num << "," <<b.num<<endl;
}
```

3. 分析程序输出结果。
```cpp
#include <iostream.h>
class Date
{
```

```
    int Year,Month,Day;
public:
    Date(int y=2010,int m=1,int d=1){Year=y; Month=m; Day=d;}
    void DispDate( ){ cout<<Year<<"-"<<Month<<"-"<<Day<<'\t';   }
};
class Time
{
    int Houre, Minutes, Seconds;
public:
    Time(int h=5,int m=30,int s=0){Houre=h; Minutes=m; Seconds=s;}
    void DispTime( ){ cout<<Houre<<":"<<Minutes<<":"<<Seconds<<endl;}
};
class DTime: public Date, public Time
{
public:
    DTime( ){};
    DTime(int y,int mo,int d,int h=0,int mi=0,int s=0):Date(y,mo,d), Time(h,mi,s){}
    void DispDTime( ){DispDate( );DispTime( );}
};
void main( )
{
   DTime a, b(2010,10,1,6,20,0), c(2011,3,8,6,7);
   a.DispDTime( );
   b.DispDTime( );
   c.DispDTime( );
}
```

三、改错题

1. 下面是类 CSample 定义，指出类定义中的错误并改正。

```
class CSample {
        int a=23;
  public:
        CSample( );
        CSample(int val);
        ~ CSample( );
};
```

2. 类定义有一处错误，请指出错误并改正。

```
class A{
        int a;
public:
        A(int aa)a(aa){ }
```

};

3. 分析程序中的错误，请指出错误并改正。
```
#include<iostream.h>
class sample {
    const int n;
public:
    sample( ){ cout<<"Initializing default"<<endl; }
    sample(int m){ cout<<"Initializing"<<endl; n=m; }
    ~sample( ) { cout<<"Destroying\n"<<n<<endl; }
};
void main( ){
    sample x(1);
    sample y=x;
}
```

4. 分析程序中的错误，请指出错误并改正。
```
#include<iostream.h>
class base {
        int x;
        base(int a){    x=a;    }
public:
        int get( ){    return x;    }
        ~base( ){    cout<<"Destroying"<<x<<" ";    }
};
void main( ){
    base obj[5]={3,5,7,9,11};
    for(int i=0;i<5;i++)
        cout<<obj[i].get( )<<',';
}
```

四、完成程序题

1. 分析程序，填上适当的内容，使程序输出结果为： S=2 S=5 S=9
程序如下：
```
#include<iostream.h>
class sum{
    static int s;
public:
    sum(int a){
        ① ;
        cout<<"S="<<s<<"\t";
    }
};
```

```
int sum::s=0;
void main ( )
{
    sum m[3]= ② ;
}
```

2．程序是计算某人的月平均工资，填上适当的内容。

```
#include <iostream.h>
#include <string.h>
class AveWages{
private:
    char name[10];
    int wages[12];
public:
    AveWages(char n[ ],int s[ ]){
        ① ;
        for(int i=0;i<12;i++){
            wages[i]=s[i];
        }
    }
    void Show( ){
        int sum=0;
        for(int i=0;i<12;i++){
            ②;
        }
        cout<<"姓名："<<name<<"，月平均工资："<<sum/10<<endl;
    }
};
void main( ){
    char name[10];
    int wag[12];
    cout<<"姓名：";
    cin>>name;
    cout<<"请输入月工资"<<endl;
    for(int i=0;i<12;i++){
        cout<<i+1<<"月："
        cin>>wag[i];
    }
    AveWages s(name,wag);
    s.Show( );
}
```

3. 分析程序，填上适当的内容。
```cpp
#include<iostream.h>
#include<math.h>
class point {
    float x,y;
public:
    point(float a,float b) { x=a; y=b; }
    friend float distance(point &p1,point &p2);
};
float distance(point &p1,point &p2)
{
    float dx= ①  ;
    float dy= ②  ;
    return (float)sqrt(dx*dx+dy*dy);
}
void main( )
{
point p1(32,43),p2(2,3);
    cout<< ③ <<endl;
}
```

4. 根据下面一段程序基类和派生类的定义，填上相应的内容。
```cpp
class Base
{
 private:
    int x1,x2;
 public:
    Base(int m1,int m2) {
       x1=m1; x2=m2;
    }
    void display( ){   cout<<x1<<' '<<x2<<' '; }
};
class Derived: public Base
{
 private:
        int x3;
 public:
    Derived(int m1,int m2, int m3);
    void display( ){
      ①  ;      cout<<x3<<endl;
    }
```

};
Derived::Derived(int m1,int m2, int m3): ②   { ③ }

五、编程题

1．定义一个学生类，数据成员包括姓名、学号、C++成绩、数据结构成绩、计算机组成原理成绩；构造函数设置数据成员的值，计算总分和平均分的成员函数，输出成员函数输出学生基本信息。

2．定义一个类，数据成员包括两个整数，构造函数设置两个整数初值，设置一个成员函数对两个整数赋值，输出函数输出 9×9 乘法口诀表。

3．定义一个长方体类，该类中包括数据成员长、宽、高；构造函数设置长、宽、高的值，成员函数计算长方体的体积，输出函数输出长方体的体积。

4．定义一个商品类 Goods，程序中建立一个动态数组，通过动态数组为 Goods 类的对象赋值，输出商品类的有关信息。

5．定义一个 Student 类，包括一个静态数据成员用于表示已创建对象的数量；一个静态成员函数获取已创建对象的数量，一个输出成员函数输出学生的姓名和学号。

6．定义一个 Point 类，定义该类的友元函数，求两点之间的距离。

7．定义 Rich 与 Poor 两个类，二者都有 Income 属性，定义二者的一个友元函数 DefIncome( )，计算二者的收入之差。

8．定义一个 Point 类，定义一个 Move 类为 Point 类的友元类，实现点坐标的移动，输出移动后坐标值。

9．定义 Point 点类为基类，Rectang 矩形类为派生类，输出 4 个顶点的坐标和面积。

10．定义一个部门类为基类，包括部门名称和部门编号；定义一个职员类为基类，包括职员编号和姓名；定义一个部门职员类从部门类和职员类派生，实现部门职员信息的输入和输出。

11．定义一个师生类 Teacher_Student，数据成员包括姓名、编号、性别和用于输入输出的成员函数。在该类基础上派生学生类 Student（增加数据成员成绩）和教师类 Teacher（增加数据成员考核等级），并实现对学生和教师信息的输入输出。

12．定义时间类 Time 和日期类 Date 多重派生出日期时间类 DateTime，并实现日期时间的输出。

13.定义雇员类为基类，其派生类包括经理类、业务员类、计件工类和钟点工类。经理有固定的月薪，业务员的收入是底薪加提成；计件工的收入是根据完成的工作量计算；钟点工的收入是以小时为单位计算。要求输出各类人员的月收入。

第3章 多态性与虚函数

多态性是面向对象程序设计中的重要特征，多态性是指一个名词具有多种语义。在C++中主要体现在函数或运算符调用时出现"一种接口，多种方法"的现象。多态性使程序设计高度抽象，使高层代码只需写一次，不同层次的代码由虚函数实现，从而提高代码的重用性。

3.1 类的多重继承

3.1.1 二义性问题

派生类继承了基类的属性，如果出现类的多继承情形,由于多层次的交叉派生关系，可能出现一个派生类中保留某个基类的多个实例，这可能会造成对基类中的某个成员的访问出现不唯一的情况。例如：有A、B、C、D四个类，其中，D类派生出了B、C两个类，B、C这两个类又派生出A类，所以，D类是A类的间接基类，在A类的对象中，间接保存了D类的两个副本，即同一个成员可能存在两个映射。此时，如果试图通过派生类对象直接访问基类D中的成员，将导致二义性编译错误。可以使用作用域限定符"::"来标识不同基类的成员的唯一性，防止二义性产生。

例如：

```cpp
#include<iostream.h>
class A
{
public:
    void fa( ){    cout<<"A::fa( )"<<endl;   }
};
class B
{
public:
    void fa( ){    cout<<"B::fa( )"<<endl;   }
};
class C:public A,public B
{
public:
    void g( ){cout<<"Error!"<<endl;}
};
```

如果主函数中定义 C 类的对象 myC，myC.fa( )；对象 myC 不知道是访问类 A 中的 fa( )，还是访问类 B 中的 fa( )。对函数 fa( )的访问具有二义性。为了消除二义性可以使用成员限定符。

例如：
C myC;
myC.A::fa( );   或   myC.B::fa( );

【例 3.1】二义性程序示例。

```cpp
#include<iostream.h>
class D                              //共同基类 D
{
public:
    int n;
     D(int newN=100){    n=newN;   }
};
class B:public D                     //派生类 B
{
public:
    int nb;
    B(int newN=100,int newM=100):D(newN){    nb=newM;   }
     void output( )
      {
            cout<<"B::n="<<B::n<<endl;
      }
};
class C:public D                     //派生类 C
{
public:
    int nc;
    C(int newN=100,int newM=100):D(newN){    nc=newM;   }
     void output( )
     {
            cout<<"C::n="<<C::n<<endl;
     }
};
class A:public B,public C            //由 B、C 类派生 A 类
{
public:
    int na;
    A(int a,int b,int c,int d,int e):B(a,b),C(c,d){    na=e;  }
    void output( )
```

```
        cout<<"nb="<<nb<<",nc="<<nc<<",na="<<na<<endl;
    }
};
void main( )
{
    A myA(10,20,30,40,50);
    myA.B::output( );
    myA.C::output( );
    myA.output( );
}
```
运行结果如下：
B::n=10
C::n=30
nb=20,nc=40,na=50

从上述程序可以看出，共同基类 D 中数据成员在派生类 B 和派生类 C 中有不同的值，也就是在派生类 A 中有两个值。为了解决多重继承中出现的共同基类在派生类中有多个不同的值，可以将共同基类设置为虚基类。

3.1.2 虚基类

C++提供了一个特殊的类——"虚基类"来解决多重继承中共同基类成员的值在派生类中有不同的复制的问题。

将共同基类（如例 3.1 的 D 类）设置为虚基类，这时从不同路径继承来的同名数据成员在内存中就只有一个拷贝，同名函数也只有一个映射。

利用虚基类派生出新类的一般格式如下：

class 派生类名: virtual 继承方式 基类名

【例 3.2】虚基类应用示例。
```
#include<iostream.h>
class D                          //声明共同基类 D
{
public:
    int n;
    D(int newN=100){ n=newN; }
};
class B:virtual public D         //定义虚基类 D 的派生类 B
{
public:
    int nb;
    B(int newN=100,int newM=100):D(newN){   nb=newM; }
    void output( )
```

```
            cout<<"B::n="<<B::n<<endl;
        }
};
class C:virtual public D                //定义虚基类 D 的派生类 C
{
public:
    int nc;
    C(int newN=100,int newM=100):D(newN){    nc=newM;    }
     void output( )
    {
        cout<<"C::n="<<C::n<<endl;
    }
};
class A:public B,public C               //由 B、C 类派生 A 类
{
public:
    int na;
    A(int a,int b,int c,int d,int e):B(a,b),C(c,d){    na=e; }
    void output( )
    {
        cout<<"nb="<<nb<<",nc="<<nc<<",na="<<na<<endl;
    }
};
void main( )
{
    A myA(10,20,30,40,50);
    myA.B::output( );
    myA.C::output( );
    myA.output( );
    myA.n=500;
     myA.B::output( );
    myA.C::output( );
 }
运行结果如下：
B::n=100
C::n=100
nb=20,nc=40,na=50
B::n=500
C::n=500
```

可以看出，将共同基类 D 声明为虚基类后，产生的不同派生类 B、C 中都具有来自于 D 类中同一个 n 的值，确保了在派生类中值的唯一性。

【注意】

在多继承的情况下，virtual 关键字只对紧随其后的基类起作用。例如，class A：virtual public B，public C 表明 B 类被设置成虚基类，而 C 类则不是。

3.2 类的多态性

多态性是指同样的一个操作被不同类型的对象接受时导致不同的行为。C++中有两种多态性：编译时多态性和运行时多态性。编译时多态性是通过重载机制来实现的，前面介绍的函数重载就属于编译时多态性，因为系统在编译程序时，就能够根据相应函数的参数类型或参数个数来确定要调用的函数。运行时多态性是指在程序执行之前，根据相应函数的参数类型或参数个数还无法确定要调用的函数，必须在程序的执行过程中，根据具体的执行情况来确定要调用的函数。运行时多态性是通过虚函数来实现的。

3.2.1 虚函数

当派生类的成员函数与基类中的成员函数相同时，可以通过派生类的对象调用成员函数来实现对基类成员函数的覆盖，但不能通过指向基类的对象指针调用派生类的成员函数来实现对基类成员函数的覆盖。

【例 3.3】基类成员函数的覆盖示例。

```
#include<iostream.h>
class DisplayA                          //定义基类 DisplayA
{
public:
    void output( ){     cout<<"Hello!"<<endl;        }
};
class DisplayB:public DisplayA          //定义派生类 DisplayB
{
public:
    void output( ){     cout<<"Thank you!"<<endl;    }
};
class DisplayC:public DisplayB          //定义派生类 DisplayC
{
public:
    void output( ){     cout<<"Goodbye!"<<endl;      }
};
void Point(DisplayA *ptr)               //定义 Point( )普通函数
{
        ptr->output( );
}
```

```cpp
void main( )
{
    DisplayA displaya,*p;           //声明基类的对象和指针
    DisplayB displayb;
    DisplayC displayc;
    p=&displaya;
    Point(p);
    p=&displayb;
    Point(p);
    p=&displayc;
    Point(p);
}
```
运行结果如下：
Hello!
Hello!
Hello!

从程序运行结果不难看出，程序只执行了基类 DisplayA 的 output( )成员函数，并没有执行派生类中的 output( )函数。如果要执行派生类中的 output( )成员函数，应将基类 DisplayA 的 output( )成员函数声明为虚函数。

虚函数可以用于解决派生类、基类中定义的同名成员的二义性。声明虚函数的一般格式如下：

virtual 函数类型 函数名（形参表列）;

将例 3.3 的程序修改如下：

【例 3.4】虚函数应用示例。

```cpp
#include<iostream.h>
class DisplayA                                      //定义基类
{
public:
    virtual void output( ){ cout<<"Hello!"<<endl; }   //声明虚函数
};
class DisplayB:public DisplayA                      //定义派生类
{
public:
    void output( ){ cout<<"Thank you!"<<endl; }      //定义虚函数
};
class DisplayC:public DisplayB
{
public:
    void output( ){cout<<"Goodbye!"<<endl;}          //定义虚函数
};
```

```cpp
    void point(DisplayA *ptr)                    //定义一般函数
    {
        ptr->output( );
    }
    void main( )
    {
        DisplayA displaya,*p;
        DisplayB displayb;
        DisplayC displayc;
        p=&displaya;
        point(p);
        p=&displayb;
        point(p);
        p=&displayc;
        point(p);
    }
```

运行结果如下：
Hello!
Thank you!
Goodbye!

【注意】
①虚函数应当是类的成员函数，不能是类的友元函数，也不能是类的静态成员函数。
②虚函数在基类中声明时，不能省略关键字 virtual，在派生类中声明时，可以省略关键字 virtual。
③当程序运行后通过基类指针调用虚函数时，程序能够根据指针所指向的对象自动调用对应的类的成员函数。
④在派生类中声明虚函数时，必须保证与基类中虚函数的名称、参数的类型和参数的个数完全匹配。
⑤可以将析构函数声明为虚函数，但不能将构造函数声明为虚函数。

在 C++中，不能将构造函数定义成虚函数，是因为只有调用构造函数后，对象才会生成。当开始调用构造函数时，对象还没有实例化，因而不可能存在基类指针对象或引用对象，更不可能指向或引用派生类对象。但析构函数是在对象释放时被调用的。因而可以定义成虚函数，通过基类的指针对象实现析构函数的多态性。虚析构函数定义的格式如下：

virtual   ~类名( )
{ }

当基类的析构函数被声明为虚函数后，派生类的析构函数自动声明成虚函数。
⑥虚函数的功能实现，只有通过基类的指针才可以实现。

当程序编译时，编译会为虚函数所在的各个类包括基类和派生类各自创建一个虚表，并将类的虚函数放在此表中，创建一个内部指针 vpt 指向该虚表结构称为虚指针。程序运行时会根据基类对象所获得的派生类对象将派生类对象虚表和虚指针复制给基类，并由基类来调用,从而实现类成员函数动态联编。所以,动态联编时需要指定派生类对象的地址,然后通过基类指针或引用对象才能激活虚函数的动态联编机制。

3.2.2 纯虚函数与抽象类

C++允许在基类中定义虚函数时,不定义虚函数的函数体,这样的虚函数称为纯虚函数。纯虚函数不执行具体操作,也不能被调用,只提供一个与派生类相一致的接口。纯虚函数的一般声明格式如下:

virtual 函数类型 函数名（形参表）=0；

例如:

```
class DisplayA
{
public:
    virtual void output( )=0;        //声明为纯虚函数
};
```

如果某个类中有纯虚函数,那么这个类就是抽象类。C++中,抽象类只能作为基类来派生出其他新类,不能直接用来创建对象。因为,抽象类只能提供一个框架,相当于一个公共接口,具体的功能由派生类来完成。

当基类是抽象类时,只有在派生类中重新定义基类中所有的纯虚函数后,该派生类才不会再成为抽象类。另外,尽管在程序中不能声明属于抽象类的对象,但可以声明指向抽象类的指针。

【例3.5】 纯虚函数和抽象类的应用。

```
#include<iostream.h>
const double PI=3.14159;
class Shape                         //定义抽象类
{
public:
    double r,s;
    Shape(double x){  r=x; }
    virtual void area( )=0;         //声明纯虚函数
};
class Circle:public Shape
{
public:
    Circle(double x):Shape(x){}
    void area( )
    {
        s=PI*r*r;
        cout<<"The Area of Circle:s="<<s<<endl;
    }
};
```

```cpp
class Square:public Shape
{
public:
    Square(double x):Shape(x){}
    void area( )
    {
        s=r*r;
        cout<<"The Area of Square:s="<<s<<endl;
    }
};
void main( )
{
    Shape *p;              //声明指向基类的指针
    Circle cir(5);         //创建对象 cir
    Square squ(9);         //创建对象 squ
    p=&cir;
     p->area( );
    p=&squ;
    p->area( );
}
```

运行结果如下:

The Area of Circle:s=78.5397

The Area of Square:s=81

3.3 运算符的重载

尽管 C++有多种运算符和数据类型，但在程序设计时，还会遇到一些特殊情况，无法直接使用已有的运算符来完成相应计算。例如，"+"运算符只能对整型和实型数据进行加运算，如果两个对象要实现"+"运算，在程序编译时会出错，此时，C++允许通过定义函数来重新定义运算符，实现新的运算功能，这就是运算符重载，所定义函数也就是运算符重载函数。

运算符重载实质上就是通过定义运算符重载函数将 C++中已有的运算符再赋予新的特殊功能，使该运算符在计算不同类型的数据时执行不同的具体运算。

3.3.1 运算符重载的形式

运算符重载函数通常是类的成员函数或是类的友元函数，运算符的操作数通常是该类的对象。

运算符重载为类的成员函数的格式如下:

函数类型 operator 运算符(形参表列)

{   函数体   }

运算符重载为类的友元函数的格式如下:

```
friend  函数类型  operator  运算符(形参表列)
   {       函数体    }
```
其中，函数类型表示函数返回值的类型；函数名是以 operator 关键字开头，运算符是指要重载的运算符，"operator"和运算符一起使用就表示一个运算符函数，例如"operator+"表示重载"+"运算符。应将"operator+"从整体上视为一个（运算符）函数名；形参表列是参加运算的操作数。

例如：
```
class newcount                                //定义类
{
   private:
       int xx;
       int yy;
   public:
       newcount( );                           //构造函数
       newcount operator+(newcount m);        //声明重载运算符"+"为类的成员函数
       friend newcount operator-(newcount n); //声明重载运算符"-"为类的友元函数
};
```

【例 3.6】运算符"+"重载为类的成员函数和类的友元函数的应用。
```
#include<iostream.h>
class complex
{
private:
    double real;                              //复数的实部
    double imag;                              //复数的虚部
public:
    complex(double r=0.0,double i=0.0);
    complex operator-(complex &c);            //重载运算符"-"为类的成员函数
    friend complex operator+(complex c1,complex c2); //重载运算符"+"为类的友元函数
    void display( );
};
complex::complex(double r,double i)
{   real=r;      imag=i;    }
complex complex::operator-(complex &c)
{
    complex tt;
    tt.real=real-c.real;
    tt.imag=imag-c.imag;
    return tt;
}
complex operator+(complex c1,complex c2)
```

```cpp
{
    double r=c1.real+c2.real;
    double i=c1.imag+c2.imag;
    return complex(r,i);     //返回complex类型一个对象的值
}
void complex::display( )
{
    cout<<"("<<real<<","<<imag<<")"<<endl;
}
void main( )
{
    complex c1(5,6),c2(6,8),c3,c4;
    cout<<"c1=";
    c1.display( );
    cout<<"c2=";
    c2.display( );
    c3=c1+c2;
    cout<<"c31=";
    c3.display( );
    c3=c1+9;
    cout<<"c32=";
    c3.display( );
    c3=9+c1;
    cout<<"c33=";
    c3.display( );
    c4=c1-c2;
    cout<<"c4=";
    c4.display( );
}
```

运行结果如下：
c1=(5,6)
c2=(6,8)
c31=(11,14)
c32=(14,6)
c33=(14,6)
c4=(-1,-2)

可以看出，程序中使用了友元重载和类的成员函数重载两种方法，双目运算符"+"实现两个复数对象的实部和虚部和的运算，双目运算符"-"实现两个复数的实部和虚部差运算。语句"c3=c1+c2；"、"c3=c1+9;"、"c3=9+c1;"和"c4=c1-c2;"，C++编译器将其解释为：
  c3=operator+(c1,c2);   //调用运算符重载函数 operator+(complex c1,complex c2)

```
c3=operator+(c1,9);        //调用运算符重载函数 operator+(complex c1,complex c2)
c3=operator+(9,c1);        //调用运算符重载函数 operator+(complex c1,complex c2)
c4=c1.operator-(c2);       //调用运算符重载函数 operator-(complex &c)
```
而"9"均可通过构造函数转换成 complex 类型的对象，使其参数匹配，程序正常运行。如果将"friend complex operator+(complex c1,complex c2);"语句的参数声明为引用，表达式"operator+(c1,9)"等价为"c1.operator+(9)"，系统无法解释其含义；表达式"operator+(9,c1)"等价为"9.operator+(c1)"，系统也无法解释其含义，编译系统就会报错。

由此可见，如果对象作为重载运算符函数的形式参数，则可以使用构造函数将常量转换成该类型的对象。如果使用引用作为重载运算符函数的形式参数，这些常量不能作为对象名使用，编译时会出错。

运算符重载为类的成员函数比重载为友元函数少一个参数，这是因为成员函数具有 this 指针。语句"operator-(complex &c)"中的"c"是 complex 类的对象引用，可以完成两个复数减的运算。

【注意】

①C++的运算符大部分都可以重载，不能重载的只有成员运算符"."、成员指针运算符"*"、作用域运算符"::"，因为在 C++中有特定的含义，不准重载；三目运算符"? :"则是因为不值得重载。"sizeof"和"#"不是运算符，因而不能重载。而=、()、[]、->这四个运算符只能重载为类的成员函数。

②运算符重载之后，其优先级、结合性和操作数的个数不改变，基本功能与重载前相似。

③重载一个运算符时，必须在程序中定义该运算符要实现的具体操作，如果运算符重载函数是类的一般成员函数，则该函数的形参个数应比运算符实际操作数的个数少一个，即双目运算符重载成员函数有一个形参，单目运算符重载成员函数没有形参。

④如果用类的成员函数实现双目运算符重载，该运算符的左操作数一般是对象，右操作数可以是类的对象、对象的引用或其他类型的参数。

⑤如果运算符重载函数是类的友元函数时，该函数的形参个数应与运算符实际操作数的个数相同，即双目运算符重载友元函数有两个形参，单目运算符重载友元函数有一个形参。

⑥如果用类的友元函数实现双目运算符重载，该运算符的两个操作数必须有一个是类的对象，如果用类的友元函数实现单目运算符重载，该友元函数的形参可以是类的对象，也可以是类的引用，但一般是类的引用。

3.3.2 赋值运算符的重载

赋值运算符"="的操作是将赋值号右边的表达式的值赋给赋值号左边的变量。如果同类的两个对象之间相互赋值，就是将一个对象成员的值赋给另一个对象相应的成员，这是编译器为每个类生成一个默认的赋值操作。如果一个类中含有指针成员，也这样赋值，在这些成员撤销后，内存的使用不可靠或者造成内存的泄露。例如类 str 的数据成员是"char *ch"，有如下语句：
```
str s1("Think"), s2("Good");
s1=s2;
```
执行 s1=s2 前，s1 的成员 ch 指向一块存储地址；执行后，s1.ch 和 s2.ch 指向同一块存储地址，此时 s1 指针所指的区域改变了，应保证 s1.ch=s2.ch，但并没有复制指针所指的内存地址，二者各自具有自己的存储地址，当 s1 和 s2 的生存期结束时，调用析构函数两次撤销同一内存区域，"Good"的值将产生错误。

为了消除上述矛盾，可以重载"="运算符，其重载函数如下：

```
str &operator=(str &s)
{
    delete ch;                      //不是自身，先释放内存空间
    ch=new char[strlen(s.ch)+1];    //重新申请内存
    strcpy(ch,s.ch);                //将对象 s 的字符串复制到申请的内存
    return (*this);                 //返回 this 指针指向的对象
}
```

【例 3.7】赋值运算符重载示例。

```
#include<iostream.h>
#include<string.h>
class Assignment
{
public:
    Assignment(char *s);
    Assignment& operator=(Assignment &x);      //使用对象引用的重载赋值运算符
    Assignment& operator=(char *s);            //使用指针的重载赋值运算符
    void display( ){  cout<<ptr<<endl;  }
    ~Assignment( ){   if(ptr)  delete ptr;  }
private:
    char *ptr;
};
Assignment::Assignment(char *s)
{
    ptr=new char[strlen(s)+1];
    strcpy(ptr,s);
}
Assignment& Assignment::operator=(Assignment &x)
{
    if(ptr)  delete  ptr;                      //释放 ptr 原来所指的内存空间
    if(x.ptr)
    {
        ptr=new char[strlen(x.ptr)+1];         //重新申请内存
        strcpy(ptr,x.ptr);                     //将对象 x 的字符串复制到申请的内存
    }
    else ptr=0;
    return *this;                              //返回 this 指针指向的对象
}
```

```cpp
Assignment& Assignment::operator=(char *s)
{
    delete  ptr;
    ptr=new char[strlen(s)+1];
    strcpy(ptr,s);                      //将字符串 s 复制到内存区 ptr
    return *this;
}
void main( )
{
    Assignment a1("MouseDown"),a2("MouseUp");
    a1.display( );
    a2.display( );
    a1=a2;                              //调用对象引用的重载赋值运算符
    a1.display( );
    a2="Think You!";                    //调用字符串指针的重载赋值运算符
    a2.display( );
}
```

运行结果如下：

MouseDown

MouseUp

MouseUp

Think You!

可以看出，语句 a1=a2；编译器解释为 a1.operator=(a2);即 a1 调用成员函数 Assignment::operator=（Assignment &x）完成对象的赋值运算；语句 a2="Think You!"; 编译器解释为 a2.operator=("Think You!")完成字符串的赋值运算。程序运行结束时没有出现两次释放同一块内存区的情况。

3.3.3 插入符和提取符运算符的重载

插入符 "<<" 和提取符 ">>" 的重载，可以方便用户利用标准的输入输出流来实现用户定义的对象输入输出。操作符的左边是流对象的别名而不是被操作的对象，运算符跟在流对象的后面，例如 "output<<"，它们要直接访问类的私有成员，最好重载为类的友元函数，以便能访问类的私有成员。

插入符重载的一般格式如下：
```cpp
ostream& operator<<(ostream& output，类名& 对象名)
{    …   //函数代码
    return output;
}
```

提取符重载的一般格式如下：
```cpp
istream& operator>>(istream& input，类名& 对象名)
{    …   //函数代码
```

```
        return input;
}
```

其中，output 是输出流对象 cout 的别名；input 是输入流对象 cin 的别名；类名&对象名是自定义类型的一个对象。

注意，提取符重载函数需返回新的对象值，应该使用类的对象引用为形参。插入符重载函数不改变对象的值，既可使用类的对象引用为形参，也可使用类的对象为形参。

【例 3.8】使用运算符"<<"和">>"重载为友元函数。

```
#include<iostream.h>
class person
{
public:
    friend ostream& operator<<(ostream& output,person one);
    friend istream& operator>>(istream& input,person & one);
private:
    char strName[10];       //姓名
    char strNo[10];         //编号
    int Grade;              //级别
    double AccumPay;        //月薪
};
ostream& operator<<(ostream& output,person one)
{
     output<<"员工基本信息"<<endl;
    output<<"姓名:"<<one.strName<<endl;
    output<<"编号:"<<one.strNo<<endl;
    output<<"级别:"<<one.Grade<<endl;
    output<<"月薪:"<<one.AccumPay<<endl;
    return output;
}
istream& operator>>(istream& input,person & one)
{
    cout<<"请输入员工基本信息"<<endl;
    cout<<"姓名:";
    input>>one.strName;
    cout<<"编号:";
    input>>one.strNo;
    cout<<"级别:";
    input>>one.Grade;
    cout<<"月薪:";
    input>>one.AccumPay;
    return input;
```

}
void main( )
{
  person obj;
  cin>>obj; //重载提取符">>",编译器解释为 operator>>(cin,obj)
  cout<<obj; //重载插入符"<<",编译器解释为 operator<<(cout,obj)
}

运行结果如下：
请输入员工基本信息
姓名:wanghong
编号:2011009
级别:8
月薪:5000
员工基本信息
姓名:wanghong
编号:2011009
级别:8
月薪:5000

重载运算符"<<"函数的返回值是该函数第 1 个参数，其目的是为了能够连续使用。例如，语句"cout<<obj1<<obj2;"第 1 次编译器解释为 operator<<(cout,obj1)来操作，返回 cout，将返回的 cout 与<<obj2 一起解释为 operator<<(cout,obj2)操作，再返回 cout，从而实现重载运算符"<<"的连续使用。

3.3.4 增 1 或减 1 运算符的重载

在 C++中，增 1 或减 1 分为两种，"++i"称为前置，"i++"称为后置，"n=++i"和"n=i++"进行操作 n 的值是不同的。"n=++i"是先将变量 i 的值加 1，然后将 i 的值赋给变量 n，而"n=i++"是先将变量 i 的值赋给 n，然后将变量 i 再进行加 1 操作。如果 i 是某类的对象，应使用运算符重载来实现。

增 1 或减 1 运算符是单目运算符，C++中为了区分前置还是后置，将后置运算符视为双目运算符。

【例 3.9】 使用运算符"++"重载为类的成员函数。

```
#include<iostream.h>
class Number
{
public:
    Number(int n=0){ num=n;   }
    int operator++( );                        //前置++n
    Number operator++(int );                  //后置 n++
    void print( ){ cout<<"num="<<num<<endl; }
private:
```

```
    int num;
};
int Number::operator++( )
{
    ++num;
    return num;
}
Number Number::operator++(int )        //不用给出形参名
{
    Number temp;
    temp.num=num++;
    return temp;
}
void main( )
{
    Number m(20),n(30),p;
    int k=++m;                         //前置运算符调用 operator++( )
    cout<<"k="<<k<<endl;
    m.print( );
    p=n++;                             //后置运算符调用 operator++(int )
    p.print( );
    n.print( );
}
```

运行结果如下：

k=21
num=21
num=30
num=31

其中，语句"int k=++m;"和"p=n++;"编译器解释为：
int k=m.operator++( );
p=n.operator++(0);

【例 3.10】使用运算符"++"重载为类的友元函数。

```
#include<iostream.h>
class Number
{
public:
    Number(int n=0){ num=n;  }
    friend    int operator++(Number&);               //前置++n
    friend Number operator++(Number&,int );          //后置 n++
    void print( ){ cout<<"num="<<num<<endl;  }
```

```
private:
    int num;
};
int operator++(Number& x)
{
    ++x.num;
    return x.num;
}
Number operator++(Number& x,int )
{
    Number temp;
    temp.num=x.num++;
    return temp;
}
void main( )
{
    Number m(20),n(30),p;
    int k=++m;                    //前置运算符调用 operator++( )
    cout<<"k="<<k<<endl;
    m.print( );
    p=n++;                        //后置运算符调用 operator++(int )
    p.print( );
    n.print( );
}
```

程序运行结果与例 3.9 完全相同,"++"重载为类的友元函数时,需要修改操作数,必须使用引用参数。

有些 C++编译器不能区分前置还是后置运算符,只能通过重载运算符来区分。运算符"--"重载与"++"重载方法相同。

3.4 模板

模板是实现多态性的有效方法,C++的模板用来实现数据类型的参数化,采用模板方式定义函数或类时,不用确定某些参数或成员的类型,而是将它们的类型作为模板的参数,在使用模板时根据实参的类型来确定模板参数的类型。在程序中使用模板能简化编程过程,提高代码的重用性。C++的模板分为函数模板(Function Template)和类模板(Class Template)两种。

3.4.1 函数模板

函数重载给编程带来极大方便,但在同一个程序中会出现形参类型或个数不同的各种同名函数,需要编写重载函数的每一个函数的实现代码,增加代码编写工作量,为了提高编程效率，可使用函数模板。

函数模板是一种不指定某些参数的数据类型的函数，在被用时根据实际参数的类型决定模板参数的类型。在程序中可以利用函数模板来定义一个通用函数，生成多个功能相同但参数和返回值的类型不同的函数。函数模板定义格式如下：

template<typename 标识符>
标识符 函数名(标识符 参数)
{
    函数体
}

或

template<class 标识符>
标识符 函数名(标识符 参数)
{
    函数体
}

其中，关键字 template 表示声明一个模板，关键字 typename 或 class 表示任意内部类型或用户定义类型，标识符与变量的标识符定义相同。

例如，下列四个函数：
int sum(int a,int b);
float sum(float a,char b);
int sum(int a,int b,int c);
float sum(float a,float b,float c);
可以定义为求和函数的 sum( )函数模板如下：
定义第一个函数模板
template <class T1，class T2>
T sum(T1 a,T2 b)
{
    return a+b;
}
定义第二个函数模板
template <class T>
T sum(T a,T b,T c)
{
    return a+b+c;
}

【例 3.11】函数模板应用。
#include<iostream.h>
template <class T>
T sum(T a,T b)
{

```
        return a+b;
}
template <class T1,class T2>
T1 sum(T1 a,T2 b,T1 c)
{
        return a+b+c;
}
void main( )
{
        cout<<sum(6.8,8.8)<<endl;
        cout<<sum(6,10)<<endl;
        cout<<sum(5,'A',10)<<endl;
}
```

程序运行结果如下：

15.6

16

80

可以看出，在程序中，首先定义了函数模板，当主函数调用 sum( )函数时，系统首先判断实参的类型，然后按照实参的类型进行两个数求和运算。第一次调用 sum( )函数时，实参为 double 型，T 的类型为 double，系统按 double 型进行两个数相加；第二次调用 sum( )函数时，实参为 int 型，T 的类型为 int，系统按 int 型进行两个数的相加。第三次调用 sum( )函数时，第一个和第三个实参都为 int 型，T1 为 int 型，第二个实参为字符型，T2 的类型为字符型，系统将字符型按对应的 ASCII 值进行三个数相加。

【注意】函数模板只能用于定义非成员函数。

3.4.2 类模板

类模板是一种不能确定某些数据成员的类型或成员函数的参数及返回值类型的类，在程序中使用类模板，可以生成多个功能相同但某些数据成员类型不同成员函数的参数及返回值类型不同的类，类模板的一般定义格式如下：

```
template<typename 标识符>
class 类模板名
{    //成员的定义    };
```

或

```
template<class 标识符>
class 类模名
{    //成员的定义    };
```

例如：

```
template<class T>
class A                              //声明类模板
{
```

public:
  T sum(T a,T b);   //类模板中的成员函数
private:
  T x;
};

类模板的成员函数既可在类中定义，也可在类模板外部定义成员函数，其一般格式如下：

template <class 标识符>
函数类型 类模板名<标识符>::成员函数名(标识符 参数)
{
  函数体
}

使用类模板创建对象的格式如下：
类模板名<模板参数表列>对象名;
模板参数表列是类模板对象的实际类型。例如：myclass<int,float> An(a,b);
其中，"int,float"就是实际类型。

【例3.12】函数模板应用举例。

```
#include<iostream.h>
template <class T1,class T2>
class myclass                              //定义类模板
{
    private:
        T1 x;
        T2 y;
    public:
        myclass(T1 a,T2 b){ x=a;   y=b;}
        void showmax( );
};
template <class T1,class T2>               //定义类模板的成员函数
void myclass<T1,T2>::showmax( )
{
    if(x>y) cout<<"the maxdata="<<x<<endl;
    else cout<<"the maxdata="<<y<<endl;
}
void main( )
{
    int a=5;
    float b=9.4f;
    myclass<int,float>An(a,b);             //创建类模板的对象
    myclass<int,char>Bn(a,'b');            //创建类模板的对象
```

```
        An.showmax( );
        Bn.showmax( );
}
```
程序运行结果如下：
the maxdata=9.4
the maxdata=b

在上述程序中，myclass 类模板定义两种通用数据类型 T1 和 T2，对象 An 的第一个参数类型为 int，T1 表示 int 型，第二个参数为 float，T2 表示 float 型。

习　　题

一、单项选择题

1. 虚基类的作用是（　　）。
  A．为解决多重继承中同一基类被多次派生产生的二义性　　B．实现多态
  C．为了能够定义虚析构函数　　　　　　　　　　　　　　D．为了定义抽象类
2. 虚函数声明的关键字是（　　）。
  A．static　　　　　B．public　　　　　C．private　　　　　D．virtual
3. 抽象类应具有的条件是（　　）。
  A．至少有一个虚函数　　　　　　B．有且只有一个虚函数
  C．至少有一个纯虚函数　　　　　D．有且只有一个纯虚函数
4. 纯虚函数在基类中的声明形式为（　　）。
  A．virtual void fun( );　　　　　　B．virtual void fun( )=0;
  C．void fun( );　　　　　　　　　D．virtual void fun( ){};
5. 下列不能重载的运算符是（　　）。
  A．<=　　　　　　B．>>　　　　　　C．::　　　　　　　D．&=
6. 下列关于类运算符和友元运算符的区别，错误的是（　　）。
  A．重载友元函数比重载成员函数运算符参数少一个
  B．重载运算符的参数可以是对象或引用
  C．如果运算符所需的操作数要进行隐式类型转换，则运算符应通过友元来重载
  D．类的运算符和友元运算符的参数可以使用对象或引用
7. 关于函数模板叙述正确的是（　　）。
  A．函数模板是一个具体类型的函数
  B．函数模板的类型参数与函数的参数是同一个概念
  C．通过使用不同的类型参数，函数模板可以生成不同类型的函数
  D．用函数模板定义的函数没有类型
8. 类模板的模板参数可用做（　　）。
  A．数据成员的类型　　　　　　　B．成员函数返回值类型
  C．成员函数的参数类型　　　　　D．以上均可

二、分析程序题

1. 分析下列程序的输出结果。

```cpp
#include<iostream.h>
class base
{
public:
    base( ){    x=2;    y=4;    }
    virtual void funa( ){    cout<<"调用 base 类的 funa 函数，x="<<x<<endl;    }
    void funb( ){    cout<<"调用 base 类的 funb 函数，y="<<y<<endl;    }
protected:
    int x,y;
};
class derived:public base
{
 public:
    derived( ):base( ){}
    void funa( ){    cout<<"调用 derived 类的 funa 函数"<<endl;    }
    void funb( ){    cout<<"调用 derived 类的 funb 函数"<<endl;    }
};
void main( )
{
    base *pa=new base;
    base *pb=new derived;
    pa->funa( );
    pb->funb( );
    pb->funa( );
    pb->base::funb( );
    ((derived*)pb)->funb( );
}
```

2．分析下列程序的输出结果。

```cpp
#include <iostream.h>
class wages{
private:
    double price;
    int hours;
public:
    wages( );
    wages(int h,double p);
    double Remuneration( );
    wages& operator=(wages &a);
};
wages::wages( ){
```

```
            price=10;   hours=8; cout<<"Constructing wages object default!"<<endl;   }
wages::wages(int h,double p){
        price=p;
        hours=h;
        cout<<"Constructing wages object by wages(int,double)!"<<endl;
}
double wages::Remuneration( ){
        return hours*price;
}
wages& wages::operator=(wages &a){
        price=a.price;
        hours=a.hours;
        cout<<"Constructing wages object by operator!"<<endl;
        return *this;
}
void main( ){
        wages A;
        cout<<"Total remuneration="<<A.Remuneration( )<<endl;
        wages B(40,20);
        cout<<"Total remuneration="<<B.Remuneration( )<<endl;
        A=B;
        cout<<"Total remuneration="<<A.Remuneration( )<<endl;
}
```

3．分析下列程序的输出结果。

```
#include<iomanip.h>
class FUN{
        friend ostream& operator <<(ostream&,FUN);
};
ostream& operator<<(ostream& os,FUN f){
        os.setf(ios::left);
        return os;
    }
void main( )
{
    FUN fun;
    cout<<setfill('*')<<setw(10)<<12345<<endl;
    cout<<fun<<setw(10)<<54321<<endl;
}
```

4．分析下列程序的输出结果。
```
#include<iostream.h>
```

```
template<class T>
T max(T m,T n){    T z=(m>n)?(m):(n);      return z;      }
void main( ){
        int a,b;
        double x,y;
        cin>>a>>b>>x>>y;
        cout<<max(a,b)<<endl;
        cout<<max(x,y)<<endl;
    }
```

三、改错题

1. 要求不修改主程序，解决二义性问题。

```
#include<iostream.h>
class A
{
public:
    void display( ){   cout<<x<<endl;    }
protected:
    double x;
};
class B
{
public:
    void display( ){   cout<<y<<endl;    }
protected:
    int  y;
};
class C:public A,public B
{
public:
    void setxy( double a,int b){    x=a;        y=b;       }
};
void main( )
{
     C   myC;
    myC.setxy(5.6,9);
    myC.display( );
    myC.A::display( );
    myC.B::display( );
}
```

2. 下列类的定义中有一处表达式错误，请指出错误并改正。

若类 A 和类 B 的定义如下：
```
class A {
public:
        int a,b;
        int getab( ){ return a+b; }
};
class B:A {
        int a,b;
protected:
        int c;
public:
        int getc( ){   return c=a*b;   }
};
```
3．找出下列程序中的错误并改正。
```
#include<iostream.h>
template<typename T>
class Sample
{
    T a;
public:
    Sample(T x){    a=x;    }
    void geta( ){    return a;    }
};
```
四、完成程序题
1．根据程序运行结果，定义基类和派生类的 print( )函数。
```
#include<iostream.h>
class base
{
public:
    base(int a,int b){   x=a;   y=b;   print( );   }
      int GetX( ){ return x; }
    int GetY( ){ return y; }
    //定义 print
protected:
    int x,y;
};
class derived:public base
{
  public:
    derived(int a,int b,int c):base(a,b)
```

```
            {    z=c;         print( );      }
        //定义 print
    private:
        int z;
};
void main( )
{
    base baobj(3,5);
    derived deobj(10,20,30);
}
```

程序运行结果如下：
x=3   y=5
x=10 y=20
x=10 y=20
z=30
x+z=40   y+z=50

2. 程序用于计算各类服装的总金额，填上空缺的内容。
```
#include<iostream.h>
class Dress
{
public:
        ①
};
double total(②,int n)
{
    double sum=0;
    for(int i=0;i<n;i++)
        sum+=s[i]->pay( );
    return sum;
}
class Coat:public Dress
{
protected:
    double price;
    int num;
public:
    Coat(float p,int n){   price=p,num=n;   }
     double pay( ){    return price*num;    }
};
class Shirt:public Coat
```

```
    {
    public:
        Shirt(float x,int y):Coat(x,y){}
        double pay( ){ return ③ }
    };
    void main( )
    {
        Dress *pro[2];
        pro[0]=④  Coat(300,4);
        pro[1]=⑤  Shirt(200,2);
        double sum=⑥
        cout<<"sum="<<sum<<endl;
    }
```

3. 分析程序，填上适当内容。

```
#include<iostream.h>
class FileMenu {
public:
        virtual void fun( )=0;
};
class NewMenu:public FileMenu {
public:
        void fun( ) { cout<<"File of NewMenu!\n"; }
};
class OpenMenu:public FileMenu{
public:
        void fun( ) { cout<<"File of OpenMenu!\n"; }
};
class CloseMenu:public FileMenu{
public:
        void fun( ) { cout<<"File of CloseMenu!\n"; }
};
void main( )
{
    FileMenu *pm[3];
    pm[0]= new NewMenu;
    pm[1]=new OpenMenu;
    pm[2]=new CloseMenu;
    int num;
    do {
        cout<<"1-NewMenu\n";
        cout<<"2-OpenMenu\n";
```

```
        cout<<"3-CloseMenu\n";
        cout<<"enter your choose !\n";
        cin>>num;
        if( ① )      ② fun( );
    }while( ③ );
}
```

4．分析程序，填上适当内容。
```
#include <iostream.h>
template <class T>
T f( T& x, T& y, int n)
{
    for (int i=0;i<n;i++ )
        x[i] =x[i] +y[i];
    return x ;
}
void main( )
{
    int a[5] ={1,2,3,4,5};
    int b[5] = {100,200,3,4,5} , * ptr;
    for(int i =0;i <2;i ++)
        ptr= ①    //调用函数 f
    for( ;ptr <a +5;ptr++ )
        cout<< ②  << endl ;
}
```

五、编程题

1．定义人员信息 Data_Rec 类是 Employee 类和 Student 类的虚基类，包括数据成员姓名和 ID 号。在该类基础上派生 Employee 类（增加部门、工资）和 Student 类（增加专业、学号、总评成绩）；在 Employee 类基础上派生 Teacher 类增加简历；在 Employee 类和 Student 类基础上派生 E_Student 类增加薪酬。成员函数输出每类人员的基本信息。

2．Shape 类是一个表示形状的抽象类，Area( )为求图形面积的函数。请从 Shape 类派生梯形类（Trapezoid）、圆形类（Circle）、三角形类（Triangle），并给出具体的求面积函数。其中，所有派生类计算面积需要用到的参数由构造函数给出，梯形面积计算需要上底、下底和高，三角形面积需要底和高，圆形面积需要半径。定义一个 TotalArea 类，求几个形状面积之和。

3．定义一个抽象类 container，包含纯虚函数表面积 Surface( )和体积 Volume( )。派生球体类 Sphere、圆柱体类 Cylinder 和正方体类 Cube。

4．定义一个复数类 complex，重载运算符+、++和=，实现简单算术运算。

5．定义职员类，数据成员包括：姓名、工号、月基本工资、津贴、奖金。重载运算符"<<"、">>"，实现职员类对象的直接输入和输出。

6．用函数模板实现 3 个数按从小到大顺序。

7．定义栈类模板，实现栈数据的压入和弹出。

第 4 章 对 话 框

对话框是 Windows 应用程序与用户进行交互操作的主要途径，是 Windows 应用程序界面的重要组成部分。对话框可以捕捉用户输入的数据，根据程序运行结果提示用户需要的信息。控件是嵌入在对话框或其他窗口中的一个特殊的小窗口，是实现用户操作响应的主要工具，对话框通过控件来与用户进行交互。本章主要介绍利用 Visual C++6.0 的开发环境编写 Windows 应用程序及对话框资源的生成原理、编程方式。

4.1 从 C++到 Windows 编程

如果说前面的 C++编程侧重于算法，那么本章所讲述的 Windows 应用编程不再局限于解决数值运算，还包括应用程序的窗口、菜单、对话框和命令工具的设计，使应用程序有直观的窗口外观，丰富、人性化的友好界面，便于操作和维护。事实上，Visual C++6.0 编译器提供了强大的辅助工具集，利用这些工具可以很方便地设计出实用 Windows 应用程序。

Windows 操作系统是一个多进程操作系统，具有图形化的用户界面和多任务方式的运行环境。Windows 应用程序与传统的 DOS 应用程序有很大的区别：DOS 应用程序结构比较简单，由顺序、选择和循环三种基本结构构成，程序按函数的执行顺序执行。Windows 应用程序比较复杂，按照事件的消息驱动机制，采用非顺序方式执行程序。当某个事件发生时（例如按下鼠标），系统就会产生一个对应的消息来标识该事件，并将该消息送到应用程序的特定位置，应用程序从特定位置取出消息并根据该具体消息来进行相应的处理。因此，Windows 应用程序的执行顺序取决于事件发生的顺序。

利用 Visual C++6.0 开发 Windows 应用程序时，主要有两种方法，一种是利用 Windows 本身提供的 API 函数编程，另一种是直接使用 Miscrosoft 提供的 MFC 类库编程。

4.1.1 简单的 Windows 应用程序

为了阐述 Windows 应用程序的结构，下面利用 Visual C++6.0 编写一个应用程序。

【例 4.1】编写一个简单的 Windows 应用程序。

程序运行结果如图 4-1 所示。

按照下面的步骤建立应用程序。

（1）创建一个"Win32 Application"应用程序

①启动 Visual C++6.0，选择"File/New"菜单命令，在弹出的"New"对话框中单击"Projects"选项，从列表框中选中"Win32 Application"项目类型。

②在"Project Name"编辑框中输入应用程序项目名称 Ex_4_1。在"Location 编辑框中输入相应的文件名和文件路

图 4-1 例 4.1 的运行结果

径,单击"OK"按钮。

③在弹出的 Win32 应用程序向导对话框中选中"An empty project"选项,单击"Finish"按钮,系统显示创建的项目信息,单击"OK"按钮系统自动创建应用程序框架。

④选择"Project/Add To Project/New"菜单命令,在弹出的"New"对话框中单击"Files"标签,从列表框中选中 C++ Source File 文件类型,在"File Name"编辑框中输入程序文件名称 Ex_4_1,单击"OK"按钮。

(2)添加代码

选择在项目工作区中"File View"页面,打开 Ex_4_1.cpp 文件,输入如下的程序代码,编译链接后运行程序,结果如图 4-1 所示。

```
#include <windows.h>
    int WINAPI WinMain(HINSTANCE hInstance, HINSTANCE hPrevInstance, LPSTR
                    lpCmdLine, int nShowCmd )
    {
         MessageBox(NULL,"Hello,the world!","Hello",MB_OK);
         return 0;
    }
```

从上例中可以看出:

①传统的 DOS 应用程序以 main 函数作为进入程序的入口函数,而 Windows 应用程序则以 WinMain 函数作为程序的入口函数。

WinMain 函数原型如下:

    int WINAPI WinMain(HINSTANCE hInstance, HINSTANCE hPrevInstance,
            LPSTR lpCmdLine, int nShowCmd);

该函数有四个参数,其值由操作系统传递过来,这四个参数的含义分别如下:

hInstance 代表当前应用实例的句柄。句柄是一个变量,用来标识应用程序中的不同对象和同类对象中的不同实例。应用程序通过句柄获得相应的对象信息,句柄的值是一个 4 字节长的数值。常用的句柄类型如表 4-1 所示。

表 4-1 句 柄 类 型

句柄类型	说明	句柄类型	说明
HWND	窗口句柄	HDC	设备环境句柄
HINSTANCE	运行实例句柄	HFONT	字体句柄
HCURSOR	光标句柄	HPEN	画笔句柄
HICON	图标句柄	HBITMAP	位图句柄
HMENU	菜单句柄	HBRUSH	画刷句柄
HFILE	文件句柄		

hPrevInstance 代表前一个应用实例的句柄。标识同一个程序最近的一个仍然在活动的实例句柄。通常该参数的值为 NULL。

LpCmdLine 代表指向程序命令行参数的指针。

nShowCmd 用来指明窗口的初始显示状态，其值通常是表 4-2 的所示值之一。

表 4-2　　　　　　　　　　　　　　　窗口显示类型

值	含　义
SW_HIDE	隐蔽窗口，激活其他窗口
SW_MAXIMIZE	窗口最大化
SW_MINIMIZE	窗口最小化，显示其他窗口
SW_RESTORE	激活并显示窗口
SW_SHOW	激活窗口并以当前状态显示
SW_SHOWMAXIMIZED	激活窗口并使之最大化
SW_SHOWMINIMIZED	激活窗口并使之最小化
SW_SHOWMINNOACTIVE	窗口显示为图标并保留激活状态
SW_SHOWNA	以当前状态显示窗口
SW_SHOWNOACTIVE	就近显示窗口并保留激活状态
SW_SHOWNORMAL	正常显示激活的窗口

②每一个用 C/C++编写的 Windows 应用程序一般都需要 windows.h 头文件，有时还需要包含有其他的一些 Windows 头文件。在这些 Windows 头文件中定义了 Windows 应用程序的所有数据类型、数据结构和函数等。

③MessageBox 是一个 Win32API(Application Programming Interface 应用程序接口)函数，用来弹出一个消息窗口并显示相关信息。

MessageBox 函数原型如下：

　int MessageBox(HWND hWnd，LPCTSTR lpText,
　　　　　　　　LPCTSTR lpCaption，UINT uType);

该函数有四个参数，第一个参数用来指定父窗口（即消息框所在的窗口）句柄，第二个和第三个参数分别用来指定要显示的消息内容和消息框窗口的标题内容，第四个参数用来指定在消息框中显示的标准按钮。

【例 4.2】编写一个比较完整的 Windows 应用程序，当在窗口上单击鼠标左键时弹出"Hello,the world!"消息框。程序运行结果如图 4-2 所示。

图 4-2　例 4.2 的运行结果

按例 4.1 的步骤建立应用程序并输入下列代码，编译链接运行程序，结果如图 4-2 所示。

```cpp
#include <windows.h>
LRESULT CALLBACK WndProc(HWND hWnd, UINT uMsgId,
                    WPARAM wParam,LPARAM lParam);
int WINAPI WinMain(HINSTANCE hInstance,HINSTANCE hPrevInstance,
                    LPSTR lpCmdLine,int nCmdShow)
{
    static char thisAppName[]="Welcome to VC++!";
    HWND hWnd;                                    //窗口句柄
    MSG msg;                                      //消息
    WNDCLASS wndclass;                            //窗口类
    wndclass.lpszClassName=thisAppName;
    wndclass.hInstance=hInstance;
    wndclass.lpfnWndProc=WndProc;
    wndclass.hIcon=LoadIcon(NULL,IDI_APPLICATION);
    wndclass.hCursor=LoadCursor(NULL,IDC_ARROW);
    wndclass.hbrBackground=(HBRUSH)GetStockObject(WHITE_BRUSH);
    wndclass.lpszMenuName=NULL;
    wndclass.style=CS_HREDRAW|CS_VREDRAW;
    wndclass.cbClsExtra=0;
    wndclass.cbWndExtra=0;
    if(!RegisterClass(&wndclass))                 //注册窗口
    {
        MessageBox(NULL,"窗口注册失败!","出错提示",MB_OK);
        return 0;
    }
                                                  //创建窗口
    hWnd=CreateWindow(thisAppName,
                    thisAppName,
                    WS_OVERLAPPEDWINDOW,
                    CW_USEDEFAULT,
                    CW_USEDEFAULT,
                    CW_USEDEFAULT,
                    CW_USEDEFAULT,
                    NULL,
                    NULL,
                    hInstance,
                    NULL);
    if(hWnd==0)
```

```
    {
        return 0;
    }
    ShowWindow(hWnd,nCmdShow);              //显示窗口
    UpdateWindow(hWnd);                     //更新窗口

                                            //进入消息循环
    while(GetMessage(&msg,NULL,0,0))
    {
        TranslateMessage(&msg);             //转换某些键盘消息
        DispatchMessage(&msg);              //将消息发给 WndProc( )函数
    }
    return msg.wParam;
}
LRESULT CALLBACK WndProc(HWND hWnd, UINT uMsgId,
                WPARAM wParam,LPARAM lParam)
{
    switch(uMsgId)
    {
    case WM_CREATE:                         //窗口创建时产生的消息
        return 0;
    case WM_LBUTTONDOWN:                    //单击鼠标左键时产生的消息
        MessageBox(NULL,"Hello,the world!","Hello",MB_OK);
        return 0;
    case WM_DESTROY:                        //窗口关闭时产生的消息
        PostQuitMessage(0);
        return 0;
    default:                                //执行默认的消息处理
        return DefWindowProc(hWnd,uMsgId,wParam,lParam);
    }
}
```

从上例中可以看出：

①整个程序分为两个部分，一个是 WinMain( )函数，另一个是 WndProc( )函数。WinMain( )函数是程序的入口函数，其主要功能是创建、并注册一个窗口对象，然后在屏幕上显示这个窗口对象。同时，建立消息队列，并将各种消息通过 Windows 发送到窗口过程函数 WndProc( )进行处理。

②注册窗口。在 Windows 编程中，建立任何窗口之前，都必须用数据结构 WNDCLASS 设置窗口类属性并注册。WNDCLASS 结构如下：

typedef struct _WNDCLASS

```
{
    UINT     style;
    WNDPROC  lpfnWndProc;
    int      cbClsExtra;
    int      cbWndExtra;
    HANDLE   hInstance;
    HICON    hIcon;
    HCURSOR  hCursor;
    HBRUSH   hbrBackground;
    LPCTSTR  lpszMenuName;
    LPCTSTR  lpszClassName;
}WNDCLASS;
```

上述数据结构的成员含义如下：

- style 用来定义窗口的样式，一般设置为 0。表 4-3 列出了 style 的一些常见值。

表 4-3　　　　　　　　　　窗口注册时 style 的常见值

值	含义
CS_VREDRAW	垂直重画
CS_HREDRAW	水平重画
CS_OWNDC	独占设备描述表
CS_PARENTDC	使用父类窗口的设备描述表
CS_SAVEBITS	保存窗口覆盖部分
CS_DBCLCKS	允许鼠标双击
CS_BYTEALLGNCLIENT	鼠标用户区域按字节对齐方式显示
CS_BYTEALLGNWINDOW	鼠标用户窗口按字节对齐方式显示
CS_NOCLOSE	系统菜单中没有关闭菜单项

- lpfnWndProc 是指向窗口处理函数指针。
- cbClsExtra 代表窗口类结构分配的额外字节数，是处理窗口类的专用数据。
- cbWndExtra 代表用本窗口类建立的窗口结构分配的额外字节数。
- hInstance 用来标识注册本窗口类的应用程序实例，是应用程序实例句柄。
- hIcon 指定窗口类在最小化时显示的图标。
- hCursor 定义窗口类的光标。
- hbrBackground 定义窗口类的背景色。
- lpszMenuName 指定窗口类的资源菜单。
- lpszClassName 注册的窗口类名。

③创建窗口。成功注册一个窗口类后，可以开始创建一个窗口实例。创建窗口通过调用 Windows 的 API 函数 CreateWindow( ) 来完成。CreateWindow( ) 函数原型如下：

　　HWND CreateWindow(LPCTSTR lpszClassName,

```
                    LPCTSTR lpszWindowName,
                    DWORD dwStyle,
                    int nx,
                    int ny,
                    int nWidth,
                    int nHeight,
                    HWND hwndParent,
                    HMENU hmenu,
                    HANDLE hInst,
                    LPVOID lpvParam);
```

该函数的参数含义如下：

lpszClassName 是注册的窗口类名。

lpszWindowName 是窗口标题名。

dwStyle 代表窗口的样式。

nx、ny、nWidth、nHeight 代表窗口显示时的左上角坐标及窗口宽度与高度。

hwndParent 父窗口句柄。

hmenu 窗口主菜单句柄。

hInst 创建窗口的应用程序当前句柄。

lpvParam 指向一个传递给窗口的参数值的指针，一般设为 0。

④显示窗口。创建了窗口，必须要调用 ShowWindow( )函数来显示创建的窗口。用 UpdateWindow( )来更新窗口显示。其调用形式如下：

ShowWindow(hWnd,nCmdShow);

UpdateWindow(hWnd);

其中，hWnd 为窗口句柄，nCmdShow 为窗口显示形式，具体如表 4-2 所示。

⑤建立消息循环。Windows 应用程序的运行通过消息来实现。Windows 应用程序可以接收各种不同的消息，包括键盘消息、鼠标消息等。Windows 系统不是直接将消息发送给应用程序，而是将消息放入消息队列中，应用程序的 WinMain( )函数通过消息循环读取消息队列中的消息，并把它们发送给相应的窗口过程函数进行处理。消息循环的一般格式如下：

```
    while(GetMessage(&msg,NULL,0,0))
    {
        TranslateMessage(&msg);
        DispatchMessage(&msg);
    }
```

函数 GetMessage( )是用来获取消息，有四个参数，第一个参数是指向一个 MSG 消息结构的指针；第二个参数是窗口句柄，如果为 NULL，标识获取所有窗口的消息；第三个参数和第四个参数是用来指定消息范围，第三个参数为消息最小号值，第四个参数为消息最大号值，如果均为 0，标识获取全部的消息。

函数 TranslateMessage( )用来转译键盘输入的消息，如果是 WM_KEYDOWN 和 WM_KEYUP 消息组合，则为窗口产生相应的 WM_CHAR 消息。当应用程序中需要处理字符输入时，消息循环中必须要调用该函数。

函数 DispatchMessage( )将消息传送到指定的窗口函数。如果该函数的返回值为 0(即检索到 WM_QUIT 消息)，循环结束。

⑥窗口过程函数 WndProc( )用来处理窗口消息。每一个窗口都必须有一个窗口消息处理函数与之对应。窗口消息处理函数所接收到的消息可以是由 WinMain( )函数发送的，也可以是来自 Windows 系统的窗口管理消息。例如 WM_DESTROY 是窗口关闭发出的消息，WM_LBUTTONDOWN 是鼠标左键按下发出的消息，对于不打算处理的消息，应发送给 DefWindowProc( )函数进行默认处理，并返回这个函数的返回值。

4.1.2 Windows 编程特点

1. 事件驱动机制

Windows 应用程序是通过操作系统发送的消息来处理用户输入的。在 Windows 操作环境中，无论是系统产生的动作还是用户运行应用程序产生的动作，都称为事件（Events），描述事件发生的信息称为消息（Message）。在 Windows 应用程序中，通过接收消息、分发消息、处理消息来和用户进行交互。当用户按下一个键，移动一次鼠标或单击一个鼠标按钮，系统就能监测到一个事件已经发生了，并反馈该事件类型、发生时间以及与屏幕相关的事件位置信息，这种通过事件的发生来执行程序的过程是随机的、不确定的、没有事先预定的顺序，这就是事件驱动机制。事件驱动机制能最大限度地允许用户按各种合理的次序来安排程序流程，这也是 Windows 应用编程的最大特点。Windows 应用程序开始运行后，处于等待用户输入事件状态，一旦获得发生的事件立即作出相应反应，处理完毕返回并处于继续等待下一事件的状态。

2. 消息循环机制

事件驱动机制是靠消息循环来实现的，Windows 应用程序通过消息的循环将随机发生的事件转化为窗口中的可视操作。消息是一种向用户程序报告有关事件发生的通知。当 Windows 操作系统监测到触发消息的事件发生以后，便将相关信息组成一个数据结构同消息一起发送给用户程序，然后等待处理。

3. 分段式编程结构

Windows 编程方式是以事件产生的消息为驱动的，编程者不需要完全负责程序的流程，程序的具体流程由事件来决定。用户在所有提供的选项中进行选择，由程序作出正确的响应。Windows 内部的消息循环处理以及多任务特性使得应用程序可以采用分段式的编程结构。

4. 图形设备接口

在 DOS 环境下，通过打印机打印一幅图形是一件非常复杂的事情，因为用户必须根据打印机类型和指令规则向打印机输送数据。而 Windows 提供了一个抽象的接口，称为图形设备接口（GDI, Graphical Device Interface）。用户只需要直接调用系统的 GDI 函数就能够很方便地实现与设备无关的图形输入和输出。在应用程序中还可以使用同一个函数在不同的打印机上输出同一个图形。

5. 基于资源的程序设计

Windows 应用程序常常包含许多的图形元素，例如：光标、菜单、工具栏、位图、对话框等。在 Windows 环境下，每一个这样的元素都可以装入应用程序的资源来存放。这些资源就像 C++程序中的常量一样，可以被编辑、修改，也可以被其他应用程序所共享。

6. 动态链接库(DLL)

动态链接库提供了一些特定结构的函数，能被应用程序在运行过程中装入和连接，并且多个程序可以共享一个动态链接库，这样就可以大大节省内存和磁盘空间。动态链接库是一些具有.dll 扩展名或者有时是.exe 扩展名的文件。

在 Windows 操作系统中，最主要的 DLL 有 KERNEL32.DLL、GDI32.DLL 和 USER32.DLL 三个模块。其中，KERNEL32.DLL 定义了系统的服务函数，用来处理存储器低层功能、任务和资源管理等 Windows 核心服务；GDI32.DLL 提供了图形设备函数，能实现各种图形的绘制功能；USER32.DLL 定义了窗口管理函数，负责窗口的管理，包括窗口的创建、显示、设置和移动等。

4.1.3 Windows 基本数据类型

在例 4.1 和例 4.2 的源程序中包含了多种数据类型，如 HINSTANCE、HWND 等。这些数据类型都定义在 windows.h 中。表 4-4 列出了常用的 Windows 基本数据类型。

表 4-4　　　　　　　　　　　　**Windows 常用的数据类型**

Windows 数据类型	对应的基本数据类型	说　　明
BOOL	bool	布尔值
BSTR	unsigned short *	32 位字符指针
BYTE	unsigned char	8 位无符号整数
COLORREF	unsigned long	用作颜色的 32 位值
DWORD	unsigned long	32 位无符号整数
LONG	long	32 位有符号整数
LPSTR	char *	指向字符串的 32 位指针
LPARAM	long	作为参数传递给窗口过程函数 32 位值
LPVOID	void *	指向未定义类型的 32 位指针
LRESULT	long	来自窗口过程函数的 32 位返回值
UINT	unsigned int	32 位无符号整数
WORD	unsigned short	16 位无符号整数
WPARAM	unsigned short	作为参数传递给窗口过程函数 32 位值

4.2 MFC 应用程序

4.2.1 MFC 概述

MFC 类库（Microsoft Foundation Class Library）是由 Microsoft 公司提供的用来编写 Windows 应用程序的 C++类集合，在该类集合封装了 Windows 大部分编程对象和与它们相关的操作。MFC 为用户提供了一个 Windows 环境下的应用程序框架和创建应用程序的组件，使用这个应用程序框架和组件，程序设计人员可以轻松地编写出各种不同的应用程序。

MFC 类的层次结构非常清晰，根据类的派生层次关系和实际应用情况，MFC 类主要有根类（CObject）、应用程序体系结构类、窗口支持类、菜单类、数据库类等。大多数 MFC 类是直接或间接从根类派生出来的。

4.2.2 简单的 MFC 应用程序

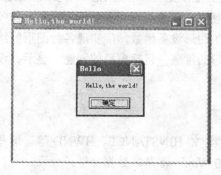

图 4-3 例 4.3 的运行结果

【例 4.3】编写一个简单的 MFC 应用程序，当在窗口上单击鼠标左键时，弹出"Hello, the world!"消息框。结果与例 4.2 的相同，如图 4-3 所示。

按例 4.1 的步骤操作并输入下列代码：

```
#include <afxwin.h>
class CHelloApp:public CWinApp
{
public:
    virtual BOOL InitInstance( );
};
CHelloApp theApp;
class CHelloFrame:public CFrameWnd
{
public:
    CHelloFrame( )
    {
        Create(NULL,"Hello,the world!",
            WS_OVERLAPPEDWINDOW,rectDefault);
    }
protected:
    afx_msg void OnLButtonDown(UINT nFlags,CPoint point);
    DECLARE_MESSAGE_MAP( )
};
BEGIN_MESSAGE_MAP(CHelloFrame,CFrameWnd)
    ON_WM_LBUTTONDOWN( )
END_MESSAGE_MAP( )
void CHelloFrame::OnLButtonDown(UINT nFlags,CPoint point)
{
    MessageBox("Hello,the world!","Hello",MB_OK);
    CFrameWnd::OnLButtonDown(nFlags,point);
}
BOOL CHelloApp::InitInstance( )
{
```

　　　　m_pMainWnd=new CHelloFrame( );
　　　　m_pMainWnd->ShowWindow(m_nCmdShow);
　　　　m_pMainWnd->UpdateWindow( );
　　　　return TRUE;
　　}

　　选择"Project/Settings"菜单命令，在弹出的"Project Settings"对话框中选中"Generl"选项卡，然后在"Microsoft Foundation Classes"组合框中选择"Use MFC in a Shared DLL"，单击"OK"按钮。编译链接运行程序，结果如图4-3所示。

4.2.3　MFC应用程序的分析

　　对例4.3中的MFC程序源代码分析，可以看出：
　　①在MFC中使用头文件afxwin.h来代替头文件windows.h。
　　②MFC将Windows程序的入口函数WinMain( )隐藏在MFC提供的应用程序框架内部，在源程序中看不到入口函数WinMain( )。
　　③MFC应用程序的执行过程如下：
　　• 开始运行应用程序时，系统自动调用应用程序框架内部的WinMain( )函数。
　　• 自动查找该应用程序类CHelloApp（从CWinApp派生）的全局变量theApp，然后自动调用CHelloApp的虚函数InitInstance( )；在InitInstance( )函数中创建一个用户框架窗口CMainFrame类（从CFrameWnd派生）对象，在其构造函数中调用Create( )函数创建窗口，然后调用ShowWindow( )函数和UpdateWindow( )函数完成窗口的显示和更新。
　　• 调用基类CWinApp的成员函数Run( )，执行应用程序的消息循环。
　　• 当程序结束，调用基类CWinApp的成员函数ExitInstance( )，完成终止应用程序的专门清理工作。
　　④在MFC中，消息的处理是通过MFC消息映射机制来实现的。所谓消息映射（Message Map）机制，是指通过一条消息映射宏将一个Windows消息和其消息处理函数联结起来，一一对应。映射一个消息的过程分为以下三步：
　　• 在处理消息的类中，使用消息宏DECLARE_MESSAGE_MAP( )声明对消息映射的支持，并在该宏之前声明消息处理函数。例如：
　　class CHelloFrame:public CFrameWnd
　　{
　　……
　　protected:
　　　　afx_msg void OnLButtonDown(UINT nFlags,CPoint point);
　　　　DECLARE_MESSAGE_MAP( )
　　};
　　• 使用BEGIN_MESSAGE_MAP( )和END_MESSAGE_MAP( )宏来定义消息映射，所有的消息映射宏都添加在它们中间。例如：
　　BEGIN_MESSAGE_MAP(CHelloFrame,CFrameWnd)
　　　　ON_WM_LBUTTONDOWN( )
　　END_MESSAGE_MAP( )

- 定义消息处理函数。定义消息处理函数和在类体外定义类的成员函数相似。为了使某一消息能被其他对象接收并处理，往往在定义消息处理函数的代码最后调用基类中的相关消息处理函数。例如：

```
void CHelloFrame::OnLButtonDown(UINT nFlags,CPoint point)
{
    MessageBox("Hello,the world!","Hello",MB_OK);
    CFrameWnd::OnLButtonDown(nFlags,point);
}
```

4.3 MFC 应用程序类型

在 Visual C++6.0 中，可以利用 MFC AppWizard 应用程序向导快速地创建一个标准的 Windows 应用程序框架，程序设计人员只需在此基础上添加实现特定功能的程序代码就能编写出相应的 Windows 应用程序。

4.3.1 MFC 应用程序框架类型

在 Visual C++6.0 中，MFC AppWizard 应用程序向导提供的应用程序框架类型如表 4-5 所示。该应用程序框架类型中包含了三种最基本、最常用的应用程序类型：单文档、多文档和基于对话框的应用程序。在本书后续章节中所使用的都是 MFC AppWizrd(exe)应用程序框架类型。

表 4-5　　　　　MFC AppWizard 提供的应用程序框架类型

名　称	项　目　说　明
ATL COM MFC AppWizard	创建 ATL(Active Template Library)应用模块工程
Cluster Resource Type Wizard	创建 Cluster Resource (用于 Windows NT 服务器)
Custom MFC AppWizard	创建自己的应用程序向导
Database Project	创建数据库应用程序
DevStudio Add-in Wizard	创建 ActiveX 组建或者 VBScript 宏
Extended Stored Proc Wizard	创建基于 SQL 服务器的外部存储过程
MakeFile	创建独立于 Visual C++ 开发环境的应用程序
MFC ActiveX ContorlWizard	创建 ActiveX Control 应用程序
MFC AppWizrd(dll)	创建 MFC 的动态链接库
MFC AppWizrd(exe)	创建一般 MFC 的 Windows 应用程序
Utility Project	创建简单、实用的应用程序
Win32 Application	创建 Win32 的 Windows 应用程序
Win32 Console Application	创建 Win32 的控制台应用程序
Win32 Dynamic-Link Library	创建 Win32 的动态链接库
Wind32 Static Library	创建 Win32 的静态链接库

单文档（Single Document）应用程序每次只能处理一个文档，功能比较简单。例如 Windows 写字版程序。

多文档（Multiple Document）应用程序能够同时处理多个文档，例如 Microsoft Word。与单文档应用程序相比，多文档应用程序增加了许多功能，多文档应用程序不仅需要跟踪所有打开文档的路径，而且还需要管理各个文档窗口的显示和更新等。

基于对话框（Based Dialog）应用程序功能简单、结构紧凑，不能处理文档，执行速度快，程序源代码少，开发调试容易。

4.3.2 创建一个单文档应用程序

【例 4.4】用 MFC AppWizrd 应用程序向导创建一个单文档应用程序，可以很方便生成应用程序框架。具体操作步骤如下：

（1）新建项目

启动 Visual C++6.0，选择"File/New"菜单命令，弹出"New"对话框（如图 4-4 所示）。单击"Projects"标签，从列表框中选中"MFC AppWizard(exe)"项目类型，在"Project Name"编辑框中输入应用程序项目名称"Ex_4_4"，在"Location"编辑框中输入相应的文件名和文件路径，单击"OK"按钮。

（2）选择程序类型

①在弹出"MFC AppWizard-Step 1"对话框中（如图 4-5 所示）。选择要创建应用程序的类型和资源文件所使用的语言。本节例子是基于单文档的，所以选中"Single document"单选按钮。其他的默认。

图 4-4 新建项目工程对话框

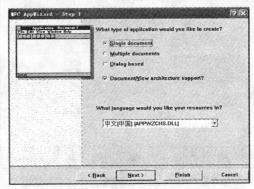

图 4-5 MFC AppWizard-Step 1 对话框

②单击"Next"按钮，显示如图 4-6 所示的"MFC AppWizard-Step 2 of 6"对话框，提示用户是否需要选择数据库支持，在"What database support would you like to include?"选项中选定"None"单选按钮，表示不需要数据库支持。

③单击"Next 按钮，显示如图 4-7 所示的"MFC AppWizard-Step 3 of 6"对话框。提示用户是否需要在应用程序中加入复合文档、自动化、Active X 控件的支持。在"What compound document support would you like to include？"选项中选定"None"单选按钮；在"What other support would you like to include？"选项中选定"ActiveX Controls"复选框。

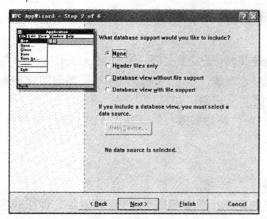

图 4-6　MFC AppWizard-Step 2 of 6 对话框

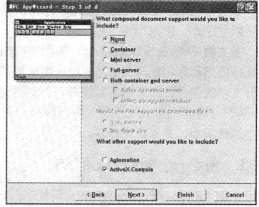

图 4-7　MFC AppWizard-Step 3 of 6 对话框

④单击"Next"按钮，显示如图 4-8 所示的"MFC AppWizard-Step 4 of 6"对话框，提示用户对应用程序的界面特征进行设定。在"What features would you like to include？"选项中选定"Docking toolbar（浮动工具栏）"、"Initial status bar（状态栏）"和"3D controls（三维图形控件）"。其他的默认。

⑤单击"Next"按钮，显示如图 4-9 所示的"MFC AppWizard-Step 5 of 6"对话框，采用默认选项。

图 4-8　MFC AppWizard-Step 4 of 6 对话框

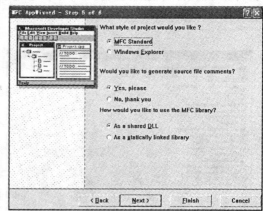

图 4-9　MFC AppWizard-Step 5 of 6 对话框

⑥单击"Next"按钮，弹出如图 4-10 所示的"MFC AppWizard-Step 6 of 6"对话框，列出应用程序向导所创建的类，用户可以修改所创建的类名和文件名以及应用程序视图类的基类。

(3) 完成程序创建

单击"Finish"按钮，弹出"New Project Information"对话框（如图 4-11 所示）。该对话框中列出了用户在前几步所选择的全部设置。

(4) 编译运行程序

单击"OK"按钮，系统在指定的目录下自动生成应用程序的框架。如果不编写代码，直接编译链接运行该程序，结果如图 4-12 所示。

第4章 对话框

图4-10 MFC AppWizard-Step 6 of 6 对话框

图4-11 New Project Information 对话框

图4-12 例 Ex_4_4 应用程序运行结果

4.3.3 项目管理

Visual C++ 6.0 以项目工作区的形式来组织文件、各种程序源代码和资源文件都包含在应用程序的项目中。用户通过项目工作区窗口来管理程序项目，通过对项目工作区操作，可以显示、修改、添加、删除文件。项目工作区可以管理多个项目。

1. 项目和项目文件

Windows 环境下的 Visual C++编程，将应用程序源代码文件及包含菜单、工具栏、对话框、图标等资源文件及应用程序编译、链接所需要的库文件和系统 DLL 文件组成一个集合称为项目。Visual C++以项目来管理应用程序的所有元素，并由它生成应用程序。项目文件扩展名为（.dsp）。

Visual C++ 中项目是以文件夹方式进行管理的，项目名作为文件夹名，在此文件夹下包含该项目中所用到的源程序代码文件(.cpp,.h)、资源文件(.rc)以及项目工作区文件(.dsw)等。

项目工作区文件保存了项目设置信息，在开发环境中一般以打开项目工作区文件的方式来打开指定的项目。以应用程序项目 Ex_4_4 为例来进行分析，Visual C++ 6.0 项目工作区窗口 Workspace 包含三个页面，分别是：ClassView、ResourceView 和 FileView 三个页面组成，它们按树型结构形式显示项目的"类"、"资源"和"文件"。分别如图4-13、图4-14和图4-15

所示。

图 4-13　ClassView 选项卡　　　图 4-14　ResourceView 选项卡　　　图 4-15　FileView 选项卡

2. Class View 类视图

ClassView 显示项目中所有的类信息。单击"ClassView"标签，如图 4-13 所示。单击项目名左边"+"或双击图标，显示项目中的所有类名，双击类名前图标，则直接打开并显示类定义的头文件；单击类名前的"+"，则显示该类的成员变量和成员函数；双击成员函数前图标，可直接打开并显示相应函数体的源代码。若鼠标右击类名，从弹出式菜单中可添加、删除成员变量或成员函数。

【注意】不同图标表示不同含义：使用紫红色方块表示公有成员函数；蓝绿色图标表示公有数据成员；图标旁有一钥匙表示保护类型成员；图标旁有一把挂锁图标表示私有类型成员。

3. Resource View 资源视图

Resource View 包含了 Windows 中各种资源的层次列表，有对话框、按钮、菜单、工具栏、图标、位图、加速键等，并存放在一个独立的资源文件中。在资源视图中可进行添加、删除资源的操作。

4. File View 文件视图

File View 将项目中源代码文件分类显示，如程序源文件（Source Files），头文件（Header Files），资源文件（Resource Files）等。项目中一般包含的文件如下：

（1）应用程序向导生成的头文件(.h)

除关于对话框类 CAboutDlg 以外，AppWizard 应用程序向导为每一个类都创建了对应的头文件(.h)和实现文件(.cpp)，CAboutDlg 类的定义和实现代码放在项目应用程序应用类的实现文件中。

①主框架窗口类头文件。主框架窗口类的头文件 MainFrm.h 定义了主框架窗口类 CMainFrame。主框架窗口类 CMainFrame 是 MFC 的 CFrameWnd 类的派生类，主要负责创建标题栏、菜单栏、工具栏和状态栏。CMainFrame 类中声明了框架窗口中的状态栏 m_wndStatusBar、工具栏 m_wndToolBar 两个数据成员和四个成员函数。

②文档类头文件。文档类的头文件 Ex_4_4Doc.h 定义了文档类 CEx_4_4Doc。文档类 CEx_4_4Doc 是 MFC 的 CDocument 类的派生类，主要负责应用程序数据的保存和装载，实现文档的序列化功能。其中 AssertValid( )函数用来检验对象的正确性与合法性，Dump( )函数来自于输出类的名称和其他数据内容。

③视图类头文件。视图类的头文件 Ex_4_4View.h 定义了视图类 CEx_4_4View。视图类 CEx_4_4View 是 MFC 的 CView 类的派生类，用来处理客户区窗口，是框架窗口的一个子窗口，主要负责客户区文档数据的显示以及如何进行人机交互。

④应用程序类头文件。应用程序类的头文件 Ex_4_4.h 定义了应用程序类 CEx_4_4App。应用程序类 CEx_4_4App 类是 MFC 的 CWinApp 类的派生类，主要负责完成应用程序的初始化、程序的启动和程序运行结束时的清理工作。

⑤资源头文件。在程序项目中，通常将一个项目的所有的资源标识符放在头文件 Resource.h 中定义，该文件用于定义项目中所有的资源标识符，这种与资源一一对应的符号，使资源能够以字符串的方式被引用，每当创建、引入一个新的资源时，系统为其提供一个默认的资源符号名称并赋给资源一个不会重复的整数值（0~32767）。

资源是 Windows 应用程序中的一些可视化的图形元素，如菜单（Menu）、工具栏（Toolbar）、快捷键（Accelerator）、光标 Cursor）、图标（Icon）、位图（Bitmap）、对话框（Dialog）等。MFC 提供了统一的标准来标识资源符号，具体如表 4-6 所示。

表 4-6　　　　　　　　　　　　MFC 中资源标识符前缀

标识符前缀	说　　明
IDR_	主菜单、工具栏、应用程序图标和快捷键表
IDD_	对话框
IDC_	控件和光标
IDS_	字符串
IDP_	提示信息对话框的字符串
ID_	菜单命令项

资源用标识符来标识。要遵循一定的规则，资源标识符命名规则为：在标识名称中允许使用字母 a~z，0~9 以及下画线；标识符名称以"ID"开头，不区分大小写；标识符名称不能以数字开头，如 3BIT 是不合法的；标识符名称字符个数不超过 247 个。

⑥标准包含头文件。标准包含头文件 StdAfx.h，该文件用来包含一般情况下需要使用且不能被修改的头文件，如 MFC 类的声明文件 afxwin.h、使用工具栏和状态栏的文件 afxext.h 等这些头文件一般都存放在路径"…\Microsoft Visual Studio\VC98\MFC\Include"下。StdAfx.h 文件和 StdAfx.cpp 文件用来生成预编译文件。

（2）应用程序向导生成的实现文件(.cpp)

在头文件中定义的类都有一个对应的实现文件。实现文件中主要定义相应成员函数的实现代码和消息映射。注意：一般不要轻易修改实现文件中以灰色字体显示的代码，因为这部分代码是通过资源编辑器或 ClassWizard 类向导进行维护的。

①框架窗口类实现文件。框架窗口类实现文件是 MainFrm.cpp，该文件主要函数如下：indicators[]数组定义状态栏窗格及显示的内容；AssertValid( )函数用来诊断 CMainFrame 对象是否有效；Dump( )函数用来输出 CMainFrame 对象的状态信息；OnCreate( )函数用来创建主框架窗口的工具栏和状态栏；PreCreateWindow( )函数用来创建一个非默认风格的窗口，在函数中通过改变 CREATESTRUCT 结构参数 cs 来改变窗口风格、窗口大小和位置等。

②文档类实现文件。文档类实现文件是 Ex_4_4Doc.cpp，该文件主要函数如下：

Serialize( )文档序列化函数主要用于对文档进行操作，负责文档数据的磁盘读写操作；OnNewDocument( )函数用来新建一个文档；在编程过程中这两个函数使用非常频繁，直接影响到应用程序处理文档的功能，应用程序需要处理的数据或数据变量，通常都是放在文档类中进行。

③视图类实现文件。视图类实现文件是 Ex_4_4View.cpp，该文件主要函数如下：

PreCreateWindow( )函数是在相应窗口创建之前被系统自动调用；GetDocument( )函数用来获取当前文档对象的指针 m_pDocument；OnDraw( )函数功能是当窗口状态或大小发生变化时重新绘制视图窗口客户区，显示文档内容。

④应用程序类实现文件。应用程序类实现文件是 Ex_4_4.cpp，该文件主要函数如下：

CAboutDlg 类的定义及其成员函数的定义都在应用程序类实现文件 CEx_3_4App.cpp 中。WinMain( )函数是 Windows 应用程序的入口函数，但是在 MFC 应用程序向导生成的应用程序框架的源代码中看不见该函数，因为它在 MFC 中已定义好并与应用程序相链接，程序通过由 MFC 定义的 WinMain( )函数取得 CEx_3_4App 类对象 thcApp 的指针，并利用该指针调用应用程序对象的成员函数。InitInstance( )函数用来对应用程序对象的初始化，当执行应用程序时，WinMain( )函数调用 InitInstance( )函数，完成相关初始化工作。

⑤标准包含实现文件。标准包含实现文件是 StdAfx.cpp，该文件包含了一些必要的头文件，如：stdafx.h、afxwin.h、afxext.h、afxdisp 和 afxcmn.h 等，StdAfx.cpp 用来生成程序项目的预编译头文件和预编译类型信息文件，提高项目的编译速度。

⑥资源文件。资源文件中主要是定义了图标（Icon）、位图（Bitmap）、工具栏（Toolbar）、菜单（Menu）、加速键（Accelerator）、对话框（Dialog）、版本信息（Version）、设计信息（Designinfo）、字符表（String Table）等资源。

通过以上程序框架分析，可以看出：微软的 MFC 应用程序框架将每个 Windows 应用程序共同需要的通用代码封装起来，程序设计人员可以利用 MFC 采用面向对象的方法，用基于 C++的语法编写程序，提高了编程效率。

如果要编写一个实现具体功能的基于 MFC 的 Windows 应用程序，一般要按如下几个步骤编写程序：

①根据程序特征利用 AppWizard 应用程序向导创建一个框架。
②利用资源编辑器为程序添加资源（菜单、对话框、控件等资源）。
③利用类向导或手工添加类、类的成员变量和类的函数。
④编写需要的代码。
⑤编译、链接程序。

4.4 消息和消息映射

Windows 应用编程是基于事件驱动的编程机制，应用程序的执行离不开事件产生的消息，消息被发送到程序窗口形成消息队列，应用程序根据消息的不同执行不同的处理过程。消息发送和消息处理的一般过程为：消息发送→消息映射→消息处理。消息可以由 Windows 系统发送，也可以由控件通知或菜单（命令）发送。消息映射就是建立消息 ID 和消息处理函数之间的连接。消息处理就是调用消息处理函数对发送的消息进行处理。

4.4.1 消息分类

Windows 应用程序的消息主要有三种，分别是窗口消息、控件通知消息、命令消息。

（1）窗口消息

该类消息的通常以 WM_作为其 ID 前缀(不包括 WM_COMMAND)，主要包括鼠标消息和键盘消息等，例如：WM_LBUTTONDOWN，WM_CHAR 等。窗口消息一般由窗口类对象或视图类对象来处理，MFC 为这些消息中的绝大部分提供了缺省的操作。

（2）控件通知消息

对控件进行操作时所引发的消息，是由控件和子窗口发送到其父窗口的 WM_COMMAND 通知消息。例如，只要编辑控件中的当前内容被改变，编辑控件就会发送一个包含该控件通知码 EN_CHANGE 的 WM_COMMAND 通知消息到其父窗口。控件通知消息一般由窗口类对象来处理，即由类 CWnd 派生的类对象来处理。

（3）命令消息

命令消息是由菜单、按钮（包括工具条）和快捷键等应用程序界面对象发送的 WM_COMMAND 通知消息。命令消息能被多种对象处理，其中包括文档、文档模板、窗口、视图和应用程序本身等对象。

4.4.2 ClassWizard 映射消息

1. 类向导

ClassWizard 类向导主要用来定制现有的类和创建新类，并将消息映射到类的成员函数。编写 Windows 应用程序时，利用 ClassWizard 类向导能够简化编程过程。

利用 MFC Wizard 应用程序向导生成应用程序框架后，程序设计人员根据编程需要，可以使用 ClassWizard 类向导以半自动化的方式在 MFC 派生类中添加消息处理成员函数和对话框控件的成员变量，也可以为程序添加新的 MFC 派生类。

在打开或创建一个项目前，"ClassWizard" 在主菜单中是不可见的，只有在打开或创建一个项目后，"ClassWizard" 才会在 "View" 菜单中出现。打开 "MFC ClassWizard" 可以使用如下两种方法：

①选择 "View/ClassWizard" 菜单命令或者直接按 "Ctrl+W" 快捷键。
②在源代码的编辑窗口单击鼠标右键，从弹出的快捷菜单中选择 "ClassWizard" 命令。

启动 "ClassWizard" 类向导后弹出对话框，如图 4-16 所示。

图 4-16 MFC ClassWizard 对话框

"ClassWizard"类向导对话框标签实现不同的功能，具体如下：

①Message Maps（消息映射）标签：处理消息映射，为消息添加或删除处理函数，查看已被处理的消息并定位消息处理函数代码。

②Member Variables（成员变量）标签：为对话框类添加或删除与控件相关联的成员变量。

③Automation（自动化）标签：提供各种特性来支持 Automation 事件，为 Automation 类增加或删除 Automation 的属性和方法。

④ActiveX Events（ActiveX 事件）标签：提供各种特性来支持 ActiveX 事件，用来增加或删除 ActiveX 事件的属性和事件响应函数。

⑤Class Info（类信息）标签：显示应用程序中所包含类的信息，允许程序设计人员创建新类。

在 MFC ClassWizard 对话框中，经常用到的是 Message Maps 标签和 Member Variables 标签，绝大多数程序代码编写都要使用这两个标签。

2. 消息映射

对于窗口消息，MFC 对其全部过程进行了封装，程序设计人员可以通过 ClassWizard 类向导来实现消息映射，并提供相应消息处理函数框架。例如，在程序项目 Ex_4_4 中添加 WM_LBUTTONDOWN（按下鼠标左键）消息映射，操作步骤如下：

①按"Ctrl+W"快捷键打开"MFC ClassWizard"对话框，选择"Message Maps"标签。

②在"Class name"组合框中，选择"CEx_4_4View"。

③在"Object IDs"列表框中选定"CEx_4_4View"，在"Messages"列表框中选定"WM_LBUTTONDOWN"消息。

④双击"Messages"列表框中的"WM_LBUTTONDOWN"消息或单击"Add Function"按钮，就会在"CEx_4_4View"类中添加"WM_LBUTTONDOWN"消息的映射函数 OnLButtonDown 函数，同时"Member functions"列表框中显示该消息和消息的映射函数。其结果如图 4-17 所示。

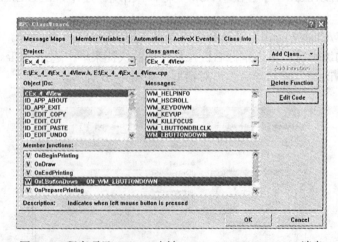

图 4-17　程序项目 Ex_4_4 映射 WM_LBUTTONDOWN 消息

⑤单击"Edit Code"按钮，"ClassWizard"对话框关闭，光标并定位于视图类 CEx_4_4View 中 OnLButtonDown 函数源代码处。在光标所在处添加如下代码：

```
void CEx_4_4View::OnLButtonDown(UINT nFlags, CPoint point)
{
    // TODO: Add your message handler code here and/or call default
    MessageBox("Hello, the world!","Hello",MB_OK);        //添加的代码
    CView::OnLButtonDown(nFlags, point);
}
```

编译链接运行，在窗口客户区单击鼠标左键弹出"Hello, the world!"消息框。如图4-18所示。

图4-18 弹出"Hello, the world!"消息框

此时，打开程序项目 Ex_4_4 中的视图类 CEx_4_4View 的头文件 Ex_4_4View.h，在代码编辑区中可以看到ClassWizard类向导已经自动地为WM_LBUTTONDOWN消息映射声明了消息处理函数 OnLButtonDown( )，具体如下：

……

protected:
//{{AFX_MSG(CEx_4_4View)
afx_msg void OnLButtonDown(UINT nFlags, CPoint point);   //声明语句
//}}AFX_MSG
DECLARE_MESSAGE_MAP( )

……

同时，在视图类 CEx_4_4View 的实现文件 Ex_4_4View.cpp 的前面消息映射中间，ClassWizard 添加了消息映射宏如下：

……

BEGIN_MESSAGE_MAP(CEx_4_4View, CView)
    //{{AFX_MSG_MAP(CEx_4_4View)
    ON_WM_LBUTTONDOWN( )   //消息映射宏
    //}}AFX_MSG_MAP
END_MESSAGE_MAP( )

……

同样，在视图类 CEx_4_4View 的实现文件 Ex_4_4View.cpp 中 ClassWizard 还添加了一个

空的消息处理函数的框架，便于添加函数代码：
......
void CEx_4_4View::OnLButtonDown(UINT nFlags, CPoint point)
{
    // TODO: Add your message handler code here and/or call default
    CView::OnLButtonDown(nFlags, point);
}
......

如果要删除指定的消息映射函数，则必须要按照如下步骤来进行：

① Ctrl+W 快捷键打开 MFC ClassWizard 对话框，在对话框的 Member functions 列表框中选定要删除的消息映射函数。

② 单击 Delete Function 按钮，关闭 ClassWizard 对话框。

③ 在该消息映射函数所在类的实现文件.cpp 中将该消息映射函数的定义部分全部删除。通过鼠标选中删除的代码部分，按键盘上的 Delete 键即可完成删除。

3. 鼠标消息

在 Windows 环境下，鼠标是一个非常重要的输入设备。用户通过对鼠标的操作可以方便、快捷地实现与程序对象的交互，例如，使用鼠标单击对象、双击对象、移动对象窗口等。系统回应鼠标操作，将产生相应的标准 Windows 消息，这些消息按照鼠标动作发生区域可以分为两类：客户区鼠标消息和非客户区鼠标消息。

（1）客户区鼠标消息

当鼠标光标位于程序窗口的客户区时产生的鼠标消息称为客户区鼠标消息。例如，用户在客户区域移动鼠标、单击鼠标等。事实上 Windows 系统每隔一秒钟发出一个鼠标消息，并不是对鼠标移过的每个像素点都产生消息。Windows 的客户区鼠标消息有十种，如表 4-7 所示。

表 4-7   Windows 客户区鼠标消息

客户区鼠标消息	含 义	客户区鼠标消息	含 义
WM_MOUSEMOVE	鼠标移动	WM_RBUTTONDBCLK	鼠标右键双击
WM_LBUTTONUP	鼠标左键释放	WM_RBUTTONDOWN	鼠标右键按下
WM_LBUTTONDBCLK	鼠标左键双击	WM_MBUTTONUP	鼠标中键释放
WM_LBUTTONDOWN	鼠标左键按下	WM_MBUTTONDBCLK	鼠标中键双击
WM_RBUTTONUP	鼠标右键释放	WM_MBUTTONDOWN	鼠标中键按下

表 4-7 中客户区鼠标消息主要的对应消息处理函数如下：
afx_msg void OnMouseMove(UINT nFlags, CPoint point);
afx_msg void OnLButtonDown(UINT nFlags, CPoint point);
afx_msg void OnRButtonDown(UINT nFlags, CPoint point);
afx_msg void OnMButtonDown(UINT nFlags, CPoint point);
其中，参数 point 是一个 CPoint 对象，它以(point.x，point.y)的形式存储鼠标单击的坐标位置。参数 nFlags 用来描述鼠标按钮和键盘上 Shift 键和 Ctrl 键的组合状态，其取值如表 4-8 所示。

若想确定鼠标按下时，表 4-8 所示参数与其对应键的状态，可以通过相应参数与 nFlags 作按位与(&)运算，所得结果若为非零值，则表示按下该键。

例如：
……
if(nFlags&MK_CONTROL)　MessageBox("Ctrl 键按下");
else　MessageBox("Ctrl 键没有按下");
……

表 4-8　　　　　　　　　　　　　　参数 nFlags 取值表

nFlags 值	含　义
MK_CONTROL	Ctrl 键按下
MK_LBUTTON	鼠标左键按下，同 WM_LBUTTONDOWN
MK_MBUTTON	鼠标中键按下，同 WM_MBUTTONDOWN
MK_RBUTTON	鼠标右键按下，同 WM_RBUTTONDOWN
MK_SHIFT	Shift 键按下

（2）非客户区鼠标消息

当鼠标光标位于程序窗口的非客户区时产生的鼠标消息称为非客户区鼠标消息。例如，鼠标单击窗口的标题栏、最大化或最小化按钮、关闭窗口按钮、系统菜单等。非客户区鼠标消息虽然使用不频繁，但在 Windows 环境下对程序窗口管理是非常有用的。

4.5　Visual C++常用操作

4.5.1　类的添加和删除

1. 添加类

使用 MFC ClassWizard 类向导对话框可以为应用程序项目添加新的类，所添加的新类是从 MFC 类库中派生的，并且新类的代码中自动包含 MFC 所必需的消息或消息映射机制。使用 MFC ClassWizard 类向导对话框为项目添加新类的步骤如下：

①按 "Ctrl+W" 快捷键打开 "MFC ClassWizard" 对话框。单击 "Add Class" 按钮，从弹出的下拉按钮中选择 "New" 命令，弹出 "NewClass" 对话框。如图 4-19 所示。

②在 "NewClass" 对话框中，"Name" 编辑框用来输入添加新类的类名，类名以 "C" 开头；"FileName" 编辑框中将显示添加类的实现文件名，单击 "Change" 按钮可以改变实现文件名及其路径；在 "Base class" 列表框中指定添加的基类；在 Dialog ID 列表框选择基类是 CDialog 时指定对话框的资源 ID 号。在 Automation 分组框中设置新类对自动化的支持。

③单击 "OK" 按钮，此时，程序项目中添加了一个新类。

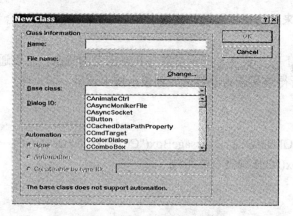

图 4-19 NewClass 对话框

【注意】执行 Insert/New Class 菜单命令也可以添加一个新类，但系统不会生成新类对应的头文件和实现文件。

2. 删除类

Visual C++没有提供直接的方法来删除一个已经定义的类。通常情况下，一个类由一个头文件和一个实现文件来定义，如果要删除一个类，首先应退出类向导，然后利用 Windows 资源管理器将这两个文件删除或移到其他路径。

如果需要删除一个新添加的类，可以按照如下步骤操作：

①单击项目工作区窗口中"FileView"选项卡，展开"Source Files"和"Header Files"文件夹。分别选定要删除类的实现文件和头文件。

②选择"File/Close Workspace"菜单项命令，关闭整个程序项目。

③从项目存放的实际文件夹中删除对应的头文件（.h）、实现文件（.cpp）和类向导文件（.clw）。

④选择"File/Open Workspace"菜单项命令，重新打开项目。

4.5.2 类成员函数和变量的添加

1. 添加类的成员函数

以 Ex_4_4View 类添加一个成员函数 void Demo(int nDemo)为例说明其操作：

①将项目工作区窗口切换到 ClassView 页面，右击"CEx_4_4View"类名，弹出相应的快捷菜单。如图 4-20 所示。

②从弹出的快捷菜单中选择"Add Member Function"选项，弹出"Add Member Function"对话框。在函数类型（Function Type）框中输入 void，在函数声明（Function Declaration）框中输入 Demo(int nDemo)，选中"Access"框内成员函数的访问方式。如图 4-21 所示。

③单击"OK"，光标自动定位到添加函数实现代码处，用户可以添加该函数的代码。

2. 添加类的成员变量

操作步骤同添加类的成员函数相同，从图 4-20 的快捷菜单中选择"Add Member Variable"，弹出"Add Member Variable"对话框。在变量类型（Variable Type）框中输入 int，在变量名称（Variable Name）框中输入 m_nDe，选中"Access"框内成员变量的访问方式。结果如图 4-22 所示。

有些数据类型的成员变量添加后,系统自动会为其设定初值。成员变量的添加也可在类的声明文件(.h)中直接添加。

图 4-20　快捷菜单　　　图 4-21　添加成员函数　　　图 4-22　添加成员变量

4.5.3　文件打开和成员定位

在 ClassView 页面中,每个类名前有一个图标和一个符号"+",双击类名,则直接打开并显示类定义的头文件(.h);单击符号"+",则会显示该类中的成员函数和成员变量,双击成员函数,则直接打开源文件(.cpp)并显示相应函数体代码,双击成员变量,则直接打开类的头文件并显示该成员变量的定义。

在 CEx_4_4View 构造函数处,将指针变量 m_nDemo 初值设为 NULL。

①将项目工作区窗口切换到 ClassView 页面。单击 CEx_4_4View 类前面的"+",展开该类的所有节点,双击与 CEx_4_4View 类同名的节点,即构造函数。

②光标自动定义到 CEx_4_4View 构造函数处,在该函数中添加如下代码:

```
CEx_4_4View::CEx_4_4View( )
{
    m_nDe=0;
}
```

打开文件最简单的方法是将项目工作区切换到"FileView"页面,然后展开所有节点,双击文件名,即可打开该文件。

4.5.4　使用向导工具栏

类向导工具栏(WizardBar)由三个组合框和一个控制按钮组成,如图 4-23 所示。在程序编写和调试过程中,用户可以方便地进行类操作。表 4-9 列出了相关组合框与命令按钮及其功能。

图 4-23　WizardBar 工具栏

表 4-9　　　　　　　　　　　WizardBar 工具栏命令按钮功能

组合框/命令按钮	功能
WizardBar C++ Class	类的列表框，选择激活类
WizardBar C++ Filter	选择相应类的资源标识
WizardBar C++ Members	类的成员函数列表
WizardBar C++ Actions	执行 Members 选择的命令项

另外，Actions 命令控件由一个按钮和一个下拉菜单组成，该下拉菜单的命令如图 4-23 所示，其功能如表 4-10 所示。单击"Actions"按钮可以将光标移到指定类成员函数相应源文件的声明和定义的位置处。

表 4-10　　　　　　　　　　　WizardBar 快捷菜单功能

命令按钮	功能
Go To Function Declarstion	将光标定位于成员函数在头文件中的声明处
Go To Function Definition	将光标定位于成员函数在实现文件中的定义处
Add Member Function	增加相应的成员函数
Delete	删除相应的成员函数
Go To Class Definition	将光标定位于类的定义处
New Class	创建一个新类
Go To Next Function	将光标定位于下一个成员函数的声明处
Go To Previous Function	将光标定位于前一个成员函数的声明处
Open Include File	选择打开文件所包括的相应头文件
WizardBar Help	启动 WizardBar 的联机帮助

4.6　对话框的使用

在 Windows 应用程序中，对话框的使用非常广泛，在打开文件、查询以及其他数据交换时都会用到。从最简单的消息框，到复杂的数据处理框，都可以用对话框来完成。其实对话框是一个真正的窗口，它不但可以接受消息，而且可以被移动、关闭，甚至可以在它的客户区中进行绘图操作。而且，在设计时可以把控件直接放到对话框上以实现各种操作。

对话框本身是一个弹出式窗口，其作用是提供显示相关信息、接收用户的输入数据及某些按钮响应。从外观上看，对话框不像普通窗口一样带有常规的菜单栏，工具栏、文档窗口和状态栏。一个对话框通常是由灰色背景构成，上面嵌入若干控件来响应用户的某些操作。如图 4-24 所示的就是一个典型的对话框，可以用来实现用户对学生信息的交互操作。也有如图 4-25 所示的音乐播放器页面的对话框，能有效影响用户操作，进行多媒体文件的播放。

第4章 对 话 框

图 4-24 学生信息对话框

图 4-25 音乐播放器对话框

4.6.1 对话框的概述

对话框通常由对话框模板和对话框类组成。其中,对话框模板用来定义对话框的特性(如对话框的大小、位置和风格)及对话框控件的位置和类型;对话框类用来对对话框资源进行管理,提供编程接口。

CDialog 类是从 CWnd 类派生出来的,继承了 CWnd 类的成员函数,具有 CWnd 类的基本功能。用户在程序中创建的对话框类一般都是 CDialog 类的派生类,CDialog 类程序中所有新建对话框类的基类。表 4-11 列出了 CDialog 类中经常使用的成员函数,用户可以在 CDialog 类的派生类中直接调用这些函数。

在 MFC 中有些函数专为管理对话框而设计,利用这些函数可以方便地存取对话框内部控制项内容和状态,充分发挥对话框的功能。

表 4-11　　　　　　　　　　CDialog 类的常用成员函数

成员函数	函 数 功 能
CDialog::CDialog( )	调用派生类构造函数,根据对话框资源模板定义一个对话框
CDialog::DoModal( )	创建模态对话框,显示对话框窗口
CDialog::Create( )	根据对话框资源模板创建非模态对话框窗口
CDialog::OnOk( )	单击 OK 按钮调用该函数,接受对话框输入的数据,关闭对话框
CDialog::OnCancel( )	单击 Cancel 按钮或 Esc 按钮调用该函数,不接受对话框输入的数据,关闭对话框
CDialog::OnInitDialog( )	WM_INITDIALOG 的消息处理函数,在调用 DoModal( )或 Create( )函数时发送 WM_INITDIALOG 消息,在显示对话框前调用该函数进行初始化工作
CDialog::EndDialog( )	关闭模态对话框窗口
CDialog::ShowDialog( )	显示或隐藏对话框窗口
CDialog::DestroyWindow( )	关闭非模态对话框窗口
CDialog::UpdateData( )	通过调用 DoDataExchange( )设置或获取对话框控件的数据
CDialog::DoDataExchange( )	被 UpdateData( )调用以实现对话框数据交换

续表

成员函数	函数功能
CDialog::GetWindowText( )	获取对话框窗口的标题
CDialog::SetWindowText( )	设置对话框窗口的标题
CDialog::GetDlgItemText( )	获取对话框中控件的文本
CDialog::SetDlgItemText( )	设置对话框中控件的文本
CDialog::GetDlgItem( )	获取控件或子窗口的指针
CDialog::MoveWindow( )	移动对话框窗口
CDialog::EnableWindow( )	禁用对话框窗口

4.6.2 创建基于对话框的应用程序

利用 MFC AppWizard 应用程序向导，创建一个基于对话框的应用程序。一般来说，如果要创建的程序不含有复杂的菜单操作，只需要实现简单的功能，就可以用对话框作为程序的主窗口。

【例 4.5】创建一个基于对话框的应用程序，单击"测试"按钮弹出一个消息对话框。程序运行结果如图 4-26 所示。

图 4-26　程序运行结果

创建一个基于对话框的应用程序，具体步骤如下：

①进入 Visual C++编程环境，选择"File/New"菜单命令，打开"New"对话框，选择"Projects"标签下的"MFC AppWizard[exe]"选项，在"Project Name"编辑框中输入相应程序项目名称 HelloDialog，在"Location"编辑框中输入相应的文件名和文件路径，单击"OK"按钮。

②在"MFC AppWizard-Step1"向导页上选择基于对话框(Dialog base)的选项，其他向导页采用默认值设置并确定。生成对话框模板的应用程序窗口如图 4-27 所示。

第4章 对话框

图4-27 对话框的应用程序窗口

③使用"Ctrl+F5"可编译/链接/运行该项目显示一个空白的,无任何功能的项目。

如果要设计对话框,就要添加控件工具栏上的控件,最后添加相应的具体程序代码。图4-28列出了控件工具栏中的各个按钮所对应的控件类型。

图4-28 控件工具栏及控件说明

4.6.3 对话框编辑器的使用

Visual C++6.0提供了专门的对话框编辑器,能够快速地设计、创建对话框资源。用户可以方便地通过对话框编辑器中的快捷工具在对话框模板界面上添加、删除控件,调整控件大小、位置,设计出需要的对话框界面。

1. 添加控件

在对话框模板应用程序窗口中,使用控件工具栏和布局工具栏,向对话框添加和布局控件,并设置对话框的属性。在例4.5对话框模板应用程序窗口中,单击控件工具栏按钮控件,并按住鼠标键不放,拖到对话框模板中。在对话框内按住鼠标左键不放,拖出一个虚线框,包含三个按钮,然后释放,如图4-29所示。单击控件布局工具栏中的""按钮,使其大小一致。选"Layout"下的"Test"命令或布局工具栏上的测试按

钮"🖱"用来模拟所编辑的对话框的运行效果。设定控件的Tab键次序,选"Layout|Tab Order"菜单,按新的次序单击各个控件,最后按回车键,得到重新排列后的布局。

【注意】工具栏具有"浮动"与"停泊"功能,可以将其拖到指定位置,如图4-28所示的控件工具栏消失了,在标题栏单击鼠标右键弹出快捷菜单选中"Controls",控件工具栏就会重现。

2. 设置控件属性

用鼠标右击例4.5对话框模板中的"Button1"按钮打开属性对话框,从弹出的快捷菜单中选取"Properties"命令。默认的是"General"标签,设置按钮ID为"IDC_BUTTONTEST",标题Caption为"测试(&T)",Alt+T为选中按钮的快捷键,其他为默认值,如图4-30所示。关闭属性对话框。每个控件都是对话框资源,都应有相应的ID标识。

图4-29 添加按钮控件

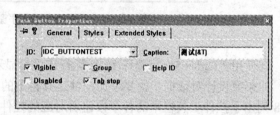

图4-30 控件属性对话框

3. 建立消息映射(Message Map)

在"测试(&T)"按钮上双击建立消息映射函数,处理鼠标的单击事件,如图4-31所示。单击"OK",进入消息映射函数代码编辑窗口。如图4-32所示。Class Wizard在HelloDialogDlg.h文件中增加了消息映射函数的声明void OnButtontest( ),在HelloDialogDlg.cpp文件中增加了函数的定义void CHelloDialogDlg::OnButtontest( ){}。

图4-31 添加消息映射函数

图4-32 代码编辑窗口

4. 为控件添加代码

在CHelloDialogDlg::OnButtontest( )函数中添加如下代码。

void CHelloDialogDlg::OnButtontest( )
{ //只添加此代码,函数定义自动生成

```
MessageBox("你的成绩为优秀！","测试",MB_YESNO);
}
```
5. 编译并运行程序

运行程序结果如图 4-26 所示。当用户单击"测试"按钮时，弹出消息对话框。

4.6.4 添加并使用对话框

例 4.5 用 MFC AppWizard 可以方便地创建一个通用的对话框应用程序框架。现在以单文档应用程序为例说明添加对话框资源的应用过程。

【例 4.6】创建一个单文档应用程序，并添加对话框资源。运行程序时弹出对话框如图 4-33 所示。当单击 Button1 按钮时替换编辑框的内容，单击 Button2 按钮时，弹出消息对话框。

图 4-33 运行结果对话框

1. 创建一个基于单文档的应用程序

具体步骤如下：

①进入 Visual C++编程环境，选择"File/New"菜单命令，打开"New"对话框，选择"Projects"标签下的"MFC AppWizard[exe]"选项，在"Project Name"编辑框中输入相应程序项目名称 SdiAddDialog，在"Location"编辑框中输入相应的文件名和文件路径，单击"OK"按钮。

②在"MFC AppWizard-Step1"向导页上选择基于单文档的选项，其他向导页采用默认值设置并确定。生成单文档应用程序。

2. 添加对话框资源

在工作区窗口中，选择"Resource View"页面，选择"Insert/Resource"菜单命令（或按快捷键"Ctrl+R"），弹出插入资源对话框（Insert Resource），单击"Dialog"项左边的"+"号，显示对话框资源不同类型选项，如图 4-34 所示。表 4-12 列出了不同 ID 号的各种对话框资源的类型及用途。

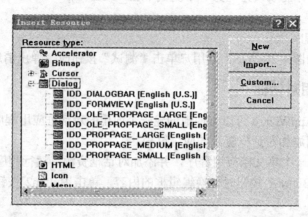

图 4-34 插入对话框资源框

表 4-12　　　　　　　　　　　　　对话框资源类型

资源号	类　　型
IDD_DIALOGBAR	和工具栏放在一起的对话框
IDD_FORMVIEW	表格风格的对话框，用于非模态对话框
IDD_OLE_PROPPAGE_LARGE	较大的 OLE 属性页
IDD_OLE_PROPPAGE_SMALL	较小的 OLE 属性页
IDD_PROPPAGE_LARGE	用于属性对话框的较大属性页
IDD_PROPPAGE_MEDIUM	用于属性对话框的中等大小属性页
IDD_PROPPAGE_SMALL	用于属性对话框的较小属性页

如果对不同类型的对话框资源不做任何选择，单击"New"按钮，系统将自动为当前应用程序添加一个对话框资源，并采用默认的 ID 标识（第一次为 IDD_DIALOG1，以后每次依次为 IDD_DIALOG2，IDD_DIALOG3，…）。这些对话框的默认标题为 Dialog，都带有默认的"OK"按钮和"Cancel"按钮。

3. 设置对话框的属性

对话框属性主要涉及对话框外观布局，除了常用的属性放在 General 标签中，还有一些其他的扩展属性。一般采用以下两种方式来打开属性对话框（Dialog Properties），调整对话框的相关属性。

①按"Alt + Enter"组合键，弹出"Dialog Properties"对话框。

②在对话框模板的非控件区域单击鼠标右键，在快捷菜单中选择"Properties"（属性）命令项。对话框属性的默认显示是 General 标签，如图 4-35 所示。表 4-13 列出了对话框 General 标签中的具体属性的含义。

将对话框属性 ID 设置为 IDD_DIALOG_REPLACE，标题 Caption 设置为"替换对话框"，单击字体"Font"按钮，在弹出的字体对话框中设置文本为"宋体，9"。如图 4-36 所示。

图 4-35 对话框属性对话框   图 4-36 对话框属性设置

表 4-13　　　　　　　　　　　对话框的 General 属性

选 项	含 义
ID	对话框 ID 标识名，MFC 类库中约定对话框以 IDD_开头
Caption	对话框标题名称
Font	对话框中的字体名及字号大小
X pos/Y pos	对话框相对于父窗口的坐标位置，取默认值 0 时代表居中
Menu	当对话框需要菜单时，输入指定的菜单资源。默认值为无
Class name	提供 C/C++编程时所需要的对话框类名。默认值为无

4. 为对话框添加并布局控件

如果在对话框模板上增设控件，应选择控件工具栏中的按钮控件，拖动到对话框模板上合适的位置，如图 4-37 所示添加控件并布局，其中有两个 Button 按钮和一个编辑框 Edit，属性使用默认值。

图 4-37 添加控件的对话框模板

5. 创建一个对话框类

应用程序中使用的对话框类都是 CDialog 类的一个实际派生类，用户可以利用其继承关系，通过使用 CDialog 类的成员函数对实际的对话框进行管理。
一般采用以下三种方式来打开 ClassWizard（类向导）界面：
①按 "Ctrl +W" 键。
②单击 "View/ ClassWizard（类向导）" 菜单命令。
③鼠标右击对话框模板的非控件区，在弹出的快捷菜单中选择 "ClassWizard"（类向导）菜单命令。
打开 ClassWizard（类向导），在弹出的 "Adding a Class"（添加类）对话框中选择 "Create a new class" 选项，单击 "OK" 按钮后，显示 New Class（新建类）对话框。如图 4-38 所示。

图 4-38　New Class（新建类）对话框

在 New Class（新建类）对话框中，用户可以在 Name 输入框中输入将要使用的对话框类名（CReplaceDlg），Base Class 输入框和 Dialog ID 输入框的值由系统自动提供，一般不作更改，其他设置采用系统默认值。最后，单击"OK"按钮确认。

6. 添加消息映射

在 Windows 的使用控件编程中，必须事先设定对话框中各控件的消息处理方式，用户可以向控件发送消息来完成指定的任务，也可以根据控件产生的消息执行相应的程序代码，为控件添加消息一般操作步骤如下：

①打开"MFC ClassWizard"（MFC 类向导）对话框，如图 4-39 所示。

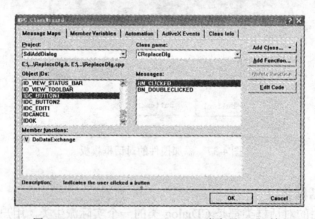

图 4-39　MFC ClassWizard（MFC 类向导）对话框

②选择"Message Maps"标签，从"Class Name"列表框中选择 CReplaceDlg 类。
③在"Object IDs"列表框中选择产生消息的控件 ID，例如选择 IDC_BUTTON1。
④在"Messages"消息框中选择消息响应方式，例如选择 BN_CLICKED 单击消息。
⑤单击"Add Function"按钮，创建相应成员函数。
⑥选定"Member functions"列表框中的映射的成员函数，单击"Edit Code"按钮，在成员函数模板中添加程序代码。

按上述步骤为 IDC_BUTTON2 添加消息映射函数。

【注意】不同控件的消息是不同的，用户不需要对 OK 按钮和 Cancel 按钮进行消息映射，因为系统能自动地设置这两个按钮的动作。

7. 控件的数据交换和数据验证

为了能让用户直接有效地使用每一个控件，MFC 提供了专门的数据交换（DDX）和数据验证（DDV）。其中，DDX 用于初始化对话框中的控件，获取用户的数据输入，其特点是将数据成员变量同相关控件相连接，实现数据在控件之间的传递；DDV 用于验证数据输入的有效性，其特点是自动验证数据成员变量的类型和数值的范围，并发出相应的警告。使用 MFC ClassWizard（MFC 类向导）可以直接定义一个控件的成员变量类型及其数据范围。

对话框中控件就是一个对象，对控件的操作实际上是通过该控件所属类库中的成员函数来实现的。如果在对话框中要实现数据在不同控件对象之间传递，应通过其相应的成员变量完成，因此，应先为该控件添加成员变量。例如为 CReplaceDlg 类的按钮控件添加成员变量 m_Edit1，其步骤如下：

①打开"MFC ClassWizard"（MFC 类向导）对话框，如图 4-39 所示。

②选择"MemberVariables"标签，在"Class Name"列表框中选择 CReplaceDlg 类，在 Control IDs 列表框中选择要关联的控件 ID 为 IDC_EDIT1，如图 4-40 所示。

图 4-40 Member Variables 标签对话框

③单击"Add Variable"按钮，显示"Add Member Variable"对话框，如图 4-41 所示。

图 4-41 Add Member Variable 对话框

在"Member Variable Name"输入框中填写与控件相关联成员变量 m_Edit1,在"Category"框中选择"Control","Variable Type"自动显示为 CEdit。单击"OK"按钮确定。

【注意】对大多数控件而言,在 Category 框内可以选择 Value 或 Control 类型。其中,Control 对应的变量类型为 MFC 控件类,Value 对应的变量类型为数值型。

8. 为控件添加代码

查看 MFC 为用户添加的对话框派生类 CReplaceDlg 的程序代码,发现 MFC ClassWizard(MFC 类向导)自动为对话框中的各控件添加以下程序代码:

① 在头文件 ReplaceDlg.h 中分别声明了各控件的消息处理函数 OnButton1( )和 OnButton2( ),具体代码如下:

```
class CReplaceDlg : public CDialog
{
    ⋮    ⋮    ⋮
protected:
    //{{AFX_MSG(CReplaceDlg)
    afx_msg void OnButton1( );
    afx_msg void OnButton2( );
    //}}AFX_MSG
    DECLARE_MESSAGE_MAP( )
};
```

② 在 ReplaceDlg.cpp 文件开头部分的消息映射入口,添加了相应的消息映射宏,具体代码如下:

```
BEGIN_MESSAGE_MAP(CReplaceDlg, CDialog)
    //{{AFX_MSG_MAP(CReplaceDlg)
    ON_BN_CLICKED(IDC_BUTTON1, OnButton1)
    ON_BN_CLICKED(IDC_BUTTON2, OnButton2)
    //}}AFX_MSG_MAP
END_MESSAGE_MAP( )
```

③ 在 ReplaceDlg.cpp 文件中分别写入了空的消息处理函数模板,便于用户填写相应的程序代码,具体代码如下:

```
void CReplaceDlg::OnButton1( )
{
    // TODO: Add your control notification handler code here
}
void CReplaceDlg::OnButton2( )
{
    // TODO: Add your control notification handler code here
}
```

用户可以在上述的消息处理函数体中添加一些程序代码,完善消息处理函数功能。例如:

```
void CReplaceDlg::OnButton1( )
{// TODO: Add your control notification handler code here
        m_Edit1.SetSel (0, 1) ;                    //选中编辑框中所有内容
        m_Edit1.ReplaceSel ("Hello Dialog!") ;     //将编辑框内容替换为"Hello Dialog!"
}
void CReplaceDlg::OnButton2( )
{// TODO: Add your control notification handler code here
        MessageBox ("Hello Dialog!") ;             //弹出消息对话框
}
```

9. 对话框的调用

①对话框可以通过主框架窗口调用，对话框之间也可以相互调用。例如，用户可以直接利用主框架窗口应用程序初始化函数 InitInstance( )调用对话框，也可以通过下拉菜单的命令项调用对话框。

利用 CSdiAddDialogApp 类的初始化函数 InitInstance( )调用对话框，具体操作如下：

用户在 SdiAddDialog.cpp 文件的 InitInstance( )初始化函数体的"return TRUE;"语句之前加入以下代码：

```
    CReplaceDlg d;
    d.DoModal( );
```

并在 SdiAddDialog.cpp 文件的前面，加入包含 CReplaceDlg 类的头文件：
 #include "ReplaceDlg.h"，将创建的对话框类包含进来。

编译并运行程序，在出现的单文档应用程序中显示用户设计的对话框如图 4-33 所示。单击"Button1"按钮，替换的内容在编辑框中显示，单击"Button2"按钮，弹出消息一个消息对话框。

②对话框还可以通过菜单命令调用，具体操作如下：

• 选择"ResourceView"页面，双击 Menu 下的 IDR_MAINFRAME，打开菜单编辑器窗口，在"查看"菜单下添加"调用对话框"菜单，ID 为 ID_VIEW_DLG。选定"调用对话框"菜单命令项，单击鼠标右键，在快捷菜单中选择"ClassWizard"命令项，打开"MFC ClassWizard"（MFC 类向导）对话框。

• 在"Class Name"列表框中选择"CMainFrame"类，在"Control IDs"列表框中选择要关联的菜单命令项 ID_VIEW_DLG。

• 在"Message"消息框中选择消息响应方式 COMMAND。

• 单击"Add Function"按钮，创建相应成员函数。

• 选定"Member functions"列表框中的相应成员函数，单击"Edit Code"按钮，在成员函数模板中添加以下程序代码：

```
    CReplaceDlg d;
    d.DoModal( );
```

并在 MainFrame.cpp 文件的前面加入包含 CReplaceDlg 类的头文件：#include "ReplaceDlg.h"，将创建的对话框类包含进来。

编译运行程序。在单文档应用程序窗口中，关闭初始化时弹出的对话框，单击"查看/调用对话框"菜单命令，弹出对话框。对话框实现的功能与前面相同。

其中，在文档类、视图类、框架窗口类以及程序项目其他类中都会自动包含所添加的对话框文件。

【例 4.7】在单文档应用程序中选择菜单项命令弹出一个对话框，在对话框的编辑框中输入文本和显示文本的坐标，单击"OK"按钮，文本在客户区指定位置显示，运行效果如图 4-42 所示。

图 4-42 程序运行界面

实现步骤如下：

① 通过"MFC AppWizard"应用程序向导生成单文档应用程序 SdiMenuAdd。

② 添加一个新的对话框资源。选择"Resource View"页面，选择"Insert/Resource"菜单命令（或按快捷键"Ctrl+R"），弹出插入资源对话框（Insert Resource），选中"Dialog"，单击"New"按钮，系统自动添加一个对话框资源，打开属性对话框修改 ID 为 IDD_DIALOG_MENU。添加如图 4-42 所示的控件，设置控件的属性见表 4-14。

③ 单击"ClassWizard"类向导创建一个新类 CStringDlg，并为三个编辑框控件添加变量，如表 4-14 所示。

表 4-14　　　　　　　　　　　　　控件的属性设置

控件名称	控件 ID	变量类型	变量名	Caption
静态文本	IDC_STATIC	-	-	String
静态文本	IDC_STATIC	-	-	X
静态文本	IDC_STATIC	-	-	Y
编辑框	ID_STRING	CString	m_strText	
编辑框	ID_XPOS	int	m_xPos	
编辑框	ID_YPOS	int	m_yPos	

④ 在 CSdiMenuAddDoc 文档类中添加以下三个公有成员变量：

　　int m_x;
　　int m_y;

CString m_Text;

⑤添加一个菜单项。选择"Resource View"页面,单击"Menu",双击"IDR_MAINFRAME",弹出如图 4-43 所示的菜单编辑器。在主菜单栏的空白框中添加主菜单标题为 TestDialog,其他为默认值。添加子菜单标题为 ShowText,ID 为 ID_SHOWTEXT,其他为默认值。

图 4-43 菜单项的添加

⑥在 CSdiMenuAddView 视图类中,对 ID 为 ID_SHOWTEXT 菜单项添加消息(COMMAND)进行映射,并编写代码如下:

```
void CSdiMenuAddView::OnShowtext( )
{    // TODO: Add your command handler code here
    CSdiMenuAddDoc *pDoc=GetDocument( );
    ASSERT_VALID(pDoc);
    CStringDlg stdlg;                              //声明 CStringDlg 类对象
    stdlg.m_strText=_T("please input the showed text..."); //对话框中的文本编辑框赋初值
    if((stdlg.DoModal( ))!=IDOK)                   //DoModal( )为对话框打开函数
        return;
    else
    {                                              //利用对话框中的数据更新文档的数据
        pDoc->m_Text=stdlg.m_strText;
        pDoc->m_x=stdlg.m_xPos;
        pDoc->m_y=stdlg.m_yPos;
    }
    Invalidate( );                                 //强制视图更新
}
```

⑦对新建对话框 CStringDlg 中的"OK"按钮,添加单击 BN_CLICKED 的消息映射函数,并添加代码如下:

```
void CStringDlg::OnOK( )
{
    //将对话框中控件上的内容传给关联的成员变量
    UpdateData(TRUE);
    CDialog::OnOK( );
```

⑧在视图类 CSdiMenuAddView 的 OnDraw( )函数中添加代码,实现在指定坐标位置显示编辑框中输入的字符串内容。

```
void CSdiMenuAddView::OnDraw(CDC* pDC)
{
    // TODO: add draw code for native data here
    //指定坐标位置显示编辑框中输入的字符串内容
    pDC->TextOut(pDoc->m_x,pDoc->m_y,pDoc->m_Text);
}
```

⑨编译并运行程序,结果如图 4-42 所示。当用户单击"TestDialog/ShowText"菜单,弹出对话框,输入显示字符串和坐标,单击"OK"按钮,在指定的坐标位置显示字符串。

在上面的例题中使用到了一种小型的提示对话框,这种小型的提示信息对话框称为消息框。

4.6.5 模式对话框和非模式对话框

对话框按其动作模式分为模式对话框和非模式对话框两种。它们都由 CDialog 类管理,也叫做模态对话框和非模态对话框。

模式对话框是最常用的对话框,当此对话框出现时,其父窗口将暂时失效,系统要求用户必须在该对话框中进行相应操作,不允许用户在关闭该对话框之前切换到应用程序的其他窗口。只有将该对话框内的消息响应处理完毕后,才使父窗口或其他窗口获得相应控制权。也就是说,在关闭这个对话框之前不能处理对话框以外的事情。如打开文件对话框。模式对话框拥有自己的消息循环,所有在对话框中响应的消息都不会传送到主窗口的消息循环队列中。大多数基于 Windows 的对话框都属于模式对话框。

非模式对话框与模式对话框刚好相反,当非模式对话框出现时,并不影响用户对其父窗口或其他窗口的操作,此时的父窗口不会失效,用户可在该对话框与应用程序其他窗口之间切换,因此也称为并存式对话框。非模式对话框是指对话框可以一直出现在屏幕上,随时可用,并且允许应用程序处理对话框以外的用户事件。非模式对话框可以从 WinMain( )函数的消息循环中接收输入的信息。

当模式对话框被打开后,对话框就接管掌握了父窗口的输入控制权,只有当关闭了该对话框,对话框才会把控制权交还给父窗口。而非模式对话框则与其父窗口共享控制权,所以用户可以在主窗口和对话框之间来回切换。

根据对话框的特点,模式对话框通常被用来作为数据输入,如常见的打开文件对话框、存储文件对话框、显示程序信息的 MessageBox 对话框等;而非模式对话框常用来提供更多的选择功能,如工具箱、调色板等。

模式对话框的显示主要通过调用 DoModal( )函数来实现,而非模式对话框的显示通过调用 Create( )函数来实现。

【例 4.8】创建一个单文档应用程序,在客户区中,当用户在客户区单击鼠标左键时,弹出模式对话框,当用户单击鼠标右键时,弹出一个非模式对话框。如图 4-44 所示。

图 4-44 模式和非模式对话框

实现步骤如下：

①利用"MFC AppWizard"应用程序向导创建一个单文档应用程序 Modal_and_NoModal。

②添加新的对话框资源。选择"Insert/Resource"菜单命令(或按快捷键"Ctrl+R")，弹出插入资源对话框（Insert Resource），选中"Dialog"，单击"New"按钮，系统自动添加一个对话框资源，打开属性对话框修改 ID 为 IDD_DIALOG_MODAL，标题为"Modal Dialog"；用同样方法添加一个对话框资源，ID 为 IDD_DIALOG_NOMODAL，标题为"NoModal Dialog"。

③添加控件。为 IDD_DIALOG_MODAL 对话框添加一个静态文本控件，控件标题为"这是模态的对话框!"，用同样的方法为 IDD_DIALOG_NOMODAL 对话框添加一个静态文本控件，标题为 "这是非模态的对话框!"。

④添加对话框新类。双击 IDD_DIALOG_MODAL 对话框模板空白处，弹出添加一个新类的对话，输入新类名为"ModalDlg"，用同样方法为 IDD_DIALOG_NOMODAL 对话框添加一个新类名为"NoModalDlg"。

⑤为视图类 CModal_and_NoModalView 添加 WM_LBUTTONDOWN 和 WM_RBUTTONDOWN 的消息映射函数，并添加代码如下：

```
void CModal_and_NoModalView::OnLButtonDown(UINT nFlags, CPoint point)
{   // TODO: Add your message handler code here and/or call default
    ModalDlg   my1;
    my1.DoModal( );
    CView::OnLButtonDown(nFlags, point);
}
void CModal_and_NoModalView::OnRButtonDown(UINT nFlags, CPoint point)
{ // TODO: Add your message handler code here and/or call default
    NoModalDlg   *my2;
    my2=new NoModalDlg( );
    my2->Create(IDD_DIALOG_NOMODAL);
    my2->ShowWindow(SW_SHOW);
    CView::OnRButtonDown(nFlags, point);
```

}

在 Modal_and_NoModalView.cpp 文件前，将头文件包含进来，代码如下：

#include "ModalDlg.h"

#include "NoModalDlg.h"

⑥编译运行程序，结果如图 4-44 所示。

4.6.6 消息对话框

消息对话框也称为提示信息对话框，是最简单的一类对话框，主要用来显示信息。用户可以直接使用消息对话框和消息函数，不需要另外创建，还可以通过设置函数参数产生不同风格界面的消息框。

1. AfxMessageBox( )函数

函数原型如下：

int AfxMessageBox(LPCTSTR *lpText*, UINT *nType*=MB_OK, UINT *nIDHelp*=0);

AfxMessageBox( )函数是一个 MFC 中的全局函数，可以在程序中任何位置调用。其中，lpText 表示在消息框中显示的字串文本；nType 表示消息框中图标类型（见图 4-45）及按钮类型（见表 4-15）；nIDHelp 表示消息的上下文帮助 ID 号，通常取默认值为 0。

2. MessageBox( )函数

函数原型如下：

int MessageBox(HWND *hwnd*, LPCTSTR *lpText*, LPCTSTR *lpCaption*, UINT *nType*);

MessageBox( )函数是一个 API 函数，可以在程序中任何位置调用。其中，hwnd 为父窗口的句柄标识；lpText 表示在消息框中显示的字串文本；lpCaption 表示消息框的标题；nType 表示消息框中图标类型及按钮风格类型。

3. CWnd::MessageBox( )函数

函数原型如下：

int CWnd::MessageBox(LPCTSTR *lpText*, LPCTSTR *lpCaption*=NULL,

UINT *nType* =MB_OK);

这是一个来自于窗口类 CWnd 的成员函数，只能用于控件、对话框、窗口等一些窗口类中。其参数的含义与前面的函数相同。

表 4-15　　　　　　　　　　　　　标准按钮显示类型

值	含 义
MB_ABORTRETRYIGNORE	显示"终止"、"重试"、"忽略"三个按钮
MB_HELP	显示"确定"、"帮助"两个按钮
MB_OK	显示"确定"一个按钮
MB_OKCANCEL	显示"确定"、"取消"两个按钮
MB_RETRYCANCEL	显示"重试"、"取消"两个按钮
MB_YESNO	显示"是"、"否"两个按钮
MB_YESNOCANCEL	显示"是"、"否"、"取消"三个按钮

第4章 对话框

图标类型	参数 nType
❌	MB_ICONHAND, MB_ICONSTOP, and MB_ICONERROR
❓	MB_ICONQUESTION
⚠	MB_ICONEXCLAMATION and MB_ICONWARNING
ⓘ	MB_ICONASTERISK and MB_ICONINFORMATION

图 4-45　消息框中图标类型

在程序中，调用消息函数产生消息框，用户可以在消息框选择不同的按钮操作，函数分别返回用户选择按钮的情况。如用户选择按钮 Yes（是）、No（否）、Cancel（取消）、Ignore（忽略）、Retry（重试）、OK（确定）等，则函数返回 IDYES、IDNO、IDCANCEL、IDIGNORE、IDRETRY、IDOK 等返回值。

【例 4.9】消息对话框的使用实例：创建一个单文档应用程序，运行后，单击"查看"菜单的"警告"命令项，将在窗口中弹出警告消息框；单击"询问"命令项，将在窗口中弹出询问消息框；单击"选择"命令项，将在窗口弹出一个选择消息框。如图 4-46 所示。

图 4-46　程序运行结果

实现步骤如下：
①利用"MFC AppWizard"应用程序向导创建一个单文档应用程序项 MessageBoxSample。
②在项目工作区选择"Resource View"标签页面，双击"Menu / IDR_MAINFRAME"项，打开菜单资源编辑器，为"查看"菜单添加三个子菜单，其标题分别为"警告"，"询问"，"选择"，其 ID 分别为 ID_VIEW_WARNING，ID_VIEW_ASK，ID_VIEW_SELECT。如图 4-47 所示。
③打开"MFC ClassWizard"对话框，选择视图类 CCMessageBoxSampleView，在 Objects IDs 框中分别选择三个子菜单的 ID 为 ID_VIEW_WARNING，ID_VIEW_ASK，ID_VIEW_

SELECT，在 Message 框中分别选择"COMMAND"消息映射，并单击"Add Function"按钮为子菜单添加相应的消息处理函数。

图 4-47 添加菜单项

④分别编辑三个子菜单的消息处理函数代码。
- "警告"子菜单代码如下：
  void CMessageBoxSampleView::OnViewWarning( )
  {   // TODO: Add your command handler code here
  AfxMessageBox("这是警告消息框", MB_ICONWARNING); // 展现消息框的全局函数
  }
- "询问"子菜单代码如下：
  void CMessageBoxSampleView::OnViewAsk( )
  {   // TODO: Add your command handler code here
      // 展现带"询问"图标的消息框
      ::MessageBox(NULL,"这是一个询问消息框","Question", MB_ICONQUESTION);
  }
- "选择"子菜单代码如下：
  void CMessageBoxSampleView::OnViewSelect( )
  {   // TODO: Add your command handler code here
      // 展现含有"是"、"否"图标的消息框
      MessageBox("这是一个选择是/否的消息框","ASK", MB_YESNO);
  }
⑤编译连接并运行程序，结果如图 4-47 所示。

4.6.7 通用对话框

编程时，用户不仅可以使用各种自定义对话框控件，还可以直接使用 Windows 系统提供的通用对话框资源和消息框资源，实现程序的快速设计开发。

通用对话框是 Windows 预先定义的面向标准用户界面的对话框，在应用程序设计中，用户可以直接使用这些对话框资源来执行各种标准操作，不需再创建对话框资源和对话框类。如使用颜色对话框设置颜色、使用字体对话框定义字体等。

MFC 提供了一些通用对话框类（见表 4-16）封装了这些通用对话框，其对话模板资源和代码在通用对话框中提供。MFC 通用对话框类是从 CCommonDialog 类派生出来的，而 CCommonDialog 类又是从 CDialog 类派生出来的。

表 4-16　　　　　　　　　　　MFC 通过对话框类

对话框	用　　途
CFileDialog	文件对话框，用于打开或保存一个文件
CFontDialog	字体对话框，用于选择字体
CColorDialog	颜色对话框，用于选择或创建颜色
CFindReplaceDialog	查找替换对话框，用于查找或替换字符串
CPrintDialog	打印对话框，用于设置打印机的参数及打印文档
CPageSetupDialog	页面设置对话框，用于设置页面参数

在这些通用对话框中，除了查找替换对话框是非模态对话框外，其余的都是模态对话框。使用通用对话框的基本步骤为：先构造通用对话框类对象，然后调用成员函数 DoModal 来显示对话框并完成相应对话框效果的设置，如果选择"OK"（确定）按钮，DoModal 函数返回 IDOK 信息，表示确认用户输入；若选择"Cancel"（取消）按钮，DoModal 函数返回 IDCANCEL 信息，表示取消用户输入。

关于通用对话框的数据结构、MFC 类构造函数和相关成员函数的说明参阅 MSDN 文档。

创建通用对话框的主要过程如下：

①构造对话框类的对象。

②调用成员函数 DoModal 函数显示对话框并完成相应对话框效果的设置。

只有当调用对话框类的成员函数 DoModal 并返回 IDOK 后，该对话框类的其他成员函数才会生效。

【例 4.10】利用通用对话框类的文件打开对话框，如图 4-48 所示，统计打开文件所选择文本文件行数。程序运行结果如图 4-49 所示。

图 4-48　文件打开对话框

图 4-49　程序运行结果对话框

实现步骤如下：

①利用 MFC AppWizard 应用程序向导创建一个基于对话框的应用程序项目 CountText，添加一个按钮控件，将其标题设置为"统计文件行数"，ID 设置为 IDC_COUNTLINE。添加一个静态文本控件，属性为默认值。

②打开 MFC ClassWizard 对话框为按钮添加单击 BN_CLICKED 消息处理函数，并添加代码如下：

```
void CCountTextDlg::OnCountline( )
{
    int nLine=0;
    char ch;
    CString filter, strOut;;
    filter="文本文件(*.txt)|*.txt|c++文件(*.h,*.cpp)|*.h;*.cpp||";
    CFileDialog dlg(TRUE,NULL,NULL,OFN_HIDEREADONLY,filter);
    if(dlg.DoModal( )==IDOK)                          //打开文件对话框
    {
        CString FileName=dlg.GetPathName( );          //获得选择的文件名
        CFile myFile(FileName,CFile::modeRead);       //打开文件
        while(myFile.Read(&ch,1)==1)                  //读一个字符,为0时文件结束
        {
            if(ch=='\n') nLine++;                     //当前字符是回车换行统计行数
        }
        if(ch!='\n') nLine++;                         //最后一行
        strOut.Format("选择打开的文件%s 一共有%d 行。",FileName,nLine);
        SetDlgItemText(IDC_STATIC,strOut);            //在静态文本框中显示统计结果
        myFile.Close( );                              //关闭文件
    }
    else
        MessageBox("无法打开文件!");
}
```

③编译并运行程序,当用户单击"统计文件行数"按钮时,弹出打开"文件"对话框,选择要打开的文件,单击"打开"按钮,如图4-48所示。统计结果在静态文本框中显示,如图4-49所示。

上述程序中,CString 是 MFC 的一个字符串类,用来操作字符串对象。CFileDialog 类构造函数用于创建一个通用文件对话框,其原型如下:

CFileDialog(BOOL bOpenFileDialog,LPCTSTR lpszDefExt=NULL,
  LPCTSTR lpszFileName=NULL,DWORD
dwFlags=OFN_HIDEREADONLY|OFN_OVERWRITEPROMPT,
  LPCTSTR lpszFilter=NULL,cWnd*pParentWnd=NULL);

参数 bOpenFileDialog 为 TRUE 时表示创建文件打开对话框,否则创建文件保存对话框; lpszDefExt 为指定文件扩展名; lpszFileName 为指定最初出现的文件名; dwFlags 为指定对话框风格标志;当为 OFN_HIDEREADONLY 时表示隐藏对话框中的"只读"复选框;当为 OFN_OVERWRITEPROMPT 时表示文件保存时,若有指定的文件重名,则出现提示对话框; lpszFilter 指定文件类型,每一种文件类型用两个字符串描述,前一字符串表示过滤器名称,后一个字符串表示文件扩展名,若指定多个扩展名则用","分隔,字符串之间用"|"分隔,最后以两个"|"符结束; pParentWnd 是指向父窗口指针。

【例4.11】利用通用对话框类的颜色对话框展示一个颜色控制选择界面,当选择颜色对

话框的某种颜色时，对话框中会绘出一个相应颜色的圆。如图 4-50 所示。

图 4-50　程序运行结果

实现步骤如下：

①利用 MFC AppWizard 应用程序向导创建一个基于对话框的应用程序项目 ColorSample，利用控件编辑器加一个按钮控件，将其标题设置为"选择颜色"，ID 设置为 IDC_BUTTONCOLOR。

②选择"Class View"，用鼠标右键单击对话框类 CColorSampleDlg，在弹出的快键菜单中选择"Add Member Variable"，添加对话框类的成员变量 color，变量类型为 COLORREF，访问权限为 public。

③在对话框类 CColorSampleDlg 的初始化函数 OnInitDialog( )中将成员变量 color 初值设置为 0。运行程序后，初始显示的颜色是 0 色号所代表的颜色。代码如下：

```
BOOL CColorSampleDlg::OnInitDialog( )
{   CDialog::OnInitDialog( );
        ⋮   ⋮   ⋮
    color= 0;
    return TRUE;
}
```

④打开"MFC ClassWizard"对话框为"IDC_BUTTONCOLOR"按钮添加单击（BN_CLICKED)的消息映射和消息处理函数。代码如下：

```
void CColorSampleDlg::OnButtoncolor( )
{   // TODO: Add your control notification handler code here
    CColorDialog dlg;              // 定义通用颜色对话框的对象 dlg
    if(dlg.DoModal( )==IDOK)
    {   color=dlg.GetColor( );     // 获取当前对话框所选颜色
        this->Invalidate( );       // 刷新视图
    }
}
```

⑤选择"Class View"，在对话框类 CColorSampleDlg 的 OnPaint( )函数中为颜色对话框添

加绘图处理代码如下：

```
void CColorSampleDlg::OnPaint( )
{
        CPaintDC dc(this);      // 获取绘图设备环境，此语句在原函数中将其前移
        ┊        ┊        ┊
        else                    //此语句不需要添加，已存在
        {                       //此 "{" 不需要添加，已存在
        CString   S;
        S.Format("红色：%d 绿色：%d 蓝色：%d ",GetRValue(color), GetGValue(color), GetBValue(color));
        dc.SetBkMode(TRANSPARENT);              //设置背景属性
        dc.TextOut(10, 10, S);                  // 在对话框页面上输出所选各种颜色值
        CBrush newBrush;                        //定义画刷对象
        CBrush *oldBrush;
        newBrush.CreateSolidBrush(color);       //构造画刷
        oldBrush= dc.SelectObject(&newBrush);
        dc.Ellipse(50,50,230,230);              //画椭圆
        dc.SelectObject(oldBrush);
        newBrush.DeleteObject( );
        CDialog::OnPaint( );                    //此语句不需要添加，已存在
        }                                       //此 "}" 不需要添加，已存在
}
```

⑥编译连接并运行程序。单击"选择颜色"按钮时，出现一个选取颜色的通用对话框。当用户选中一种颜色后，单击"确定"按钮，对话框上将展示一个由所选颜色填充的圆。如图 4-50 所示。

习　题

1．Windows 的编程特点有哪些？
2．MFC 的 AppWizard(exe)提供了哪三种常用类型的应用程序？
3．MFC 应用程序的执行过程是怎样的？
4．MFC 中映射一个消息的过程分为哪三个步骤？
5．MFC 是以什么方式组织文件的？什么是项目和项目文件？相应的文件扩展名是什么？
6．Visual C++6.0 项目工作区窗口包含哪三个视图？各自包含什么内容？
7．编写一个 MFC 的应用程序，一般需要按哪几个步骤进行编程？
8．在 MFC 应用程序中添加类的成员变量和类的成员函数有哪几种方法？
9．在 MFC 应用程序中如何实现控件的数据交换和数据验证？什么函数实现控件的数据交换？
10．什么是模式对话框和非模式对话框？
11．消息对话框实现什么功能？函数原型是什么？

12. 编写一个 SDI 应用程序，在程序视图窗口显示应用程序的图标。
13. 编写一个单文档应用程序，程序运行后在窗口客户区，单击鼠标时显示文本字符串，以表示单击鼠标的次数（提示：调用 Invalidate( )函数刷新视图）。

第 5 章　菜单、工具栏和状态栏设计

标准 Windows 应用程序具有一个图形化用户界面，在这个界面中，菜单、工具栏和状态栏是不可缺少的重要组成元素，更是用户与应用程序之间进行直接交互的重要工具，它们的风格和外观有时会直接影响用户对软件的评价。一个好的 Windows 应用程序，不仅具备完善的功能，还要借助菜单、工具栏和状态栏构造出一个美观、方便、实用的友好界面。

5.1　菜单设计

菜单是 Windows 应用程序友好界面的重要对象之一，一个好的 Windows 应用程序一般都具有方便快捷的操作菜单。菜单是程序中可操作命令的集合，是程序操作相关命令项的列表，菜单为用户提供了操作程序所需的命令，当执行某一菜单命令项时，就会执行指定的程序代码，完成相应的功能。菜单主要有两种：下拉式菜单和弹出式菜单，前者是通过主菜单下拉时产生，后者是单击鼠标右键时弹出的浮动菜单。

应用程序的菜单命令项可以是文字，也可以是位图，在 Windows 应用程序中创建菜单或添加菜单功能的一般方法为：首先在菜单资源编辑器中定义菜单，然后在消息列表中为每个菜单命令项增加映射项，再在消息列表中添加响应函数并在响应函数中添加菜单命令项的功能代码。

5.1.1　菜单资源编辑器

菜单资源编辑器主要用来创建菜单资源和编辑菜单资源。使用菜单资源编辑器，可以创建菜单和菜单命令项，还可以为菜单或菜单命令项定义加速键、快捷键和相应状态栏显示。

用 MFC AppWizard 应用程序向导建立应用程序框架时，不管选择的是单文档类型（SDI）还是多文档类型（MDI），应用程序向导都自动创建预定义的菜单。对于 SDI 单文档应用程序，MFC AppWizard 应用程序向导生成一个菜单资源 IDR_MAINFRAME，对于 MDI 多文档应用程序，MFC AppWizard 应用程序向导则自动生成两个菜单资源，即 IDR_MAINFRAME 和 IDR_PRJNAMETYPE（其中 PRJNAME 为应用程序项目名称）。

【例 5.1】利用 MFC AppWizard 应用程序向导创建单文档应用程序框架，项目名称为 Ex_5_1。在该单文档应用程序项目工作区窗口选中"Resource View"页面，打开资源项"Menu"文件夹，双击"IDR_MAINFRAME"打开菜单编辑器，显示相应的菜单资源，具体如图 5-1 所示。

5.1.2　设置菜单项属性

双击如图 5-1 所示的菜单资源编辑器中帮助菜单右侧的空白菜单项，弹出"Menu Item Properties"对话框，如图 5-2 所示。选定"General"标签，在"Caption"编辑框中输入菜单

图 5-1　菜单资源编辑器

名"导航(&D)",字符&表示显示 D 时,加下画线,"Alt+D"为该菜单项的快捷键(shortcut key),同时按下"Alt"键和"D"字母可以快速打开该菜单项。选中"Pop up"复选框,表明"导航"菜单是一个弹出式主菜单,它负责打开下一层的子菜单项,不执行具体的菜单项命令,没有 ID 号,ID 组合框呈灰色显示。将"导航"菜单拖到"帮助"菜单前。

单击"导航"菜单,用鼠标选中双击"导航"菜单下一层的空白菜单项,在弹出的"Menu Item Properties"对话框中的 Caption 编辑框中输入"新浪",然后在 ID 组合中输入"ID_SINA",如图 5-3 所示。用同样方法依次添加菜单项"搜狐",ID 为"ID_SOHU";添加分隔条,选中"Separator"属性,其他为默认值;添加"影视"菜单项,ID 为"ID_YINGSHI";添加"音乐"菜单项,ID 为"ID_YINYUE";添加"视频"菜单项,ID 为"ID_SHIPIN"。

在如图 5-3 所示的菜单项属性对话框中,General 标签中除了 ID 组合框和 Caption 编辑框外,还有 Break 组合框以及一些复选框。

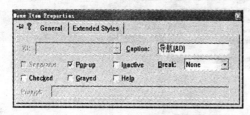

图 5-2　Menu Item Properties 对话框

图 5-3　新浪菜单项属性对话框

①ID 是菜单资源的标识符,每个菜单项命令都有一个唯一常量作为其标识。
②Caption 表示菜单项标题,用来显示菜单项命令文本,其后可以将字符&作为快捷键的标志,&后面的字符在显示时加下画线,快捷键由 Alt 和普通字符构成。
③Separator 表示菜单项是一条水平分隔线。
④Pop-up 表示菜单项被选中时,弹出下一级菜单。
⑤Grayed 表示该菜单项为无效状态,并呈灰色显示。
⑥Inactive 表示菜单项是不活动的。Inactive 与 Grayed 二者只能选择一个。
⑦Break 指明菜单项是否放在新的一列,若设定为 Column,对最上层菜单项而言,将放

置到另外一行上显示；而对下拉式菜单项，将放置到另外一列上显示，且与前一行并无垂直分隔线。当设定为 Bar 时，功能与 Column 相同，但该菜单命令项与前一个菜单命令项之间加上分隔线。

⑧Checked 在菜单项标题前加上"√"标记。

⑨Help 表示该菜单项为 Help 菜单，系统自动将该菜单项放置在右端。

⑩Prompt 当选择该菜单项时，在状态栏上显示帮助说明文字。

5.1.3 菜单的命令消息

菜单的作用就是当用户通过鼠标单击选定的菜单项命令时，程序自动执行相应代码，完成一定的功能。当某一菜单项命令被单击时，Windows 系统立即产生一个含有该菜单项 ID 标识的 WM_COMMAND 命令消息并发送到应用程序框架窗口，应用程序将该消息映射为一个命令消息处理函数调用，执行程序代码完成相应功能。消息映射通过 ClassWizard 类向导来完成，程序设计人员在视图类、文档类、框架类和应用程序类中都可以对菜单项 ID 进行消息映射。一般情况下，如果某菜单项用于文档的显示编辑，应在视图类中对其进行消息映射；如果该菜单项用于文档的打开和保存，应在文档类中对其进行消息映射；对于常规通用菜单项，应在框架类中对其进行消息映射。

ClassWizard 类向导为菜单项提供了 COMMAND 消息，程序开发人员应为每个菜单项命令提供一个 WM_COMMAND 消息映射。如果 MFC 没有为给定的菜单项命令映射 WM_COMMAND 消息处理函数，那么该菜单项命令呈灰色显示，在程序中不能使用该菜单项命令。

启动 ClassWizard 类向导，在"Class name"组合框中选中"CEx_5_1View"，在"Object IDs"列表框中选中"ID_SINA"，在"Messages"列表框中选中"COMMAND"消息，如图 5-4 所示。单击"Add Function"按钮，出现添加消息映射函数对话框，如图 5-5 所示。

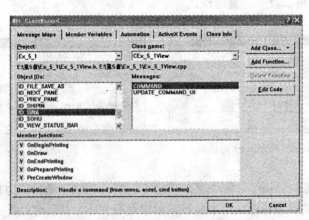

图 5-4　ClassWizard 类向导对话框

ClassWizard 类向导为消息映射函数默认了一个函数名 OnSina，程序设计人员可以直接使用该函数名，也可以自定义函数名，单击"OK"按钮。然后单击图 5-4 中的"Edit Code"按钮，ClassWizard 类向导自动添加消息映射函数体框架并将光标定位在该函数体框架内。添加消息映射函数体框架代码如下：

```
void CEx_5_1View::OnSina( )
{
    MessageBox("您好!欢迎来到新浪网","新浪", MB_OK); //添加的代码
}
```

编译链接并运行应用程序,单击"导航"菜单下的"新浪"菜单项命令,程序运行结果如图5-6所示。

图5-5 添加消息映射函数对话框

图5-6 程序项目Ex_5_1运行结果

【注意】一个菜单项命令的消息映射函数可以是框架类、视图类或文档类当中的一个成员函数,但不能同时作为多个类的成员函数,即一个菜单项命令只能映射一个成员函数,不能同时映射多个成员函数。即使同时产生了多个映射,也只有其中的一个映射有效。在MFC中映射有效的优先级别为视图类、文档类、框架类。

5.1.4 设置菜单项加速键

在Windows应用程序设计中,经常需要给一些菜单命令项添加加速键(Accelerate key)。所谓加速键就是指用户能够通过按下键盘上的一组组合键的方式来执行一个菜单项命令而不必打开该菜单。在应用程序中,加速键和快捷键的作用是不同的,快捷键只是打开菜单而不执行菜单项命令,加速键不打开菜单但执行菜单项命令。给"新浪"菜单项命令设置加速键"Ctrl+A"。打开"新浪"菜单项的"Menu Item Properties"对话框,将"Caption"编辑框中内容改为"新浪\t Ctrl+A","Prompt"编辑框中输入"欢迎进入新浪网",当用户鼠标指向"新浪"菜单项时,状态栏中会显示此信息,如图5-7所示。

图5-7 设置"新浪"菜单项加速键属性对话框

单击工作区窗口"ResourceView"页面,展开"Accelerator"文件夹,双击"IDR_MAINFRAME"打开加速键编辑表,如图5-8所示。双击加速键列表最后一行空白编辑行,弹出"Accel Properties(加速键属性)"对话框,设置ID_SINA的加速键。在ID组合框中选中加速键对象ID为ID_SINA,在"Modifiers"分组框中选中"Ctrl"复选框,在"Type"分组框中选中"VirtKey"单选按钮,在"Key"组合框中输入字母键值"A",如图5-9所示。程序运行时,按下键盘组合键"Ctrl+A"就可以直接执行"新浪"菜单项命令,而不必打开"导航"菜单。

图 5-8 加速键编辑表

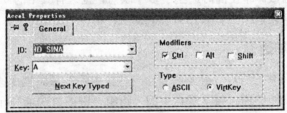

图 5-9 Accel Properties 对话框

5.1.5 在程序中改变菜单的属性

在 Windows 应用程序中,当某个菜单项命令被选中执行时,该命令前经常会出现一个"√"标记,有时为了禁止执行某个命令而使该命令呈灰色显示且处于无效状态。MFC 的 CMenu 类提供了两个成员函数 CheckMenuItem( )和 EnableMenuItem( )分别实现上述功能。

1. CheckMenuItem( )函数

CheckMenuItem( )成员函数在程序运行时动态地在相应菜单项命令前加上一个"√"标记,其函数原型如下:

CheckMenuItem(UINT nItem, UINT nFlags);

其中,参数 nItem 表示菜单项命令的 ID 或者相对位置(为 0 对应该菜单层中第一个菜单项,为-1 对应该菜单层中最后一个菜单项),参数 nFlags 表示菜单项命令状态信息,其取值如表 5-1 所示。

```
void CEx_5_1View::OnSina( )
{
    MessageBox("您好!欢迎来到新浪网","新浪", MB_OK); //添加的代码
}
```

编译链接并运行应用程序，单击"导航"菜单下的"新浪"菜单项命令，程序运行结果如图 5-6 所示。

图 5-5 添加消息映射函数对话框

图 5-6 程序项目 Ex_5_1 运行结果

【注意】一个菜单项命令的消息映射函数可以是框架类、视图类或文档类当中的一个成员函数，但不能同时作为多个类的成员函数，即一个菜单项命令只能映射一个成员函数，不能同时映射多个成员函数。即使同时产生了多个映射，也只有其中的一个映射有效。在 MFC 中映射有效的优先级别为视图类、文档类、框架类。

5.1.4 设置菜单项加速键

在 Windows 应用程序设计中，经常需要给一些菜单命令项添加加速键（Accelerate key）。所谓加速键就是指用户能够通过按下键盘上的一组组合键的方式来执行一个菜单项命令而不必打开该菜单。在应用程序中，加速键和快捷键的作用是不同的，快捷键只是打开菜单而不执行菜单项命令，加速键不打开菜单但执行菜单项命令。给"新浪"菜单项命令设置加速键"Ctrl+A"。打开"新浪"菜单项的"Menu Item Properties"对话框，将"Caption"编辑框中内容改为"新浪\t Ctrl+A"，"Prompt"编辑框中输入"欢迎进入新浪网"，当用户鼠标指向"新浪"菜单项时，状态栏中会显示此信息，如图 5-7 所示。

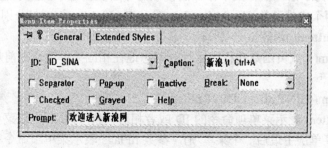

图 5-7 设置"新浪"菜单项加速键属性对话框

单击工作区窗口"ResourceView"页面,展开"Accelerator"文件夹,双击"IDR_MAINFRAME"打开加速键编辑表,如图5-8所示。双击加速键列表最后一行空白编辑行,弹出"Accel Properties(加速键属性)"对话框,设置ID_SINA的加速键。在ID组合框中选中加速键对象ID为ID_SINA,在"Modifiers"分组框中选中"Ctrl"复选框,在"Type"分组框中选中"VirtKey"单选按钮,在"Key"组合框中输入字母键值"A",如图5-9所示。程序运行时,按下键盘组合键"Ctrl+A"就可以直接执行"新浪"菜单项命令,而不必打开"导航"菜单。

图 5-8 加速键编辑表

图 5-9 Accel Properties 对话框

5.1.5 在程序中改变菜单的属性

在 Windows 应用程序中,当某个菜单项命令被选中执行时,该命令前经常会出现一个"√"标记,有时为了禁止执行某个命令而使该命令呈灰色显示且处于无效状态。MFC 的 CMenu 类提供了两个成员函数 CheckMenuItem( )和 EnableMenuItem( )分别实现上述功能。

1. CheckMenuItem( )函数

CheckMenuItem( )成员函数在程序运行时动态地在相应菜单项命令前加上一个"√"标记,其函数原型如下:

CheckMenuItem(UINT nItem, UINT nFlags);

其中,参数 nItem 表示菜单项命令的 ID 或者相对位置(为 0 对应该菜单层中第一个菜单项,为-1 对应该菜单层中最后一个菜单项),参数 nFlags 表示菜单项命令状态信息,其取值如表 5-1 所示。

表 5-1　　　　　　　　　　CheckMenuItem( )函数参数 nFlags 取值

取　值	含　义
MF_BYCOMMAND	通过 ID 号选择菜单项
MF_BYPOSITION	通过相对位置选择菜单项
MF_CHECKED	在菜单项前加上 "√" 标记
MF_UNCHECKED	去除菜单项前的 "√" 标记

在前面的应用程序项目 Ex_5_1 中，OnSina( )函数是视图类 CEx_5_1View 成员函数，"新浪"是主框架窗口的菜单项，因此，先访问主框架窗口，获得系统菜单和"导航"子菜单。在 OnSina( )函数体中添加如下程序代码：

void CEx_5_1View::OnSina( )
{
…
CWnd *pParent=GetParent( );
CMenu *pMenu=pParent->GetMenu( );
CMenu *SubMenu=pMenu->GetSubMenu(3);
SubMenu->CheckMenuItem(ID_SINA, MF_BYCOMMAND|MF_CHECKED);
}

其中，pParent 是指向主框架窗口的指针；pMenu 是指向系统菜单的指针；SubMenu 是指向"导航"子菜单的指针，由于"导航"子菜单是系统菜单的第四个子菜单，所以 GetSubMenu 函数参数为 3。在获得子菜单指针后就可以对该子菜单的菜单项进行标记处理。

编译链接运行程序，单击"新浪"菜单项，弹出消息对话框后，菜单项前加上"√"标记，结果如图 5-10 所示。

图 5-10　给"新浪"菜单项加上"√"标记

2. EnableMenuItem( )函数

EnableMenuItem( )函数可以在程序运行时动态地使某一菜单项命令处于是否禁止使用(无效)状态,其函数原型如下:

EnableMenuItem(UINT nItem, UINT nFlags);

其中,参数 nItem 和 nFlags 含义与 CheckMenuItem(UINT nItem, UINT nFlags)函数中的两个参数类似。参数 nFlags 取值如表 5-2 所示。

表 5-2　　　　　　　　　　EnableMenuItem( )函数参数 nFlags 取值

取 值	含 义
MF_BYCOMMAND	通过 ID 号选择菜单项
MF_BYPOSITION	通过相对位置选择菜单项
MF_DISABLED	禁用菜单项
MF_ENABLED	允许使用菜单项
MF_GRAYED	禁用菜单项,该菜单项呈灰色表示

5.1.6　动态添加菜单

MFC 中,CMenu 菜单类提供了对菜单进行处理的成员函数,程序设计人员可以在程序运行的过程中通过调用 CMenu 菜单类的相应成员函数对菜单进行处理操作。

1. OnInitMenu( )函数和 OnInitMenuPopup( )函数

用户在每次操作菜单时,系统都会按顺序发送 MF_InitMenu 消息和 MF_InitMenuPopup 消息,并通过这两个函数对菜单进行初始化。其中,OnInitMenu( )函数对整个菜单进行初始化,OnInitMenuPopup( )函数对子菜单进行初始化。其函数原型分别如下:

Afx_msg void OnInitMenu(CMenu *pMenu);

Afx_msg void OnInitMenuPopup(CMenu *pPopupMenu, UNIT nIndex,BOOL bSysMenu);

其中,参数 pMenu 代表发送消息的菜单指针,pPopupMenu 代表发送消息的子菜单指针,nIndex 代表子菜单在主菜单中的索引值,bSysMenu 用来判断是否为系统菜单,若 bSysMenu 值为 True,则为系统菜单。

2. CreatMenu( )函数和 CreatPopupMenu( )函数

CreatMenu( )函数和 CreatPopupMenu( )函数主要用来分别创建一个菜单或子菜单框架。其函数原型分别如下:

　　BOOL CreatMenu( );　　　　　　//产生一个空菜单
　　BOOL CreatPopupMenu( );　　　 //产生一个空的弹出式菜单

CreatMenu( )函数创建一个空菜单,CreatPopupMenu( )函数创建一个空的弹出式菜单。

3. LoadMenu( )函数和 SetMenu( )函数

LoadMenu( )函数将菜单从资源装入应用程序,SetMenu( )函数对应用程序菜单进行重新设计。其函数原型分别如下:

　　BOOL LoadMenu(LPCTSTR lpszResourceName);
　　BOOL LoadMenu(UNIT nIDResource);

BOOL SetMenu(UNIT nIDResource);

其中，lpszResourceName 为菜单资源名称，nIDResource 为菜单资源 ID。

4. AppendMenu( )函数

利用 AppendMenu( )函数可以在应用程序原有的菜单项末尾添加一个新菜单项，其函数原型如下：

BOOL AppendMenu(UINT nFlags，UINT nIDNewItem，
　　　　　　　PCTSTR LpszNewItem=NULL)；

BOOL AppendMenu(UINT nFlags，UINT nIDNewItem，const CBitmap *pBmp)；

其中，nFlags 表示添加的新菜单项状态信息，nIDNewItem 表示新添加菜单项 ID，LpszNewItem 是指新菜单项的内容，pBmp 是用作菜单项的位图指针。nFlags 取值如表 5-3 所示。

表 5-3　　　　　　　　AppendMenu( )函数的参数 nFlags 取值表

取　值	含　义
MF_BYCOMMAND	通过 ID 号选择菜单项
MF_BYPOSITION	通过相对位置选择菜单项
MF_CHECKED	在菜单项前加上"√"标记
MF_DISABLED	禁用菜单项
MF_ENABLED	允许使用菜单项
MF_GRAYED	禁用菜单项，该菜单项呈灰色显示
MF_MENUBARBREAK	将菜单项放在弹出式菜单中的新一栏上，并用分隔线隔开
MF_MENUBREAK	将菜单项放在弹出式菜单中的新一栏上，不用分隔线隔开
MF_OWNERDRAW	自画菜单项，如位图
MF_POPUP	新菜单项有相关的弹出式子菜单
MF_SEPARATOR	绘制分隔线
MF_STRING	菜单项是一个字符串
MF_UNCHECKED	取消菜单项前的"√"标记

5. InsertMenu( )函数

利用 InsertMenu( )函数可以在应用程序菜单项的指定位置处添加一个新菜单项，其函数原型如下：

BOOL InsertMenu(UINT nPosition，UINT nFlags，UINT nIDNewItem，
　　　　　　　PCTSTR LpszNewItem=NULL)；

BOOL InsertMenu(UINT nPosition，UINT nFlags，UINT nIDNewItem，
　　　　　　　const CBitmap *pBmp)；

InsertMenu( )函数是在原有菜单项 nPosition 指定的位置处插入一个新的菜单项，并将后面其他菜单项依次后移。此函数中其他参数的含义与 AppendMenu( )函数相同，nFlags 取值如表 5-3 所示。

【注意】

①当 nFlags 的值为 MF_BYPOSITION 时，nPosition 表示新菜单要插入的位置，若 nFlags 的值为 0，则表示是第一个菜单命令，若 nFlags 的值为-1，则表示是最末一个菜单项。

②当 nFlags 的值为 MF_BYCOMMAND 时，nPosition 表示新菜单项资源 ID。当 nFlags 的值为 MF_POPUP 时，nIDNewItem 代表弹出式菜单句柄。当 nFlags 的值为 MF_STRING 时，LpszNewItem 代表字符串指针。当 nFlags 的值为 MF_OWNERDRAW 时，LpszNewItem 代表所需数据。

③增加菜单项后，应调用 CWnd::DrawMenuBar( )成员函数类更新菜单。

6. TrackPopupmenu( )函数

在 CMenu 类中可以调用成员函数 TrackPopupmenu( )来显示一个浮动的弹出式菜单。其函数原型如下：

BOOL TrackPopMenu(UINT nFlags, int x, int y, CWnd *pWnd, LPCRECT lpRect=NULL);

其中，参数 nFlags 表示弹出式菜单坐标设定及鼠标操作方式，其取值如表 5-4 所示。参数 x 和 y 表示菜单窗口的左上角的定点坐标。参数 pWnd 表示弹出式菜单的窗口指针，此窗口接收菜单的 WM_COMMAND 命令消息。参数 lpRect 指定鼠标对菜单进行有效操作范围，若为 NULL 则鼠标必须在弹出式菜单内操作才有效。

表 5-4　　　　　　　　　TrackPopupmenu( )函数参数 nFlags 取值表

取　值	含　义
TPM_CENTERALIGN	以 x 参数值作为弹出式菜单的水平中心
TPM_LEFTALIGN	以 x 参数值作为弹出式菜单的左边界
TPM_RIGHTALIGN	以 x 参数值作为弹出式菜单的右边界
TPM_LEFTBUTTON	单击鼠标左键显示弹出式菜单
TPM_RIGHTBUTTON	单击鼠标右键显示弹出式菜单

弹出式菜单的位置是以屏幕左上角为坐标原点，应用程序鼠标坐标是以客户区左上角为坐标原点，需要时，可以用 CWnd 类的成员函数 ClientToScreen( )将客户区坐标转换为屏幕坐标。

例如，在前面的应用程序项目 Ex_5_1 中，鼠标单击右键，弹出"导航"菜单中的菜单项。打开"ClassWizard"类向导，在"Class name"组合框中选中"CEx_5_1View"，在"Object IDs"列表框中选中"CEx_5_1View"，在"Messages"列表框中选中"WM_RBUTTONDOWN"，单击"Add Function"按钮，添加鼠标右键按下消息映射函数，并添加代码如下：

```
void CEx_5_1View::OnRButtonDown(UINT nFlags, CPoint point)
{
    CMenu popupMenu;
    popupMenu.CreatePopupMenu( );      //创建一个空的弹出式菜单
    //往空的弹出式菜单中添加菜单项
    popupMenu.AppendMenu(MF_STRING,ID_SINA,"新浪");
    popupMenu.AppendMenu(MF_STRING,ID_SOHU,"搜狐");
```

```
popupMenu.AppendMenu(MF_SEPARATOR);
popupMenu.AppendMenu(MF_STRING,ID_YINGSHI,"影视");
popupMenu.AppendMenu(MF_STRING,ID_YINYUE,"音乐");
popupMenu.AppendMenu(MF_STRING,ID_SHIPIN,"视频");
ClientToScreen(&point);        //视图客户区坐标转换为屏幕坐标
popupMenu.TrackPopupMenu(TPM_CENTERALIGN|TPM_RIGHTBUTTON,
                point.x,point.y,this); //设置显示弹出式菜单
CView::OnRButtonDown(nFlags, point);   //此行代码已自动生成
}
```

编译链接运行，在视图客户区单击鼠标右键，程序运行结果如图 5-11 所示。

图 5-11　在程序项目 Ex_5_1 视图客户区单击鼠标右键

7. GetMenuItemCount( )const 函数

该函数用来获取菜单项的命令数，操作失败后，返回-1。其函数原型如下：

UNIT　GetMenuItemCount( )const;

8. GetMenuItemID( )const 函数

GetMenuItemID( )const 函数原型为：UNIT　GetMenuItemID(int nPos)const;

其作用是用来获取由 nPos 指定的菜单命令位置的 ID 号（以 0 为基数），若 nPos 是 SEPARATOR，则返回-1。

9. GetSubMenu( )const 函数

GetSubMenu( )const 函数原型为：CMenu*　GetSubMenu(int nPos)const;

其作用是用来获取指定菜单的弹出式菜单的菜单句柄。该弹出式菜单位置由参数 nPos 指定，开始的位置为 0。若菜单不存在，则创建一个临时的菜单指针。

5.1.7　动态删除菜单

在 CMenu 类中，可以用 DeleteMenu( )函数和 RemoveMenu( )函数来删除指定的菜单项。

1. DeleteMenu( )函数

DeleteMenu( )函数原型如下:

BOOL DeleteMenu(UINT nPosition, UINT nFlags);

其中,参数 nPosition 表示将要删除的菜单项位置, nFlags 参数取值如表 5-5 所示。DeleteMenu( )函数的主要功能是删除指定的 nPosition 位置处的菜单项,同时释放被删除的菜单项所占用的内存,并将其他菜单项前移。

表 5-5　　　　　　　　　　　　　　nFlags 参数取值

取值	含义
MF_BYCOMMAND	通过 ID 号选择菜单项
MF_BYPOSITION	通过相对位置来选择菜单项(第一个菜单项的位置为 0)

【注意】在调用 DeleteMenu( )函数后,不管菜单依附的窗口是否发生改变,都应调用 CWnd::DrawMenuBar( )成员函数类来更新菜单。

2. RemoveMenu( )函数

RemoveMenu( )函数原型如下:

BOOL RemoveMenu (UINT nPosition, UINT nFlags);

RemoveMenu( )函数功能与 DeleteMenu( )函数功能基本相同,唯一不同的是该函数不释放被删除的菜单项所占用的内存。另外,RemoveMenu( )函数的参数与 DeleteMenu( )函数的参数完全相同。

在单文档应用程序中,用鼠标单击右键时会向系统发送 WM_CONTEXTMENU 通知消息,因此可通过该消息映射函数实现快捷菜单弹出。具体示例如下。

【例 5.2】使用弹出式菜单。

操作步骤如下:

①创建单文档应用程序,项目名称为 Ex_5_2。

②打开 "ClassWizard" 类向导对话框,选择 "MessageMaps" 标签。在 "Class name" 组合框中,选择 "CEx_5_2View";在 "Object IDs" 列表框中选定 "CEx_5_2View",在 Messages 列表框中选择 WM_CONTEXTMENU 消息,添加消息映射函数 OnContextMenu( ),并在函数中添加如下代码:

```
void CEx_5_2View::OnContextMenu(CWnd* pWnd, CPoint point)
{
    CMenu menu;
    menu.LoadMenu(IDR_MAINFRAME);//装载系统菜单资源 ID
    menu.GetSubMenu(1)->TrackPopupMenu(TPM_LEFTALIGN|TPM_RIGHTBUTTON,point.x,point.y,this); // GetSubMenu(1)获取第 2 个位置系统菜单项
}
```

③运行程序,在窗口客户区单击鼠标右键,结果如图 5-12 所示。

第5章 菜单、工具栏和状态栏设计

图 5-12 弹出式菜单

5.2 工具栏

工具栏是用图形表示的一系列应用程序命令列表,也是图形按钮的集合。工具栏中的每个图形按钮都以位图形式存放,这些位图被定义在应用程序的资源文件中,并且每个图形按钮都与某个菜单命令相对应。当用户单击工具栏的某个图形按钮时,该图形按钮即刻发送相应的命令消息。

5.2.1 工具栏编辑器

例如,在前面的应用程序项目 Ex_5_1 得到项目工作区窗口选中"Resource View"选项卡,双击"Toolbar"文件夹,双击"IDR_MAINFRAME"打开工具栏编辑器。如图 5-13 所示。

图 5-13 工具栏编辑器

工具栏编辑器由三部分组成，其左下位图显示区用来显示程序运行时工具栏按钮的实际尺寸，右下位图编辑区用来编辑、显示放大尺寸后的按钮视图，正上方的工具栏显示区用来显示整个工具栏完整视图。

默认情况下，工具栏视图最右端总有一个空按钮，单击该按钮可以对其进行编辑修改，当创建一个新按钮后，工具栏视图右端将自动出现一个新的空按钮，当保存工具栏资源时，空按钮不会被保存。另外，工具栏编辑器右端还有一个工具箱和调色板，可以用来编辑工具栏按钮的位图。

在工具栏编辑器中,工具栏按钮的操作说明如下：

删除按钮:按住工具栏上要删除的按钮，然后拖到下面的空白区域释放即可。

调整按钮位置:拖动按钮到新的位置释放鼠标即可。

增加分隔线：拖动按钮右移一点点距离释放。

去掉分隔线：拖动按钮左移一点点距离释放。

例如，为应用程序项目 Ex_5_1 添加两个新的工具栏按钮：单击工具栏视图最右边的空按钮，利用工具箱提供的画笔，采用调色板提供的红颜色在空按钮上绘制一个"S"字符，同样再在一个空按钮上绘制一个红色的"H"字符，如图5-14所示。

图 5-14　添加两个工具栏按钮

5.2.2　工具栏和菜单项的关联

双击"S"字符工具栏按钮，打开按钮属性对话框，在 ID 组合框中输入 ID_SINA（与"新浪"菜单项的 ID 相同），这可以将工具栏中的按钮与对应的菜单项关联起来。如图5-15所示。按钮属性对话框的"Width"和"Height"分别设置按钮的宽度和高度；"Prompt"属性设置按钮的提示信息，提示信息被'\n'分为前后两部分,'\n'之前的内容将在状态栏中提示,'\n'之后的内容将在鼠标移动到按钮上时出现。在"S"按钮的"Prompt"属性中输入提示信息"欢迎进入新浪网\n 新浪网"。当用户将鼠标移到该按钮时，提示信息会显示在状态栏和工具对应的位置。同样，将"H"字符工具栏按钮同"搜狐"菜单项关联起来。

编译链接运行，单击"S"字符工具栏按钮，结果如图5-16所示。

第5章 菜单、工具栏和状态栏设计

图 5-15 工具栏按钮属性对话框

图 5-16 添加两个工具栏按钮运行

在程序中,用户可以根据需要实现工具栏的动态显示。例如,为应用程序项目 Ex_5_1 添加一个新的工具栏按钮,并利用菜单资源添加一个菜单命令项,通过该命令项实现工具按钮的动态显示,其具体步骤如下:

①添加工具栏,将工作区窗口切换到"ResourceView"页面,选择"Insert/Resource"命令项,在弹出的"Insert Resource"对话框中的"Resource type"下选中"Toolbar"选项。单击"New"按钮,自动添加一个工具栏资源。单击右键修改资源 ID 为 IDR_ADDTOOLBAR。

②在新工具栏内增加三个工具按钮,"S"、"H"、"?",其中"S"按钮 ID 为 ID_SINA,"H"按钮 ID 为 ID_SOHU,"?"按钮 ID 为 ID_APP_ABOUT。

③在 CMainFrame 类中有一个名为 m_wndToolBar 的成员变量,它对应的就是标准工具栏。仿照此,在 CMainFrame 类的头文件 MainFrm.h 中声明一个新的 CToolBar 工具栏类的对象 m_NewBar,代码如下:

protected:
CToolBar   m_wndToolBar;

在主框架窗口类 CMainFrame 的 OnCreate 成员函数中产生工具栏窗口,并将工具栏资源装入。在 CMainFrame::OnCreate()中,添加下列代码:

```
int CMainFrame::OnCreate(LPCREATESTRUCT lpCreateStruct)
{    …
// TODO: Delete these three lines if you don't want the toolbar to
    if (!m_NewBar.CreateEx(this, TBSTYLE_FLAT, WS_CHILD | WS_VISIBLE |
        CBRS_TOP| CBRS_GRIPPER | CBRS_TOOLTIPS |
            CBRS_FLYBY | CBRS_SIZE_DYNAMIC) ||
            !m_NewBar.LoadToolBar(IDR_ADDTOOLBAR))
    //装载工具栏资源 ADDTOOLBAR
    {
        TRACE0("Failed to create toolbar\n");
        return -1;        // fail to create
    }
    …
```

```
        m_NewBar.EnableDocking(CBRS_ALIGN_ANY);//使工具栏可停靠
        EnableDocking(CBRS_ALIGN_ANY);        //工具栏在主框架窗口进行停靠
        DockControlBar(&m_NewBar);            //指定新工具栏进行停靠
        return 0;
    }
```

代码中，CreateEx 是 CToolBar 类的成员函数，用于创建一个工具栏对象。应用程序的工具栏一般是停靠在主框架窗口上的，因此，工具栏窗口产生并加载资源后，还应该有相应的停靠代码。编译运行程序，可以看到新增的工具栏。

④在项目中并没有显示隐藏标准工具栏的代码，它们被封装在 MFC 应用程序框架中。要使新工具栏也具有显示隐藏功能，可以在应用程序中动态改变工具栏的显示状态。添加"导航/新工具栏(&N)"菜单命令项，"新工具栏(&N)"菜单 ID 号为 ID_NEWBAR。打开 Toolbar 资源 IDR_MAINFRAM，增加一个工具按钮"N"，ID 号为 ID_NEWBAR，将该工具按钮同菜单命令项"新工具栏(&N)"（ID_NEWBAR）建立关联。

⑤在 CMainFrame::OnCreate 函数中添加下述代码,使工具栏在初始化时处于隐藏状态。
```
    int CMainFrame::OnCreate(LPCREATESTRUCT lpCreateStruct)
    {
        ...
        ShowControlBar(&m_NewBar,FALSE,FALSE);//隐藏工具栏
        return 0;
    }
```

⑥切换到"ClassView"标签，选中"CMainFrame"类，单击鼠标右键，选中"Add Member Variable"选项，为"CMainFrame"类添加一个 BOOL 型的公有成员变量 m_nBar。

⑦打开 MFC ClassWizard 对话框的"Message Maps"标签页面，选择"CMainFrame"类，在"Object IDs"列表框中选择"ID_NEWBAR"，分别添加 COMMAND 和 UPDATE_COMMAND_UI 的消息映射和相应消息处理函数，并添加代码如下：
```
    void CMainFrame::OnNewbar( )
    {
        m_nBar=!m_nBar;
        ShowControlBar(&m_NewBar,m_nBar,FALSE);//显示或隐藏工具栏
    }
    void CMainFrame::OnUpdateNewbar(CCmdUI* pCmdUI)
    {
        m_nBar=m_NewBar.IsWindowVisible( );
        pCmdUI->SetCheck(m_nBar);
        //根据工具栏的显示状态设置菜单项是否有选中标志√
    }
```

其中，将 pCmdUI->SetCheck(m_nBar)可修改为：pCmdUI->SetRadio(TRUE);菜单项的选中标记为●。

⑧编译链接运行程序。当用户单击"导航/新工具栏(&N)"菜单命令项时，新添加工具栏显示，再次单击工具栏隐藏，或单击工具栏的"N"按钮，效果相同如图 5-17 所示。

图 5-17 工具栏的动态显示

5.2.3 用户界面更新消息的处理

利用 ClassWizard 类向导对菜单项命令进行消息映射时，在 Messages 列表框中有两个消息：即 COMMAND 消息和 UPDATE_COMMAND_UI（更新命令用户界面消息）消息。UI 是 User Interface 的缩写。其中 COMMAND 消息在用户单击某个菜单项的时候发送，而 UPDATE_COMMAND_UI 消息则是当菜单（或者工具栏）需要更新时由系统发送的。在应用程序中，可以利用 UPDATE_COMMAND_UI 消息命令在显示菜单之前对菜单进行处理。

例如，在程序项目 Ex_5_1 中，为菜单项"新工具栏"（ID_NEWBAR），添加 UPDATE_COMMAND_UI 的消息处理函数，添加代码如下：

```
void CMainFrame::OnUpdateNewbar(CCmdUI* pCmdUI)
{
    pCmdUI->Enable(FALSE);
}
```

其中，pCmdUI 是指向 CCmdUI 对象的指针。CCmdUI 类仅用于 ON_UPDATE_COMMAND_UI 处理函数，它的成员函数将对菜单、工具按钮等用户交互对象起作用。

编译链接运行程序，单击"导航"菜单，"新工具栏"菜单项命令呈灰色显示。

5.3 状态栏

状态栏位于应用程序主窗口底部，通常用来显示应用程序的当前状态信息或相关提示。大多数 Windows 应用程序都包含有一个状态栏，状态栏既不接受数据输入也不产生命令消息。

状态栏可以是一条水平长条，用来显示一组信息，也可以被分割成几个窗格，用来显示多组信息。

5.3.1 状态栏的定义

在用 MFC AppWizard 应用程序向导创建的 SDI 或 MDI 应用程序框架中，有一个静态的 indicators 数组用来定义状态栏窗格。该数组定义在 MainFrm.cpp 文件中，其数组元素是一些标识常量或字符串的 ID 号，具体定义如下：
```
static UINT indicators[] =
{   ID_SEPARATOR,
    ID_INDICATOR_CAPS,
    ID_INDICATOR_NUM,
    ID_INDICATOR_SCRL,
};
```
其中，ID_SEPARATOR 用来标识信息行窗格，显示菜单和工具按钮的相关信息，其余的 3 个元素用来标识指示器窗格，ID_INDICATOR_CAPS 用来标识键盘上"Caps Lock"键状态，ID_INDICATOR_NUM 用来标识键盘上"Num Lock"键状态，ID_INDICATOR_SCRL 用来标识键盘上"Scroll Lock"键状态。

当用户按下"Caps Look"键时，相应的状态栏中会显示"大写"这个字符串，表示用户从键盘上输入的字符是大写字母，再次按下"Caps Look"键，状态栏中"大写"字符串消失，表示从键盘上输入的字符转换为小写字母。同样，对于 Num Lock 键和 Scroll Lock 键，用户可以进行自由切换。

5.3.2 状态栏的常用操作

1. 增加或减少状态栏中的窗格

在状态栏中，窗格的个数是在静态 indicators 数组定义的。如果要在状态栏中增加一个信息行窗格，只需在 indicators 数组中适当的位置增加一个 ID_SEPARATOR 标识即可；如果要在状态栏中增加一个状态指示器窗格，则需要在 indicators 数组中适当的位置增加一个在字符串表中已经定义好的资源 ID，其字符串的长度表示指示器窗格的大小。如果要在状态栏中减少一个窗格，操作很简单，只需要减少 indicators 数组中的元素即可。

2. 在状态栏上显示文本

在状态栏中的窗格上显示文本，可以通过调用状态栏 CStatusBar 类提供的 SetPaneText( ) 成员函数实现在指定的窗格中显示文本。其函数原型如下：

BOOL SetPaneText(int nIndex, LPCSTR lpszNewText, BOOL bUpdate=TRUE);

其中，参数 nIndex 表示显示文字的窗格的索引值（第一个窗格的索引值为 0），参数 lpszNewText 表示要显示的字符串。

3. 设置状态栏的风格

在状态栏 CStatusBar 类中，有两个成员函数可以用来改变状态栏的风格，分别是 SetPaneInfo( )函数和 SetPaneStyle ( )函数，其函数原型分别如下：

void SetpaneInfo(int nIndex, UINT nID, UINT nStyle, int cxWidth);

void SetPaneStyle (int nIndex, UINT nStyle);

其中，参数 nIndex 表示要改变风格的状态栏窗格的索引值，nID 用来为改变风格后的窗格指定新的 ID，cxWidth 表示窗格的像素宽度，nStyle 表示指定索引值的状态栏窗格的风格类型，用来指定窗格的外观，其取值如表 5-6 所示。

【例 5.3】创建单文档应用程序 Ex_5_3，要求在状态栏中显示鼠标在视图客户区的坐标位置。

第5章 菜单、工具栏和状态栏设计

表 5-6　　　　　　　　　　　参数 nStyle 取值

取　值	含　义
SBPS_NOBORDERS	窗格没有3D边框
SBPS_POPOUT	边框反显，以凸显文字
SBPS_DISABLED	禁用窗格，不显示文字
SBPS_STRETCH	拉伸窗格，填充不用的空间。但状态栏只能有一个窗格具有这种风格
SBPS_NORMAL	普通风格，没有拉伸、3D边框或凸显等特征

操作步骤如下：

①利用 MFC AppWizard 应用程序向导创建单文档应用程序框架，项目名称为 Ex_5_3。

②在项目工作区窗口选中"Resource View"页面，打开"String Table"文件夹，双击"String Table"，打开字符串编辑表，如图 5-18 所示。

③双击在字符串编辑表的最后一行空白编辑行，弹出 String Properties（字符串属性）对话框。在字符串属性对话框中，添加新的字符串资源 ID_XPOSITION，如图 5-19 所示。

图 5-18　字符串编辑表

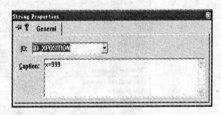

图 5-19　字符串属性对话框

④重复第(3)步操作，在字符串属性对话框中，再次添加新的字符串资源 ID_YPOSITION。添加了新字符串资源后的字符串编辑表如图 5-20 所示。

图 5-20　添加新字符串资源后的字符串编辑表

⑤在项目工作区窗口选中"File View"页面,打开"Source Files"文件夹,双击"MainFrm.cpp"文件,修改静态数组 indicators,代码如下:
static UINT indicators[] =
{
ID_SEPARATOR,   // status line indicator
ID_XPOSITION,
ID_YPOSITION,
};

⑥启动 ClassWizard 类向导对话框,选择"Message Maps"标签。在"Class name"组合框中,选择"CEx_5_3View";在"Object IDs"列表框中选定"CEx_5_3View",在 Messages 列表框中选择 WM_MOUSEMOVE 消息。

⑦单击"Add Function"按钮,在 CEx_5_3View 类中添加 WM_MOUSEMOVE 消息的映射函数 On_MouseMove( ),同时 Member functions 列表框中显示该消息和该消息的映射函数。其结果如图 5-21 所示。

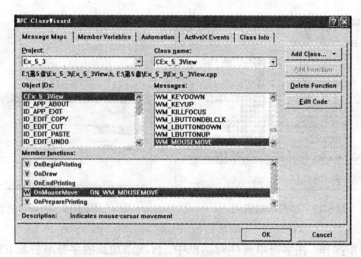

图 5-21 添加 WM_MOUSEMOVE 消息映射

⑧单击"Edit Code"按钮,在 On_MouseMove( )函数中添加如下代码:
```
void CEx_5_3View::OnMouseMove(UINT nFlags, CPoint point)
{
    //获得主窗口状态栏指针
    CStatusBar * pStatus=(CStatusBar * )AfxGetApp( )->
            m_pMainWnd->GetDescendantWindow(ID_VIEW_STATUS_BAR);
    //设置第二个窗格 ID_XPOSITION 的风格
    pStatus->SetPaneStyle(1,SBPS_NOBORDERS);
    //设置第三个窗格 ID_YPOSITION 的风格
    pStatus->SetPaneStyle(2,SBPS_POPOUT);
    CString strX,strY;
```

```
        strX.Format("X=%3d",point.x);
        strY.Format("Y=%3d",point.y);
        //在第二个窗格上显示鼠标的 X 坐标值
        pStatus->SetPaneText(1,strX);
        //在第三个窗格上显示鼠标的 Y 坐标值
        pStatus->SetPaneText(2,strY);
        CView::OnMouseMove(nFlags, point);
}
```

⑨保存应用程序,并对其进行编译链接,当鼠标在客户区移动时,运行效果如图 5-22 所示。

图 5-22 应用程序 Ex_5_3 运行效果

5.4 菜单和工具栏综合实例

【例 5.4】创建简单的文本编辑器。程序运行后,当用户在文档编辑区输入文本后,能设置字体并保存。如图 5-23 所示。

图 5-23 文档编辑器窗口

实现步骤如下：

①使用 MFC App Wizard(exe)创建一个单文档的应用程序，项目名为 Ex_5_4。使用向导第 6 步时，选择 CEx_5_4View 类的基类为 CEditView，其余步骤为默认值。

②在项目工作区窗口的"Resource View"页面中，打开"Menu"文件夹，双击"IDR_MAINFRAME"打开菜单编辑器，在空的菜单项中添加"格式(O)/字体"菜单项，"字体"菜单的 ID 为 ID_FORMAT_FONT；"格式"是主菜单无需 ID,选中 Pop-up 表示是主菜单项。如图 5-24 所示。

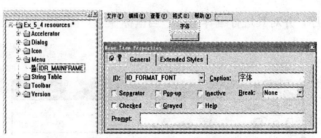

图 5-24 添加菜单及属性设置

③在项目工作区窗口中，选"ClassView"页面，用鼠标右击 CEx_5_4View 类，选择"Add Member Variable"，添加成员变量 m_Font，类型为 CFont。

④按 Ctrl+W 打开"MFC ClassWizard"类向导，在"Class name"组合框中选中"CEx_5_4View"，在"Object IDs"列表框中选中"ID_FORMAT_FONT"，在"Messages"列表框选中"COMMAND"消息。单击"Add Function"按钮，出现添加消息映射函数对话框，单击"OK"。单击"Edit Code"按钮或者双击消息映射函数，ClassWizard 类向导自动添加消息映射函数体框架并将光标定位在该函数体框架内。在消息映射函数体添加代码如下：

```
void CEx_5_4View::OnFormatFont( )
{
    LOGFONT lf;                                    //定义字体结构类型变量
    CFont *font=GetEditCtrl( ).GetFont( );         //获得当前使用的字体
    if(font= =NULL)                                //当前没有选择字体
    {
      font=new CFont;
      font->CreatePointFont(200,"Cooper Black");   //创建字体
      font->GetLogFont(&lf);
      delete font;
    }
    else
    {
        font->GetLogFont(&lf);
    }
    CFontDialog fdlg(&lf);                         //使用创建字体初始化对话框
    if(fdlg.DoModal( )= =IDOK)
```

```
        {
                m_Font.DeleteObject( );
                m_Font.CreateFontIndirect(&lf);
                SetFont(&m_Font);
        }
}
```

⑤编译运行程序，光标插入点在文档编辑区，输入一段文本，单击"格式(O)/字体"菜单项，打开"字体"对话框，显示创建的字体，单击"确定"按钮，字体设置生效，如图5-23所示。单击"文件/另存为"，选择相应的路径，文件名为"文件1.txt"，文件已被保存。

⑥设置文件打开和保存为"*.txt"类型的文件。 按Ctrl+W打开"MFC ClassWizard"类向导，在"Class name"组合框中选中"CEx_5_4View"，在"Object IDs"列表框中分别选中"ID_FILE_OPEN"和"ID_FILE_SAVE"，在"Messages"列表框中选中"COMMAND"消息。分别添加文件打开和保存的消息映射函数。添加代码如下：

```
void CEx_5_4View::OnFileOpen( )              //打开文件
{
    CDocument *pDoc=GetDocument( );          //获取文档对象指针
    char filter[]="Text Files(*.txt)|*.txt"; //打开文件类型
    CFileDialog    FDlg(TRUE," 文 本 文 件 ",NULL,OFN_FILEMUSTEXIST|OFN_HIDEREADONLY,filter,this);
    //构造文件对话框对象
    if(FDlg.DoModal( )= =IDOK)               //打开文件对话框及文档
    {
        pDoc->SetPathName(FDlg.GetFileName( ));      //选择打开的文档
        pDoc->OnOpenDocument(FDlg.GetFileName( ));   //打开文件
    }
}
void CEx_5_4View::OnFileSave( )              //保存文档
{
    CDocument *pDoc=GetDocument( );          //获取文档对象指针
    if(pDoc->GetPathName( )= ="")            //如果文档没保存，弹出保存对话框
    {
        char filter[]="Text Files(*.txt)|*.txt";
        CFileDialog    FileDlg(TRUE," 文 本 文 件 ",NULL,OFN_FILEMUSTEXIST|OFN_HIDEREADONLY,filter,this);
        if(FileDlg.DoModal( )= =IDOK)
        {
            pDoc->SetPathName(FileDlg.GetFileName( ));
            pDoc->OnSaveDocument(FileDlg.GetFileName( ));
        }
```

else //使用当前路径保存
{   pDoc->OnSaveDocument(pDoc->GetPathName( ));   }
}

⑦编译运行程序，用户单击"文件/打开"或"保存"，弹出对话框，文件类型为设置的"*.txt"文件，如图 5-25 所示。

图 5-25 文件打开对话框

5.5 设计学生管理信息系统用户主界面

本章着重介绍了菜单、工具栏和状态栏的设计，结合本教程的案例系统，通过实例来讲解应用程序用户界面设计和技巧。

案例系统的应用程序主界面是一个对话框应用程序的操作界面，用户登录后，可对学生信息管理的各个功能模块进行操作。

5.5.1 设计主界面中主菜单

使用 MFC App Wizard(exe)创建一个基于对话框的应用程序，项目名为 StuSystem。在项目工作区窗口单击"Insert"菜单中的"Resource…"选项，打开"Insert Resource"对话框，选中"Menu"，单击"New"添加菜单资源，将其 ID 修改为 IDR_MENUMAIN，菜单编辑窗口如图 5-26 所示。菜单中的各项属性设置如表 5-7 所示。

表 5-7   Menu 中 ID 属性

ID	标题	属性
_	系统	Pop-up 值为 True,其他默认
ID_SYS_LOGIN	登录	默认
ID_SYS_LOGOUT	注销	默认
ID_SYS_EXIT	退出	默认
ID_STUDENT	学生基本信息	默认

续表

ID	标题	属性
ID_EXPERIENCE	履历信息	默认
ID_SCORE	成绩管理	默认
ID_DEPARTMENT	院系设置	默认
ID_COURSE	课程设置	默认
ID_USER	用户管理	默认

打开应用程序对话框模板属性对话框如图 5-27 所示，设置"Caption"值为：学生信息管理系统，选中"Menu"的值"IDR_MENUMAIN"。

图 5-26　菜单编辑窗口

图 5-27　应用程序对话框属性

编译运行程序，生成应用程序的主界面如图 5-28 所示。该程序只是生成应用程序框架，菜单功能并没有实现，要想实现菜单功能，必须使用 MFC ClassWizard 为各菜单项发送 WM_COMMAND 消息映射函数及并添加相关代码。

图 5-28　程序运行主界面

5.5.2　设计主界面中背景

对话框插入背景图片，具体实现步骤如下：

①在项目工作区窗口单击"Insert/Resource…"选项，打开"Insert Resource"对话框，

选中"Bitmap",单击"Import"导入位图资源,设置 ID 为 IDB_BITMAPBK。

②在对话框类 StuSystemDlg.h 文件中,声明画刷类的成员变量,用于装载位图,声明语句为: CBrush   m_brBk;

③在主对话框类 CStuSystemDlg 的 OnInitDialog( )函数中,添加装载位图的代码如下:
BOOL CStuSystemDlg::OnInitDialog( )
{   …
    CBitmap bmp;
    bmp.LoadBitmap(IDB_BITMAPBK);
    m_brBk.CreatePatternBrush(&bmp);
    bmp.DeleteObject( );
    …
}

④为主对话框类 CStuSystemDlg,添加设置背景图片的 WM_CTLCOLOR 消息映射函数,并添加代码如下:
HBRUSH CStuSystemDlg::OnCtlColor(CDC* pDC, CWnd* pWnd, UINT nCtlColor)
{
        if (pWnd == this)
        {
            return m_brBk;
        }
}

⑤编译运行程序,应用程序主界面窗口如图 5-29 所示。

图 5-29   程序运行结果

习 题

1. 菜单的属性有哪些?如何建立菜单?简述添加菜单命令处理函数的方法。
2. 菜单的命令消息是什么?
3. 什么是 UPDATE_COMMAND_UI 消息?它与菜单的命令消息有何联系?

4．如何设置一个菜单项为禁用状态？

5．什么是弹出式菜单？它由哪个 MFC 类来映射消息？映射什么消息？简述添加浮动的弹出式菜单函数。

6．为单文档应用程序 SdiDraw 新增菜单项、添加快捷键、工具栏按钮和弹出式菜单。

7．为单文档应用程序添加工具栏，使其放在框架窗口底部，且工具栏不能被拖动（提示：设置风格参数 CBRS_BOTTOM，取消风格参数 CBRS_GRIPPER）。

8．为单文档应用程序添加画图菜单，单击鼠标左键，在客户区绘制线段，绘制线段的数量在状态栏显示。

9．创建一个单文档应用程序，实现在状态栏显示当前时间的功能。

第 6 章　常用控件

对话框是 Windows 应用程序与用户进行交互的主要途径，是 Windows 应用程序界面的重要组成部分。控件是嵌入在对话框或其他窗口中的一个特殊的小窗口，是实现用户各种操作响应的主要工具，对话框通过控件来与用户进行交互。本章主要介绍 Windows 常用控件的使用，主要有静态控件、按钮、编辑框、列表框、组合框、滚动条、进展条、旋转按钮、滑动条、进展条、列表视图控件、树视图控件、标签控件和日期时间控件等。

6.1　控件概述

在对话框的程序设计中，常用来和用户交互的是页面上的一些控制元素，称为控件。

Windows 提供的控件按照其操作效果和特征，主要分为标准控件和公共控件两类。标准控件也就是常用控件，包括静态控件、按钮、编辑框、列表框、组合框和滚动条等，可满足程序设计界面设计。公共控件包括滑动条、进展条、列表视图控件、树视图控件、标签控件和日期时间控件等，可实现应用程序用户界面设计风格的多样性。

6.1.1　控件

控件是 Windows 窗口界面最基本的组成元素之一，也是程序与用户之间的一个友好接口，能完成特定的功能，用户可以将控件看成是一个独立的小窗口。表 6-1 列出了 MFC 主要的控件类。

图 6-1 显示了学生基本信息对话框界面，用到的控件有静态控件、按钮、编辑框、组合框、日历控件、ActiveX 控件。

图 6-1　学生基本信息对话框界面

表 6-1　　　　　　　　　　　　　MFC 常用控件类

控件	MFC 类	控件	MFC 类
静态控件	CStatic	微调按钮（旋转按钮）	CSpinButtonCtrl
编辑框	CEdit	滑动条	CSliderCtrl
按钮	CButton	进度条	CProgressCtrl
列表框	CListBox	标签控件	CTabCtrl
组合框	CComboBox	图像列表	CImageList
滚动条	CScrollBar	文件系统控件（树控件）	CTreeCtrl

上述 MFC 控件类都是从窗口类派生的，继承了 CWnd 窗口类的成员函数，具有窗口的一般功能和窗口的通用属性。用户可以使用窗口类的成员函数 ShowWindow( )、MoveWindow( )和 EnableWindow( )等窗口管理函数进行管理，实现控件的显示、隐藏、禁用、移动位置等操作，还可以利用其他相关成员函数来设置控件的大小和风格。

控件类由该类的成员函数来管理，通过在程序中创建的控件对象可以调用这些成员函数，获取控件信息，设置控件状态，添加控件消息映射。

标准控件在应用程序中可以作为对话框的控件和独立的子窗口两种形式存在。因此，创建控件有两种方式：一种是在对话框模板上创建控件，当应用程序启动对话框时，Windows 系统将自动在对话框中创建控件。另一种方式是通过控件类的成员函数或 API 函数 Create 来创建控件（使用该方式创建控件必须指定控件的窗口类）。

6.1.2　在对话框模板上创建控件

先创建对话框资源，在对话框模板中指定控件，当应用程序启动时该对话框的控件自动被创建。

【**例 6.1**】在对话框模板中指定控件，如图 6-2 所示。运行程序时，当用户在对话框的编辑框中输入 "武汉科技大学中南分校" 文本信息，单击 "Button1" 按钮后，"武汉科技大学中南分校欢迎您！" 的文本信息将显示到 "Button1" 按钮上，如图 6-3 所示。

图 6-2　对话框界面设计

图 6-3　程序运行结果

实现步骤如下：

①创建一个基于对话框的应用程序CreateControl。

②在对话框模板应用程序窗口中，使用控件工具栏和布局工具栏，向对话框添加一个编辑框和两个按钮控件并布局。

6.1.3 控件的属性

控件的属性主要包含两个方面：控件的外观风格属性和控件的消息属性。

控件的外观属性通过控件属性对话框进行设置，如图 6-4 所示。控件属性对话框都包含多种属性，大多数控件都有 General、Styles 和 Extended Styles 三种属性。其中 General 为一般通用属性，用来设置所有控件的公共属性，Styles 和 Extended Styles 为风格属性，用来设置控件的外观和辅助功能。

图 6-4 按钮控件属性对话框

控件的 General 属性主要有以下几项：

①ID：控件的标识符，每个控件都有默认的 ID，通常以 IDC_为前缀，其值由系统 Developer Studio 提供。不同控件的 ID 不同。

②Caption：控件的标题，大多数控件有默认的标题，用户可以自行设置控件的标题，还可以使用"&"标记设置该控件的助记符（相当于快捷键，可用 Alt+助记符操作控件）。例如，设置某按钮控件的 Caption 属性值为 "Display &D"，在程序执行过程中可以使用 Alt+D 来操作该按钮控件。

③Group：指定控件组中的第一个控件，如果该项被选中时，此控件后的所有控件都被看成同一组，用户可以用键盘上的方向键在同一组控件中进行切换。

④Tab Stop：该属性被选中，用户可以使用 Tab 键来选择控件，获取控件焦点。用户可以通过 Ctrl+D 键重新设置控件的 Tab 顺序。

⑤Visible：该属性被选中，控件在初始化时可见，否则不可见。

⑥Disable：该属性被选中，控件在初始化时被禁止使用，且呈灰色显示。

⑦Help ID：该属性被选中，为控件创建一个相关的帮助标识符。

将例 6.1 应用程序控件设置属性，设置一个按钮的 ID 为 IDC_WELCOME，标题为 "欢迎您！"；另一个按钮 ID 为 IDC_BUTTON1，其他属性为默认值，编辑框的属性为默认值。

6.1.4 控件的数据交换和数据校验

DDX（对话框数据交换）用于初始化对话框中的控件并获取用户的数据输入，在显示对话框之前 DDX 通过 UpdateData( )函数将成员变量的值传给控件，在关闭对话框时通过 UpdateData( )函数将控件的值传给成员变量。

UpdateData( )函数原型如下：

BOOL UpdateData(BOOL bSaveAndValidate = TRUE);
其中，参数为 true 或不带参数时，数据从控件向相关联的成员变量传递，将控件的值保存到成员变量，即依照控件内容更新控件变量值。

参数为 false 时，数据由控件相关联的成员变量向控件传输。

DDV(对话框数据验证)用于自动验证对话框的数据输入范围，并发出相应的警告。

要使用 DDX 和 DDV 必须用 ClassWizard 创建数据成员，设置数据类型并指定验证规则。

例如，下面的步骤是为例 6.1 中的 CCreateControlDlg 类控件添加关联的成员变量。

①启动 MFC ClassWizard，并切换到"Member Variables"页面。

②选定"class name"为"CCreateControlDlg"，然后在"Control Ids"列表中，选定所要关联的控件 ID 号 IDC_BUTTON1，用鼠标左键双击或单击"Add Variable"按钮，弹出"Add Member Variable"对话框。

说明：

Category 框内可选择 Value 或 Control 两种类型。

Control 是 MFC 为该控件封装的控件类。

Value 是数值类型，可为 CString 字符串、int、UINT、long、DWORD、float、double、BYTE、short、BOOL 等。

③在"Member Variable name"框中输入与控件相关联的成员变量 m_b，单击"OK"。

说明：

在 DDV/DDX 技术中，允许用户为同一个控件关联多个数据成员变量，但必须保证这些变量名是不相同的，且变量类型不同，即在 Value 和 Control 类型中各自只能有一个成员变量。

如添加的成员变量是一个数值类型，要求输入变量的范围，这就是控件的数据校验。

用同样的方法为编辑框 IDC_EDIT1 添加一个 CString 类型的变量 m_str，最多字符个数 20。

④单击"OK"按钮后，打开 CCreateControlDlg 类源文件,可以发现 ClassWizard 自动修改了以下三个方面的内容。

在 CreateControlDlg.h 文件中，添加与控件关联的成员变量的声明。

```
//{{AFX_DATA(CCreateControlDlg)
enum { IDD = IDD_CREATECONTROL_DIALOG };
CButton m_b;      //声明变量
CString m_str;    //声明变量
//}}AFX_DATA
```

在 CreateControlDlg.cpp 文件中的 CCreateControlDlg 构造函数实现代码处，添加成员变量的一些初始代码。

```
//{{AFX_DATA_INIT(CCreateControlDlg)
m_str = _T("");    //对变量初始化
//}}AFX_DATA_INIT
```

在 CreateControlDlg.cpp 文件中的 DoDateExchange 函数体内,添加控件的 DDX/DDV 代码。

```
void CCreateControlDlg::DoDataExchange(CDataExchange* pDX)
{
```

```
        CDialog::DoDataExchange(pDX);
        //{{AFX_DATA_MAP(CCreateControlDlg)
        DDX_Control(pDX, IDC_BUTTON1, m_b);
        DDX_Text(pDX, IDC_EDIT1, m_str);   //将控件 IDC_EDIT1 与 m_str 进行数据交换
        DDV_MaxChars(pDX, m_str, 20);      //校验 m_str 的最大字符个数不超过 20
        //}}AFX_DATA_MAP
    }
```

⑤为一个控件定义一个关联的数据成员变量后,可使用 CWnd::UpdateData 函数实现控件的数据传递。

打开 MFC ClassWizard,在"Message Maps"页面中,选定"Class name"为"CCreateControlDlg",然后在"Object IDs"列表中,选定控件 ID 号 IDC_BUTTON1,在"Messages"列表框中双击"BN_CLICKED"或单击"Add Function"按钮,添加消息映射函数,并添加代码如下:

```
    void CCreateControlDlg::OnButton1( )
    { // TODO: Add your control notification handler code here
        CString s;                          //声明字符串类型变量 s
        UpdateData( );                      //默认参数为 TRUE
        GetDlgItemText(IDC_WELCOME,s);      //获取按钮控件 IDC_WELCOME 的文本标题
        m_b.SetWindowText(m_str+s);         //设置指定控件的文本标题
    }
```

其中,m_b 是 CButton 类的对象,继承了其父类 CWnd 的函数。GetDlgItemText 函数获取按钮的文本标题保存到 s 变量中,SetWindowText 函数设置按钮控件的标题。

⑥编译运行程序。结果如图 6-3 所示。

6.2 静态控件和按钮

6.2.1 静态控件

静态控件用于显示文本串、框、矩形、光标、位图或图元文件等。静态控件是一种单向交互的控件,通常不接收输入也不提供输出,不产生通知消息。但是当静态控件的 Styles 属性设置为 SS_NOTIFY 时,可以传送消息到父窗口。

在 MFC 中,控件工具栏中静态控件有三种:静态文本控件"Aa"、静态图片控件""和组框控件""。管理静态文本控件和静态图片控件的 MFC 类是 CStatic 类,管理组框控件的 MFC 类是 CButton 类,它们都是 CWnd 类的派生类。表 7-7 列出了静态控件 CStatic 类的主要成员函数,使用这些函数可以设置和获取控件的相关属性。

通过修改静态控件的 General 和 Style 属性,可对静态控件的风格和外观进行设置。

6.2.2 按钮

按钮是一种矩形子窗口,通常出现在对话框、工具栏或其他包含控件的窗口中。按钮可以单独出现,也可以成组出现,主要通过单击或双击用来实现数据的输入。常见的按钮有三

种类型：按键按钮、单选按钮和复选按钮，如图6-5所示。

图6-5　按钮的类型

1. 按键按钮

按键按钮（也称为命令按钮）"□"具有突起的三维外观，控件外观表面通常有一个文本标识。被按下时，按钮会产生下陷的视觉效果，同时发出相应的命令消息，应用程序执行相应操作。

2. 单选按钮

单选按钮"●"是由一个圆圈和紧随其后的文本组成，一般成组出现，当其被选中时，圆圈中就标上一个黑点。单选按钮用于在一组相互排斥的几种选项中选择其中一项，使用单选按钮时，通常将其风格属性设置为Auto型（自动型），同一组中第一个按钮的Group属性被选中，当用户选择某个单选按钮时，系统将自动消除其他单选按钮的选中标志，保持其互斥性。

3. 复选按钮

复选按钮（也称为复选框）"☒"由一个空心方框和紧随其后的文本组成，当其被选中时，方框中就标上一个"√"标记。复选框主要用于在一组选项中选择其中一项或多项，各选项之间不存在互斥性，用户可同时选择其中一个或多个。复选框一般有两种状态（True或False），有时还可以设定为Tri-statet（不确定）状态。

管理按钮控件的MFC类是CButton类，它是CWnd类的派生类，表6-2列出了按钮控件的常用成员函数。另外，从CWnd类继承而来的成员函数也可以用来管理按钮控件，如CheckRadioButton( )函数和GetCheckedRadioButton( )函数。

①设置同一组单选按钮中多个单选按钮的选中状态，函数原型如下：

void CheckRadioButton(int nIDFirstButton, int nIDLastButton, int nIDCheckButton);

②获取同一组单选按钮中多个单选按钮的选中状态，函数原型如下：

int GetCheckedRadioButton (int nIDFirstButton，int nIDLastButton) ;

其中，参数nIDFirstButton和nIDLastButton为同一组中第一个按钮ID值和最后一个按钮ID值，nIDCheckButton用于指定要设置选中状态的按钮ID值。GetCheckedRadioButton返回被选中的按钮ID值。

按钮映射的消息有两个：BN_CLICKED（单击按钮）和BN_DOUBLECLICKED（双击按钮）。

Visual C++面向对象程序设计

表 6-2　　　　　　　　　　按钮控件 CButton 类的成员函数

函　数	功　能　说　明
GetState	获取单选按钮或复选框的状态
SetState	设置按钮控件的高亮状态
SetCheck	设置单选按钮或复选框的选中状态（0-未选中，1-选中，2-不确定）
GetCheck	获取单选按钮或复选框的选中状态（0-未选中，1-选中，2-不确定）
GetButtonStyle	返回按钮对象的风格值
SetButtonStyle	更改按钮对象的风格值
SetIcon	指定按钮上显示的图标
GetIcon	返回由 SetIcon 设置的图标句柄
SetBitmap	指定按钮上显示的位图
SetCursor	指定按钮上显示的光标
GetBitmap	返回由 SetBitmap 设置的位图句柄
GetCursor	返回由 SetCursor 设置的光标句柄

【例 6.2】按钮控件应用实例：设计一个基于对话框的应用程序，在对话框界面上设置对颜色模式进行控制的单选按钮和复选框，如图 6-6 所示，当用户单击复选框 Enable Buttons 时，所有按钮处于有效状态。选择颜色组合后，单击"确定"按钮，对话框右边的矩形区将呈现相应的颜色效果。

图 6-6　按钮控件实例程序运行结果

实现步骤如下：

①利用 MFC AppWizard 应用程序向导创建一个基于对话框的应用程序项目 Color Sampe。

②根据图 6-6 的控件布局，用控件编辑器添加相应控件，用布局工具栏中的网格按钮"▦"布局控件，并用布局工具栏中测试按钮"▧"测试效果。表 6-3 列出了这些控件的属

性设置。选"Insert/Resource/Icon/Import"插入图片 ID 为 IDI_ICON1。

表 6-3　　　　　　　　　　　　控件的属性设置

控件	控件 ID 号	标题	属性
组框	IDC_STATIC	颜色	默认
组框	IDC_STATIC	CHOOSE	默认
静态图片	IDC_STATIC	——	Image:IDI_ICON1
复选框	IDC_CHECKENABLE	Enable Button	默认
单选按钮	IDC_RADIOCOLOR	彩色	Group, Tab stop，其余默认
单选按钮	IDC_RADIOSINGLE	单色	默认
复选按钮	IDC_CHECKRED	红	Group，其余默认
复选按钮	IDC_CHECKGREEN	绿	默认
复选按钮	IDC_CHECKBLUE	蓝	默认
按键按钮	IDC_BUTTON1	确定	默认
按键按钮	IDCANCEL	取消	默认
按键按钮	IDC_BUTTONDRAW		Owner draw

③打开 MFC ClassWizard 对话框，切换到 Member Variables 标签页面，选择类名 CColorSampleDlg，在 Control IDs 列表中选定 IDC_CHECKENABLE，单击 Add Variables 按钮，为其添加一个 BOOL 类型成员变量 m_bEnabled。在对话框类 CColorSampleDlg 的构造函数中将 m_bEnabled 的值设置为 TRUE。采用同样的方式分别为列表框中的 IDC_CHECKRED，IDC_CHECKGREEN 和 IDC_CHECKBLUE 添加 BOOL 型成员变量 m_bRed，m_bGreen 和 m_bBlue。

④切换到 Class Wizard 中 Message Maps 页面，为复选框 IDC_CHECKENABLE 增加 BN_CLICKED 消息映射，选定默认的消息映射函数名，编辑程序代码如下：

```
void CColorSampleDlg::OnCheckenable( )
{
    UpdateData( );
    GetDlgItem(IDC_RADIOCOLOR)->EnableWindow(m_bEnabled);
    GetDlgItem(IDC_RADIOSINGLE)->EnableWindow(m_bEnabled);
    GetDlgItem(IDC_CHECKRED)->EnableWindow(m_bEnabled);
    GetDlgItem(IDC_CHECKGREEN)->EnableWindow(m_bEnabled);
    GetDlgItem(IDC_CHECKBLUE)->EnableWindow(m_bEnabled);
}
```

⑤为了使控件初始化时处于禁止状态，在 CColorSampleDlg 类的 OnInitDialog 函数体中添加代码如下：

```
BOOL CColorSampleDlg::OnInitDialog( )
{ …
    OnCheckenable( );//控件初始化时处于禁止状态
    return TRUE;   // return TRUE  unless you set the focus to a control
```

}

⑥为了使控件初始化时有选中状态,在 OnInitDialog 函数体中添加代码如下:
BOOL CColorSampleDlg::OnInitDialog( )
{ …
　　//设置同组单选按钮的选中状态
CheckRadioButton(IDC_RADIOCOLOR,IDC_RADIOSINGLE,IDC_RADIOCOLOR);
　　CButton*pBtn=(CButton*)GetDlgItem(IDC_CHECKRED);
　　pBtn->SetCheck(1);　　　　//设置同组复选按钮的选中状态
　　return TRUE;　// return TRUE　unless you set the focus to a control
}

⑦使用 MFC ClassWizard 对话框为单选按钮 IDC_RADIOCOLOR 和 IDC_RADIOSINGLE 添加 BN_CLICKED 消息处理函数,使应用程序处于单色模式时,三个颜色复选框被禁用,处于彩色模式时,三个颜色复选框可以使用。程序代码分别如下:
void CColorSampleDlg::OnRadiocolor( )　　　　//彩色模式消息映射
{
　　GetDlgItem(IDC_CHECKRED)->EnableWindow( );
　　GetDlgItem(IDC_CHECKGREEN)->EnableWindow( );
　　GetDlgItem(IDC_CHECKBLUE)->EnableWindow( );
}
void CColorSampleDlg::OnRadiosingle( )　　　　//单色模式消息映射
{
　　GetDlgItem(IDC_CHECKRED)->EnableWindow(FALSE);
　　GetDlgItem(IDC_CHECKGREEN)->EnableWindow(FALSE);
　　GetDlgItem(IDC_CHECKBLUE)->EnableWindow(FALSE);
}

⑧为命令按钮 IDC_BUTTON1 添加 BN_CLICKED 消息处理函数,单击该按钮,系统将刷新按钮 IDC_BUTTONDRAW 区域,进行重绘。程序代码如下:
void CColorSampleDlg::OnButton1( )
{
GetDlgItem(IDC_BUTTONDRAW)->Invalidate( );
GetDlgItem(IDC_BUTTONDRAW)->UpdateWindow( );
}

⑨利用 Class Wizard 类向导添加对话框类 CColorSampleDlg 的 WM_DRAWITEM 消息处理函数,以便根据选择的颜色进行绘制。
void CColorSampleDlg::OnDrawItem(int nIDCtl, LPDRAWITEMSTRUCT lpDrawItemStruct)
{
　　UpdateData( );　　　　　　　　　　　　　//接收单/复选按钮的选择数据
　　COLORREF　c;
　　c = RGB(m_bRed? 255:0, m_bGreen? 255:0, m_bBlue? 255:0);

第6章 常用控件

```
    CDC dc;                              //设置绘图环境变量
    dc.Attach(lpDrawItemStruct->hDC);
    if (nIDCtl==IDC_BUTTONDRAW)
    {
        CRect rect;
        GetDlgItem(IDC_BUTTONDRAW)->GetClientRect(&rect);
        dc.FillSolidRect(&rect,c );
    }
        dc.Detach( );
    CDialog::OnDrawItem(nIDCtl, lpDrawItemStruct);
}
```
⑩编译链接并运行程序，运行结果如图 6-6 所示。

6.3 编辑框和旋转按钮

6.3.1 编辑框

编辑框是一个矩形子窗口，主要用于数据的输入和输出，它提供了完整的键盘输入和编辑功能，可以输入各种文本、数字或者口令，也可以对输入的数据进行简单编辑操作。当编辑框被激活且获取输入焦点时，在框内出现一个闪动的插入符，用户可以在此处完成输入操作。在工控件工具栏中的按钮为 " **abl** "。

1. 编辑框的风格属性

编辑框具有多种属性，用户可以很方便地设置编辑框的属性和风格，其 Styles（风格）属性如图 6-7 所示，表 6-4 列出了编辑框 Styles 属性的各项含义。

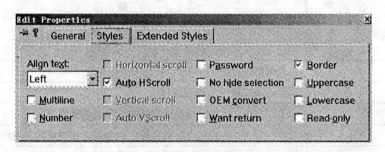

图 6-7 编辑框的属性对话框

表 6-4　　　　　　　　　　编辑框的 Styles 属性

属 性 项	含 义 说 明
Align text	多行文本对齐方式：Left(默认)，Center，Right
Multiline	选中时为支持多行的编辑框
Number	选中时编辑框控件内只支持数值输入
Horizontal Scroll	水平滚动，适用于多行编辑

续表

属性项	含义说明
Auto HScroll	当输入超过一行时,在行尾输入一个新字符时,文本自动右移
Verticol scroll	垂直滚动,适用于多行编辑
Auto VScroll	多行编辑输入时,用户在最后一行键入回车,文本自动向上滚动一页
Password	单行编辑时,键入编辑框内的字符都显示为"*"
Nohide selection	当编辑框失去键盘焦点时,被选择的文本不反色显示
OEM convert	实现对特定字符集的字符转换
Want return	用户按下的回车键,会在编辑框中反映为一个回车符
Border	编辑控件四周的边框
Uppercase	键入在编辑区域内的字符全部大写显示
Lowercase	键入在编辑区域内的字符全部小写显示
Read_Only	编辑框的禁用状态,防止用户键入文本

编辑框为用户提供了良好的输入和输出功能,能将从键盘输入的字符串转化为用户所需要的数据类型,并能利用 MFC 为对话框提供的 DDX 和 DDV 技术来验证用户的输入是否符合要求(指定的长度或值域)。所有的编辑控件都支持常用的编辑操作(如复制、剪切和粘贴等),不需要添加特定的程序代码。

2. 编辑框类成员函数

管理编辑框的 MFC 类是 CEdit 类,它是 CWnd 类的派生类,CEdit 类常用成员函数如表 6-5 所示。

表 6-5　　　　　　　　　　　编辑框 CEdit 类成员函数

函数	功能说明
GetSel	获得编辑控件中选择的起始和结束字符位置
ReplaceSel	用指定的文本替换编辑控件中的当前选择
SetSel	选择编辑控件中的字符范围
Clear	消除编辑控件中的当前选择
Copy	以 CF_TEXT 格式复制编辑控件中的当前选择到剪贴板中
Cut	以 CF_TEXT 格式删除编辑控件中的当前选择并将其复制到剪贴板中
Paste	以 CF_TEXT 格式从剪贴板复制数据到编辑控件的当前位置
Undo	撤销最后的编辑控件操作
CanUndo	判断编辑控件操作是否可以撤销
EmptyUndoButter	重设或消除编辑控件的撤销标记
GetModify	判断编辑控件的是否已修改
SetModify	设置或消除编辑控件的修改标记
SetReadOnly	设置编辑控件为只读状态
GetPassWordChar	得到编辑控件中显示的口令字符

续表

函 数	功 能 说 明
SetPassWordChar	设置编辑控件中显示的口令字符
GetFirstVisibleLine	判断编辑控件中最顶端的可见行
LineLength	得到编辑控件的行长度
LineScroll	滚动编辑控件中指定行的文本
LineFromChars	得到包含指定字符索引的行号
GetRect	得到编辑控件的格式化区域
LimitText	限制可以输入到编辑控件中的文本长度
GetLineCount	得到多行编辑控件的行数
GetLine	从多行编辑控件中得到指定的文本行
SetMargins	指定左右边距的像素大小

3. 编辑框的常见消息

编辑框可以映射多个消息，当编辑框内的文本内容发生改变或被滚动时，会向其父窗口发送消息。表 6-6 列出了与编辑框有关的常见消息。

表 6-6　　　　　　　　　　与编辑框有关的常见消息

消 息	说 明
EN_SETFOCUS	编辑框获取键盘输入焦点时发送此消息
EN_KILLFOCUS	编辑框失去键盘输入焦点时发送此消息
EN_CHANGE	编辑框的文本内容发生改变，在显示新文本后发送此消息
EN_UPDATE	编辑框的文本内容发生改变，在显示新文本之前发送此消息
EN_MAXTEXT	编辑框中的文本输入超过指定的字符数时发送此消息
EN_HSCROLL	编辑框中的水平滚动条被使用，在更新之前发送此消息
EN_VSCROLL	编辑框中的垂直滚动条被使用，在更新之前发送此消息

【例 6.3】设计一个简单的用户登录界面如图 6-8 所示，当选中显示密码按钮时能显示用户密码，当单击"登录"按钮时，根据用户输入的用户名和密码判断是否登录成功。

图 6-8　对话框界面设计

具体实现步骤如下:

①创建一个基于对话框的程序 PasswordSample，按如图 6-8 所示的界面设计对话框，设置控件属性如表 6-7 所示。静态图片内容为插入的图标文件或位图文件，选"Insert/Resource/Icon/Import"插入图片 ID 为 IDI_ICON1。

表 6-7　　　　　　　　　　　　　控件属性及成员变量设置

控件名	ID	标题	属性	变量类别	变量类型	变量名	范围
静态文本	IDC_STATIC	用户名：	默认				
静态文本	IDC_STATIC	密码：	默认				
静态图片	IDC_STATIC	——	IDI_ICON1				
编辑框	IDC_EDIT1	——	默认	Value	CString	m_Name	20
编辑框	IDC_EDIT2	——	Password	Value	CString	m_PassWord	20
编辑框	IDC_EDIT3	——	Read-only	Value	CString	m_Show	20
复选框	IDC_CHECK1	显示密码	默认	Control	CButton	m_ShowButton	
按钮	IDOK	登录	默认				
取消	IDCANCEL	取消	默认				

②按 Ctrl+W 打开类向导，为界面上各控件添加对应的成员变量。如表 6-7 所示。
③在类向导"MessageMaps"页面中，为按钮添加消息映射函数。其中复选框 IDC_CHECK1 和 IDOK 按钮添加的消息类型都为 BN_CLICKED，如图 6-9 所示。

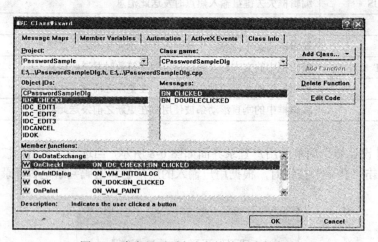

图 6-9　类向导页面上为各控件作消息映射

④为"登录"按钮添加如下代码，实现用户名和密码的验证。
```
void CPasswordSampleDlg::OnOK()
{
    CString   s="武昌";
    CString   k="111";
```

```
    UpdateData( );
    if((strcmp(m_Name,s)==0)&&(strcmp(m_PassWord,k)==0))
        MessageBox("你已经成功登录");
    else
        MessageBox("用户名或密码错误!");
            return ;
    CDialog::OnOK( );
}
```
⑤为复选框 IDC_CHECK1 的消息映射函数，添加如下代码：
```
void CPasswordSampleDlg::OnCheck1( )
{
    if(m_ShowButton.GetCheck( ))
    {
        UpdateData( );
        m_Show=m_PassWord;
        UpdateData(false);
    }
}
```
⑥编译运行程序，结果如图 6-8 所示。

6.3.2 旋转按钮

旋转按钮也称为微调按钮或上下按钮控件"⇕"。外观与滚动条的端点相似，由较小的一对箭头组成，用户单击箭头可以增加或减小一个单位数值。微调按钮一般不单独使用，通常和一个关联控件（如编辑框）绑在一起使用，这个控件称为"伙伴窗口"，使用鼠标单击微调按钮的箭头，就能更改"伙伴窗口"中的数据内容。微调按钮既可以水平放置，也可以垂直放置，用户可以通过更改属性将微调按钮的"伙伴窗口"放置在其左侧或右侧。

1. 旋转按钮风格属性

旋转按钮 Styles（风格）属性如图 6-10 所示，表 6-8 列出了旋转按钮 Styles 属性的各项含义。

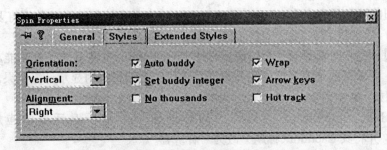

图 6-10 微调按钮属性对话框

表 6-8　　　　　　　　　　旋转按钮的 Styles 属性

属 性 项	含 义 说 明
Orientation	微调按钮的放置方向（Vertical 垂直放置，Horizontal 水平放置）
Alignment	微调旋钮与伙伴窗口的位置关系（Unattached 不关联、Right 右边、Left 左边）
Auto buddy	指明微调控件是否使用 Tab 顺序的前一个控件作为关联控件
Set buddy Integer	允许设置关联窗口中的数值，其值为十进制或十六进制
No thousands	选中此项将不在微调控件中为每隔三个十进制数字提供千分符
Arrow Keys	选中此项，使用键盘上的箭头键也可以增加或减少数值

2. 旋转按钮类成员函数

MFC 的 CSpinButtonCtrl 类封装了微调按钮的各种成员函数（如表 6-9 所示），使用这些成员函数可以对旋转按钮进行管理操作。

表 6-9　　　　　　　　旋转按钮 CSpinButtonCtrl 类成员函数

函 数	功 能 说 明
SetRange	设置微调按钮的上下限范围
GetRange	获取微调按钮的上下限范围值
SetPos	设置微调按钮的当前值
GetPos	获得微调按钮的当前位置值
SetAccel	调整旋钮位置的变化速率
GetAccel	返回旋钮位置的变化速率

常用的基本操作函数原型如下：

int SetBase(int nBase);　　　//设置按钮的基数，nBase 表示控件的新的基数
int GetBase( );　　　　　　　//获取按钮的基数
int SetPos(int nPos);　　　　//设置按钮当前位置，nPos 表示控件新的位置，必在指定范围内
void SetRange(int nLower,int nUpper);//设置按钮当前范围，表示控件的上限和下限

3. 旋转按钮的常见消息

旋转按钮的消息只有一个：UDN_DELTAPOS，它是在控件的当前数据将要改变时向其父窗口发送的。

【例 6.4】创建一个基于对话框的应用程序 CountSample 实现基本运算功能，程序界面如图 6-11 所示。要求在两个编辑框内输入数据，在另一个编辑框内显示计算结果。

实现步骤如下：

①利用 MFC AppWizard 应用程序向导创建一个基于对话框的应用程序项目 CountSample，并将其 Caption（标题）改为"计算器"。

②根据如图 6-11 所示的控件布局，使用控件编辑器添加相应控件。表 6-10 列出了这些控件的属性设置。

图 6-11 应用程序运行结果

【注意】,旋转按钮控件添加的次序在相对应的编辑框(伙伴窗口)之后。用布局工具栏中测试按钮" "测试效果。

表 6-10 控件的属性设置

控 件	控件ID号	标 题	属 性	变量类别	变量类型	成员变量
编辑框	IDC_EDIT1	—	默 认	Control	CEdit	m_edit1
编辑框	IDC_EDIT1	—	默 认	Value	float	m_fedit1
旋转按钮	IDC_SPIN1	—	Auto、Right	Control	CSpinButtonCtrl	m_spin1
编辑框	IDC_EDIT2	—	默 认	Control	CEdit	m_edit2
旋转按钮	IDC_SPIN2	—	Auto、Right、Set buddy	Control	CSpinButtonCtrl	m_spin2
编辑框	IDC_RESULT	—	默 认	Value	CString	m_result
按 钮	IDC_ADD	加(&A)	默 认	—	—	—
按 钮	IDC_DIFFERENCE	减(&D)	默 认	—	—	—
按 钮	IDC_MULTIPLY	乘(&M)	默 认	—	—	—
按 钮	IDC_DEVIDE	除(&D)	默 认	—	—	—
按 钮	IDC_EXIT	退出	默 认	—	—	—
静态文本	默 认	数据1	默 认	—	—	—
静态文本	默 认	数据2	默 认	—	—	—
静态文本	默 认	计算结果	默 认	—	—	—

③打开 MFC ClassWizard 对话框,切换到"Member Variables"标签页面,选择类名 CCountSampleDlg,在 Control IDs 列表框中选定 IDC_EDIT1,单击"Add Variables"按钮,为其添加一个 CEdit 类型成员变量 m_edit1 和 float 类型成员变量 m_fedit1;采用同样的方式为列表框中的 IDC_EDIT2 添加 CEdit 类型成员变量 m_edit2,为 IDC_RESULT 添加 CString 类型成员变量 m_result,为 IDC_SPIN1 添加 CSpinButtonCtrl 类型的成员变量 m_spin1,为 IDC_SPIN2 添加 CSpinButtonCtrl 类型的成员变量 m_spin2,如图 6-12 所示。

图 6-12 添加类成员变量

④在 CCountSampleDlg 类的 OnInitDialog( )函数中设置旋转按钮控件的范围,代码如下:
BOOL CCountSampleDlg::OnInitDialog( )
{
    …
    m_spin1.SetRange(0,1000);//设置旋转按钮控件范围
    m_spin2.SetRange(0,1000);
    return TRUE;   // return TRUE unless you set the focus to a control
}

⑤为 CCountSampleDlg 类增加 IDC_SPIN1 控件的 UDN_DELTAPOS 消息映射,并添加代码如下:
void CCountSampleDlg::OnDeltaposSpin1(NMHDR* pNMHDR, LRESULT* pResult)
{
NM_UPDOWN* pNMUpDown = (NM_UPDOWN*)pNMHDR;//此代码已存在
// TODO: Add your control notification handler code here
UpdateData(TRUE);   //将控件的内容保存到变量中
m_fedit1+=(float)pNMUpDown->iDelta*0.5f;
UpdateData(FALSE);   //将变量的内容显示在控件中
*pResult = 0;   //此代码已存在
}

在代码中,NM_UPDOWN 结构反映旋转控件的当前位置和增量大小。取消 IDC_SPIN1 的 Set buddy integer 属性。

⑥切换到 Message Maps 标签页面,为按钮 IDC_ADD 增加 BN_CLICKED 消息映射,选定默认的消息映射函数名,在 OnAdd( )函数中编辑程序代码如下:
void CCountSampleDlg::OnAdd( )   //加法运算
{
  char sEdit1[10], sEdit2[10];   // 定义两个编辑框中的字符串对象
  double dEdit1, dEdit2, dResult;   // 定义编辑框中的数字类型

```
    char  Buffer[50];                         // 代表存储转换结构的字符串
    m_edit1. GetWindowText(sEdit1, 10);//  获得 Edit1 编辑框中的字符串保存到 sEdit1 中
    m_edit2. GetWindowText(sEdit2, 10);//  获得 Edit2 编辑框中的字符串保存到 sEdit2 中
    dEdit1= atof( (LPCTSTR)sEdit1);          // 将 Edit1 编辑框中字符串转换为浮点数
    dEdit2= atof( (LPCTSTR)sEdit2);          // 将 Edit2 编辑框中字符串转换为浮点数
    dResult= dEdit1+dEdit2;                   // 进行运算求和
    _gcvt(dResult, 10,Buffer);                // 将和转换为字符串，存储在 CBuffer 中
    m_result=(LPCTSTR)Buffer;                 // 将结果字符串输出到 Result 编辑框中
    UpdateData(FALSE);                        //将成员变量数据传给控件，并在控件中显示
}
```

按同样的方法分别为按钮 IDC_DIFFERENCE、IDC_MULTIPLY 和 IDC_DEVIDE 增加 BN_CLICKED 消息映射，添加消息处理函数，并在相应的消息函数中编辑程序代码如下：

```
void CCountSampleDlg::OnDifference( )         //减法运算
{
    char sEdit1[10], sEdit2[10];
    double dEdit1, dEdit2, dResult;
    char  Buffer[50];
    m_edit1. GetWindowText(sEdit1, 10);
    m_edit2. GetWindowText(sEdit2, 10);
    dEdit1= atof( (LPCTSTR)sEdit1);
    dEdit2= atof( (LPCTSTR)sEdit2);
    dResult= dEdit1-dEdit2;                    // 进行运算求差
    _gcvt(dResult, 10,Buffer);
    m_result=(LPCTSTR)Buffer;
    UpdateData(FALSE);
}
void CCountSampleDlg::OnMultiply ( )           //乘法运算
{
    char sEdit1[10], sEdit2[10];
    double dEdit1, dEdit2, dResult;
    char  Buffer[50];
    m_edit1. GetWindowText(sEdit1, 10);
    m_edit2. GetWindowText(sEdit2, 10);
    dEdit1= atof( (LPCTSTR)sEdit1);
    dEdit2= atof( (LPCTSTR)sEdit2);
    dResult= dEdit1*dEdit2;                    // 进行运算求乘积
    _gcvt(dResult, 10,Buffer);
    m_result=(LPCTSTR)Buffer;
    UpdateData(FALSE);
}
```

```
void CCountSampleDlg:: OnDevide( )          //除法运算
{
    char sEdit1[10], sEdit2[10];
    double dEdit1, dEdit2, dResult;
    char   Buffer[50];
    m_edit1. GetWindowText(sEdit1, 10);
    m_edit2. GetWindowText(sEdit2, 10);
    dEdit1= atof( (LPCTSTR)sEdit1);
    dEdit2= atof( (LPCTSTR)sEdit2);
    dResult= dEdit1/dEdit2;                 // 进行运算求商
    _gcvt(dResult, 10,Buffer);
    m_result=(LPCTSTR)Buffer;
    UpdateData(FALSE);
}
```

⑦为按钮 IDC_EXIT 增加 BN_CLICKED 消息映射，添加消息处理函数，并在相应的消息函数中编辑程序代码如下：

```
void CCountSampleDlg::OnExit( )
{
    OnOK( );
}
```

⑧编译链接并运行程序,运行结果如图 6-11 所示。可以使用旋转按钮调整编辑框中数据。

【例 6.5】设计一个简单的工资计算系统,如图 6-13 所示。工资计算方式：如果工龄大于 5 年总薪水等于固定工资加上工时乘以 50；如果工龄小于 5 年大于 1 年，总薪水等于固定工资加上工时乘以 30。

图 6-13 工资计算系统界面设计

实现步骤如下：

①利用 MFC AppWizard 应用程序向导创建一个基于对话框的应用程序项目 SalaryDlg，如图 6-14 所示设计用户界面，其控件的属性和对应的成员设置如表 6-11 所示。

表6-11　　　　　　　　　　　控件属性设置

控件	控件ID号	标题	属性	变量类别	变量类型	成员变量
编辑框	IDC_EDIT_REPORT	—	见图6-14	Value	CString	m_Report
编辑框	IDC_EDIT_NAME	—	默认	Value	CString	m_Name
编辑框	IDC_EDIT_NO	—	默认	Value	CString	m_No
编辑框	IDC_EDIT_AGE	—	默认	Value	int	m_Age
编辑框	IDC_EDIT_SALARY	—	默认	Value	float	m_Salary
编辑框	IDC_EDIT_HOUR	—	默认	Value	int	m_Hour
按钮	IDC_ADDBUT	添加员工	默认	—	—	—

图6-14　IDC_EDIT_REPORT编辑框的属性

②在SalaryDlgDlg.h文件中，添加如下自定义类Employee，表示员工信息，代码如下：

```
class Employee
{
protected:
    CString name;
    CString num;
    int work_age;
    float salary;
    int work_hour;
    float total_salary;
public:
    Employee( ){};
    Employee(CString a,CString b,int c,float d,int e)
    {   name=a;
        num=b;
        work_age=c;
        salary=d;
        work_hour=e;
    }
    CString getname( ){return name; }
    CString getnumber( ){ return num; }
```

```cpp
        int getworkhour( ){return work_hour;}
        float getsalary( ){return salary;}
        int getworkage( ){return work_age;}
        double gettotalsalary( )  { return total_salary; }
        void setname(CString a){ name=a; }
        void setnumber(CString b){num=b;}
        void setworkage(int c)    {work_age=c;}
        void setsalary(float d)   {salary=d;}
        void setworkhour(int e){work_hour=e;}
        void computetotalsalary( )
        {
           if(work_age>5) total_salary=salary+work_hour*50;
           else if(work_age>1&&work_age<5) total_salary=salary+work_hour*30;
        }
        ~Employee( ){};
    };
```

③在 MFC ClassWizard 的 Message Maps 页面中，为 IDC_ADDBUT 按钮添加 BN_CLICKED 消息映射函数，并添加相应的代码如下：

```cpp
    void CSalaryDlgDlg::OnAddbut( )
    {
       UpdateData(TRUE);
       if(m_No.GetLength( )==0||m_Name.GetLength( )==0||m_Salary==0||m_Age==0||m_Hour==0)
       {   MessageBox("请输入完整的雇员信息！");
           return;
       }
       else
       {
           e.setname(m_Name);      // e 为 Employee 类的对象
           e.setnumber(m_No);
           e.setworkage(m_Age);
           e.setsalary(m_Salary);
           e.setworkhour(m_Hour);
           e.computetotalsalary( );
           show_fun( );
       }
    }
```

在 SalaryDlgDlg.cpp 文件中声明 Employee 类的对象，代码如下：
Employee e;
show_fun( )函数是自定义函数，用于按一定的格式输出计算的员工信息。

④在 ClassView 页面中用鼠标右击 CSalaryDlgDlg 在弹出的快键菜单中单击添加成员函数，添加成员函数的类型为 bool，名称为 show_fun( )，代码如下：

```
bool CSalaryDlgDlg::show_fun( )
{
    CString text;
    CString s;
    text+=e.getname( );
    text+="\t";
    text+=e.getnumber( );
    text+="\t";
    s.Format("%d\t",e.getworkage( ));
    text+=s;
    s.Format("%f\t",e.getsalary( ));
    text+=s;
    s.Format("%d\t",e.getworkhour( ));
    text+=s;
    s.Format("%f\t",e.gettotalsalary( ));
    text+=s;
    text+="\r\n";
    m_Report=m_Report+text;
    UpdateData(FALSE);
    return true;
}
```

⑤在 CSalaryDlgDlg 类的构造函数中将输出员工信息编辑框的成员变量 m_Report 的值初始化，代码如下：

```
CSalaryDlgDlg::CSalaryDlgDlg(CWnd* pParent /*=NULL*/)
    : CDialog(CSalaryDlgDlg::IDD, pParent)
{
    …
    m_Report = _T("姓名\t 工号\t 工龄\t 固定工资\t 工时\t 总工资\r\n");
    …
}
```

⑥编译并运行程序，输入几个职员信息，单击"添加员工"按钮，结果如图 6-13 所示。

6.4 列表框

列表框控件""是一个用来显示类型相同的一系列文本项的子窗口，用户可以选择其中的一项或多项。主要用来以各种方式显示一组数据记录供用户进行各种操作。如资源管理器中的"查看"标签下的"大图标、小图标、列表、详细资源"是一个典型应用。

1. 列表框风格属性

列表框的风格属性可以通过其 Properties 属性对话框来查看和修改，如图 6-15 所示。表 6-12 列出了列表框 Styles（风格）属性的各项含义。

图 6-15　列表框的属性对话框

表 6-12　　　　　　　　　　　　列表框的 Styles 属性

属性项	含义说明
Selection	决定列表框的风格。其中，Single 表示单选，用户一次只能选择一个选项；Multiple 表示多选，用户在按下 Shift 或 Ctrl 键时可同时利用鼠标选择多个选项；Extended 表示扩展多选，增设 Shift 键+方向键实现多选的功能；None 表示列表项被禁选。
Owner draw	自画列表框，默认为 No
Has Strings	指定列表框包含有字符串文本
Border	列表框具有边框效果
Sort	列表项按字母顺序排列
Notify	当用户对列表框操作，就会向父窗口发送消息
Multi-column	创建带有水平滚动条的列表框
Horizontal scroll	在列表框中创建一个水平滚动条
Vertical scroll	在列表框中创建一个垂直滚动条
No redraw	指示当前列表框的内容变化时不更新其显示
Use tabstops	使用停止位来调整列表项的水平位置
Want key input	列表框有输入时，就会向列表框的父窗口发送相应消息
Disable no scroll	使列表项全部在列表框中显示，也带上垂直滚动条
No integral height	按用户设定的尺寸作为列表框的大小，不管列表项是否能完全显示

2. 列表框类成员函数

管理列表框的 MFC 类是 CListBox 类，它是 CWnd 类的派生类，其常用成员函数如表 6-13 所示。

表 6-13　　　　　　　　　　　列表框 CListBox 类成员函数

函　　数	功　能　说　明
GetCount	返回列表框中列表项的数目
GetTopIndex	返回列表框中第一个可见项的索引，初始值为 0
SetTopIndex	指定特定的列表项为可见的

续表

函　数	功　能　说　明
SelectString	搜索并选择单项选择列表框中的指定字符串
SetItemData	将一个 32 位数值与一个列表项关联起来
SetItemDataPtr	设置指向列表项的指针
GetItemData	返回与指定列表项有关的 32 位值
GetItemDataPtr	获取通过 SetItemDataPtr( )设置的某个列表项关联数据的指针
SetItemHeight	设置列表项的高度
GetItemHeight	返回列表项的高度值
GetSel	返回指定列表项的选择状态
GetCursel	获得当前选择的列表项的位置序号
GetText	复制列表项到缓冲区（获取列表项文本）
GetTextLen	返回列表项的字节数
AddString	添加字符串到列表框中并能根据 sort 属性，自动排序
DeleteString	删除指定的列表项
InsertString	在指定位置插入列表项，当参数为-1 时，在列表框末尾添加
ResetContent	清除列表框中所有的列表项
FindString	搜索列表框中前缀字符匹配的列表项
FindStringExact	搜索列表框中完全匹配的列表项
SetCurSel	设定某个列表项为选中状态（呈高亮显示）

（1）添加列表项成员函数

int　AddString(LPCTSTR　lpszItem);

int　InsertString(int nIndex,LPCTSTR lpszItem);

说明：都将返回列表项在列表框的索引，错误时返回 LB_ERR，空间不够时，返回 LB_ERRSPACE。参数 lpszItem 指定列表项的文本串。

InsertString 不会对列表项进行排序，nIndex 指定插入列表项的位置，若 nIndex 等于-1，则添加在列表框末尾。

（2）用户数据和某个列表项关联起来成员函数

int SetItemData(int nIndex,DWORD　dwItemData);//将一个 32 位数与某列表项关联起来

int SetItemDataPtr(int nIndex,void*pData);//将用户的数组、结构体等大量的数据与列表项关联

说明：参数 nIndex 指定关联的列表项，dwItemData 和 pData 与列表项关联的数据。关联产生错误时，将返回 LB_ERR。

与以上两个函数对应的 GetItemData 和 GetItemDataPtr 获取相关的用户数据。

（3）查找列表项成员函数

int FindString(int nStartAfter,LPCTSTR lpszItem) const;

int FindStringExact(int nIndexStart,LPCTSTR lpszFind) const;

说明：lpszItem 和 lpszFind 指定要找的列表项文本；nStartAfter 和 nIndexStart 指定查找开始位置,若为-1，从头到尾查找。

（4）删除列表项成员函数

int DeleteString(UINT nIndex); //nIndex 指定要删除的列表项的索引

void ResetContent( );

【注意】用 SetItemPtr 函数，在删除时将关联数据占的内存空间释放出来。

3. 列表框的常见消息

列表框与列表框中的列表项都能够产生消息映射，如当列表框内的列表项被选中时，就会向其父窗口发送消息。表 6-14 列出了与列表框有关的常见消息。

表 6-14　　　　　　　　　　　列表框常见消息

消　　息	产　生　原　因
LBN_DBCLICK	双击列表项
LBN_ERRSPACE	列表框不能分配足够的内存
LBN_KILLFOCUS	列表框失去输入焦点
LBN_SETFOCUS	列表框接收输入焦点
LBN_SELCANCEL	列表框中的选择被取消
LBN_SELCHANGE	列表框中的用户选择已发生改变

【例 6.6】 列表框应用实例：创建一个基于对话框的应用程序来显示一个学生的有关信息：姓名、学号及考试成绩，程序界面如图 6-16 所示。要求列表框中由每一个学生姓名组成的列表项与编辑框相关联，当选中某列表项时，其关联信息同步显示在编辑框中；当用户单击"添加"按钮时，从编辑框输入的一组信息，其姓名文本将被添加到列表框中，其他信息都与之关联。当单击"删除"时，所选定的列表项及其相关信息都被删除。

图 6-16　程序运行界面

实现步骤如下：

①利用 MFC AppWizard 应用程序向导创建一个基于对话框的应用程序项目 ListSample，并将其 Caption（标题）设置为"列表框控件的使用"。

②根据图 6-16 的控件布局，使用控件编辑器添加相应控件。表 6-15 列出了这些控件的属性设置及添加对应的成员变量。

第6章 常用控件

表6-15 控件的属性设置

控件	控件ID号	标题	属性	变量类别	变量类型	成员变量
列表框	IDC_LIST		Disable no Scrolll	Control	CListBox	m_List
组框	IDC_STATIC	学生信息	默认			
静态文本	IDC_STATIC	姓　名：	默认			
静态文本	IDC_STATIC	学　号：	默认			
静态文本	IDC_STATIC	总　分：	默认			
编辑框	IDC_EDITNAME		默认	Value	CString	m_Name
编辑框	IDC_EDIT NUM		默认	Value	int	m_Num
编辑框	IDC_EDITSCORE		默认	Value	double	m_Score
按钮	IDC_BUTTONADD	添加	默认			
按钮	IDC_BUTTONDEL	删除	默认			
按钮	IDCANCEL	退出	默认			

③打开 MFC ClassWizard 对话框，切换到"Member Variables"标签页面，为控件添加相应成员变量如图6-17所示。为了确保输入值的有效性，可利用数据校验功能限定编辑框输入值的有效范围。例如在添加编辑框 IDC_EDITSCORE 的成员变量时，将其范围大小设置为0.0～100.0。

图6-17 添加成员变量

④打开 ListSampleDlg.h 头文件，在类 CListSampleDlg 中的 public 成员后添加一个结构体类型来描述所关联的列表项信息。

```
struct student
{
    CString name;
    int num;
    double score;
};
```

⑤打开 MFC ClassWizard 对话框中的"Message Maps"标签页面，分别为对话框中的按钮控件 IDC_BUTTONADD 和 IDC_BUTTONDEL 添加 BN_CLICKED 的消息映射和消息处理函数，并在相应的消息函数中编辑程序代码如下：

```cpp
void CListSampleDlg::OnButtonadd( ) //添加按钮
{
    UpdateData(TRUE);                               //获得控件中的数据
    if(m_Name.IsEmpty( ) )                          //判断学生"姓名"是否为空
    {   MessageBox("学生姓名不能为空！");
        return;
    }
    m_Name.TrimLeft( );                             //裁剪去掉 m_Name 左边的空格
    m_Name.TrimRight( );                            //去掉 m_Name 右边的空格
    if( (m_List.FindString(-1, m_Name))!= LB_ERR)
    {   MessageBox("列表框中已有该项，不能添加！");
        return;
    }
    int nIndex= m_List.AddString(m_Name);           //向列表框添加学生姓名
    student data;                                   //将学生信息项与新增的列表项关联起来
    data.name= m_Name;
    data.num= m_Num;
    data.score= m_Score;
    m_List.SetItemDataPtr(nIndex, new student(data));  //建立关联
}
void CListSampleDlg::OnButtondel( )                 //删除按钮
{
    int nIndex= m_List.GetCurSel( );                //获得当前选项的索引
    if(nIndex!= LB_ERR)
    {
    delete (student *) m_List.GetItemDataPtr(nIndex); //释放关联数据所占据的内存空间
    m_List.DeleteString(nIndex);                    //删除列表框当前选项
    m_Name.Empty( );
    m_Num =0;
    m_Score =0.0;
    UpdateData(FALSE);                              //在编辑框中显示数据
    }
    else MessageBox("没有选择列表项或列表框操作失败！");
}
```

⑥为列表框 IDC_LIST 添加 LBN_SELCHANGE 的消息映射和消息处理函数，如果当前列表项发生改变，新选项的相关信息显示在编辑框中。程序代码如下：

```cpp
void CListSampleDlg::OnSelchangeList( )
```

```
{
    int nIndex= m_List.GetCurSel( );
    if(nIndex!= LB_ERR)
     {
        student *S= (student *)m_List.GetItemDataPtr(nIndex);   //获得关联数据
        m_Name= S->name;                                         //将信息反馈给编辑框变量
        m_Num=S->num;
        m_Score= S->score;
        UpdateData(FALSE);                                       //显示数据
     }
}
```

⑦为对话框添加 WM_DESTROY（关闭对话框）的消息映射和消息处理函数。程序代码如下：

```
void CListSampleDlg::OnDestroy( )
{
    CDialog::OnDestroy( );
    // TODO: Add your message handler code here
    int nIndex= m_List.GetCount( )-1;
    for(; nIndex >= 0;nIndex--)
     {   // 删除所有与列表项关联的 student 数据，释放内存
        delete (student *) m_List.GetItemDataPtr(nIndex);
     }
}
```

⑧编译连接并运行程序结果如图 6-16 所示。

【例 6.7】设计一个对话框，双击左边列表框中的列表项，添加到右边的编辑框中，单击"刷新"按钮，右边编辑框中内容为空，程序运行结果如图 6-18 所示。

图 6-18　例 6.6 程序运行结果

实现步骤如下：

①利用 MFC AppWizard 应用程序向导创建一个基于对话框的应用程序项目 List_Sample，如图 6-18 所示，添加一个列表框，一个按钮，属性为默认值，一个多行编辑框，属性为 "Multiline"、"Horizontal scroll"、"Auto HScroll"、"Vertical scroll"。

②切换到资源视图 "Resource View" 界面，选择 "Insert/Resource/Bitmap/Import" 命令，打开如图 6-19 所示的文件对话框，导入两个.bmp 位图资源文件，位图资源大小与对话框图片设置最好相近。添加两个静态图像控件，并修改其属性为导入的两张图片资源，如图 6-20 所示，此时，在对话框页面上可以看到所导入的图片资源。

图 6-19 导入.bmp 图片资源

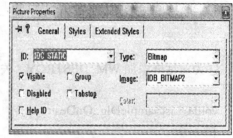
图 6-20 静态图像控件属性设置

【注意】若是先导入控件，再导入 Bitmap 图片资源，会导致对话框界面上的控件被图片覆盖，而在运行时不可见，因此，必须先导入图片资源，再往其中安排控件。或者是先添加除背景图片控件外的其他控件，按 Ctrl+A 全选控件，然后按 Ctrl+X 剪切，接着再添加 Bitmap 背景图片，再按 Ctrl+C 在对话框界面上粘贴刚才剪切的控件，最后运行程序，可以看到图片作为背景，各个控件在界面上可见。

③按 Ctrl+W 打开类向导，选择 "Member Variables" 页面，在 Class name 中选中 "CList_sampleDlg"，选中所需的 ID，双击或单击 "Add Variables" 按钮，为界面上各控件添加对应的成员变量。其中列表框成员变量类型为 CListBox 类，变量名为 m_list。编辑框成员变量类型为 CString 类型，变量名为 m_result。如图 6-21 所示。

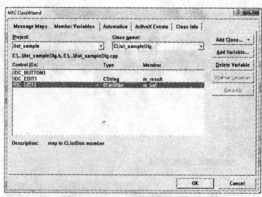
图 6-21 添加成员变量

④按 Ctrl+W 打开 MFC ClassWizard 对话框中的 "Message Maps" 标签页面，分别为对话框中的按钮控件 IDC_BUTTON1 和 IDC_LIST1 添加 BN_CLICKED 和 LBN_DBLCLK 的消

息映射,如图 6-22 所示,并在相应的消息映射函数中添加程序代码如下:

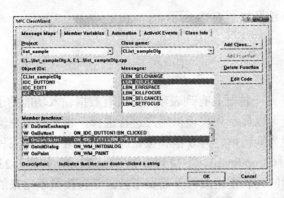

图 6-22 为控件添加消息映射函数

```
void CList_sampleDlg::OnDblclkList1( )    //列表框的消息映射函数代码
{
  CString s="";
  int    i=m_list.GetCurSel( );
  if(i!=LB_ERR)
  {
    m_list.GetText(i,s);
  }
  m_result+=s+"   ";
  UpdateData(false);
}
void CList_sampleDlg::OnButton1( )    //"刷新"按钮的消息映射函数代码
{
  m_result="";
  UpdateData(false);
}
```

⑤在 CList_SampleDlg 类的 OnInitDialog( )函数中添加列表框初始化的列表项,代码如下:

```
BOOL CList_SampleDlg::OnInitDialog( )
{
  …
  // TODO: Add extra initialization here
  m_result="";
  UpdateData(false);
  CString str[12]={"110 米栏","体操","羽毛球","游泳","马术","足球","跆拳道","瑜伽","跳水","乒乓球","篮球","射击"};
  for(int i=0;i<12;i++)
    m_list.InsertString(i,str[i]);
```

```
        return TRUE;    // return TRUE  unless you set the focus to a control
}
```
⑥编译运行程序，结果如图 6-18 所示。

6.5 组合框

组合框控件"▦"是一种既具有列表项，又具有数据输入功能的子窗口，它吸收了列表框和编辑框的优点，既可以显示列表项供用户进行选择，也允许用户输入新的数据项。在功能上，可以将组合框视为编辑框、列表框和按钮的组合。组合框有三种类型：简单组合框（Simple）、下拉组合框(Dropdown)、下拉列表框(Drop List)，如图 6-23 所示。简单组合框由一个编辑框和一个显示的列表框组成，不需要下拉，是直接显示出来的。下拉组合框由编辑框和列表框组成，只有当选择下拉箭头时才显示列表框，具有文字编辑功能。下拉列表框由静态控件和列表框组成，只有当选择下拉箭头时才显示列表框，但没有文字编辑功能。

1. 组合框风格属性

组合框的风格属性也可以像前几类控件一样通过 Properties（属性）对话框如图 6-24 所示来设置。其大部分风格属性与编辑框或列表框的相关属性相同，表 6-16 列出了组合框 Styles（风格）属性的各项含义。

图 6-23 组合框三种类型

图 6-24 组合框的属性对话框

表 6-16　　　　　　　　　　组合框的 Styles 属性

属 性 项	含 义 说 明
Type	决定组合框的风格。其中，Simple 表示简单类型，Dropdown 表示下拉类型，Drop List 表示下拉列表框类型
Owner draw	自画组合框，默认为 No
Has Strings	指定组合框包含有字符串文本
Sort	组合框中的选项按字母顺序排列
Vertical scroll	在列表框中创建一个垂直滚动条
No integral height	用指定的尺寸作为组合框的尺寸
OEM convert	实现对特定字符集的字符转换
Auto HScroll	用户在行尾键入回车，文本自动向右滚动
Disable no scroll	使组合框中的选项全部显示，带上垂直滚动条
Uppercase	键入在编辑区域内的字符全部大写显示
Lowercase	键入在编辑区域内的字符全部小写显示

说明：Data 属性项可以直接输入组合框的数据项，按 Ctrl+Enter 表示回车换行，光标跳到下一行，可以输入下一数据项。如图 6-25 所示。

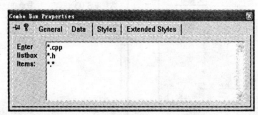

图 6-25　组合框的 Data 属性设置

2. 组合框类成员函数

组合框是编辑框与列表框的组合，因此，编辑框 CEdit 类的成员函数与列表框类 CListBox 的成员函数都可以对组合框进行管理操作。如 GetEditSet、SetEditSel 等。

3. 组合框的常见消息

同其他控件一样，组合框也能产生消息映射。在组合框的通知消息中，有些是编辑框发出的，有些是列表框发出的。表 6-17 列出了与组合框有关的常见消息。

表 6-17　　　　　　　　　　　　　　组合框常见消息

消　息	产　生　原　因
CBN_CLOSEUP	关闭组合框中的列表框
CBN_DBLCLK	双击组合框中的列表项
CBN_SELENDOK	用户选择一个列表项并按下 Enter 键
CBN_SELENDCANCEL	当前选项被取消，用户重新选择其他控件或关闭组合框
CBN_EDITCHANGE	更改组合框的编辑框中的文本，在显示更新之后发送此消息
CBN_EDITUPDATE	更改组合框的编辑框中的文本，在显示更新之前发送此消息
CBN_KILLFOCUS	组合框失去输入焦点
CBN_SETFOCUS	组合框接收输入焦点
CBN_SELCHANGE	单击列表框或使用方向键导致组合框的列表框选择被更改
CBN_DROPDOWN	下拉组合框的列表框（仅当前组合框为下拉式风格时）
CBN_ERRSPACE	组合框没有分配到足够的空间

【例 6.8】设计一个选择数据库文件的对话框如图 6-26 所示。当选择"驱动器"组合框中的盘符，对应的文件夹会在"目录"列表框中显示，双击"目录"列表框中的选项，可以定位到指定的文件路径。指定路径下的文件根据确定的文件类型会显示在"数据库名"的简单组合框中。程序运行结果如图 6-27 所示。

实现步骤如下：

① 利用 MFC AppWizard 应用程序向导创建一个基于对话框的应用程序项目 ComboSample，并将其 Caption（标题）设置为"选择数据库"。

图 6-26 选择数据库文件的对话框　　　图 6-27 程序运行结果

②打开控件布局工具栏"[工具栏图示]"中的网格"[网格图示]"，使用控件编辑器添加控件，如图 6-26 所示控件布局。设置控件的属性及对应的成员变量如表 6-18 所示。

【注意】组合框添加到对话框模板后，一定要调整下拉框的大小，否则列表项不能全部显示出来，调整的方法，只需单击组合框的下拉按钮"▼"，调整出现的虚线下拉框的大小即可。

表 6-18   控件属性设置及添加成员变量

控件	ID	标题	属性	变量类别	变量类型	变量名
静态文本	IDC_STATIC	数据库名(A)	默认			
静态文本	IDC_STATIC	目录(D)	默认			
静态文本	IDC_STATIC	文件类型(T):	默认			
静态文本	IDC_STATIC	驱动器(V):	默认			
按钮	IDOK	确定	默认			
按钮	IDCANCEL	取消	默认			
按钮	IDC_BUTTON1	帮助	默认			
按钮	IDC_BUTTON2	网络(N)...	默认			
复选按钮	IDC_CHECK1	只读	默认			
复选按钮	IDC_CHECK2	独占	默认			
组合框	IDC_COMBOFILE	—	Simple	Control	CComboBox	m_BoxFile
列表框	IDC_LISTFOLDER	—	默认	Control	CListBox	m_ListFold
组合框	IDC_COMBOTYPE	—	默认	Control	CComboBox	m_BoxType
组合框	IDC_COMBODRIVER	—	默认	Control	CComboBox	m_BoxDriver

③按 Ctrl+W 打开类向导，选择"Member Variables"页面，在 Class name 中选中"CComboSampleDlg"，选中所需的 ID，双击或单击"Add Variables"按钮，为界面上各控件添加对应的成员变量。如图 6-28 所示。

第6章 常用控件

图6-28 添加成员变量对话框

④在"ClassView"页面，选中 CComboSampleDlg 类单击右键，在弹出快键菜单中选中 "Add Member Function"页面，分别添加成员函数 FileCombo(CString str)，类型为 void，用于更新文件组合框的内容；成员函数 FolderList(CString str)，类型为 void，用于更新目录列表框中的内容，函数代码如下：

```
void CComboSampleDlg::FileCombo(CString str) //更新文件组合框的内容
{
    m_BoxFile.ResetContent( );                //删除文件组合框中原来的列表项
    m_BoxFile.Dir(DDL_READWRITE|DDL_READONLY|DDL_ARCHIVE,str);
    //将选定路径下的文件添加到文件组合框中
}
void CComboSampleDlg::FolderList(CString str) //更新目录列表框中的内容
{
    m_ListFold.ResetContent( );               //删除目录列表框中原来的列表项
    m_ListFold.Dir(DDL_DIRECTORY|DDL_EXCLUSIVE,str);
    //将选定路径下的文件夹添加到列表框中
}
```

其中，Dir( )函数第一个参数指定文件的属性，如 DDL_READWRITE(可读写文件)、DDL_READONLY(只读文件)、DDL_ARCHIVE(存档文件)、DDL_HIDDEN(隐含文件)、DDL_SYSTEM(系统文件)、DDL_DIRECTORY(文件夹)、DDL_ARCHIVE(存档文件)、DDL_DRIVES(驱动器)、DDL_EXCLUSIVE(指定属性有效)。这些属性可以是一些预定义的值或"|"组合。第二个参数指定文件的类型。如"*.cpp"、"*.*"等。列表框类 CListBox 也有 Dir 成员函数。

⑤按 Ctrl+W，打开"MFC ClassWizard"对话框，分别为文件类型组合框 IDC_COMBOTYPE 和驱动器组合框 IDC_COMBODRIVER 添加 CBN_SELCHANGE 消息映射函数，并添加代码如下：

```
void CComboSampleDlg::OnSelchangeCombotype( )  //按文件类型更新文件组合框内容
{
```

```
        int nId=m_BoxType.GetCurSel( );              //获取当前选择文件类型项的索引号
        if(nId!=CB_ERR){
           CString string;
           m_BoxType.GetLBText(nId,string);          //获取选择文件类型当前项的内容
           FileCombo(string);                        //更新文件组合框的内容
        }
     }
     void CComboSampleDlg::OnSelchangeCombodriver( )
     {                                               //按驱动器选项更新目录、文件类型文件列表
        int nId=m_BoxDriver.GetCurSel( );  //获取驱动器组合框当前选择项的索引号
        if(nId!=CB_ERR){
           CString string;
           m_BoxDriver.GetLBText(nId,string);        //获取驱动器组合框当前选择项的内容
           CString sPath;
           sPath.Format("%c:\\",string.GetAt(2));    //设置文件夹路径格式
           ::SetCurrentDirectory(sPath);             //设置当前目录
           FolderList("*.*");                        //更新目录列表框中的内容
           OnSelchangeCombotype( );                  //按文件类型更新文件组合框内容
        }
     }
```

⑥按 Ctrl+W，打开"MFC ClassWizard"对话框，为列表框 IDC_LISTFOLDER 添加双击 LBN_DBLCLK 的消息映射函数，并添加代码如下：

```
     void CComboSampleDlg::OnDblclkListfolder( )
     {
        int nId=m_ListFold.GetCurSel( );             //获取列表框当前选项的索引
        if(nId!=LB_ERR)
        {
           CString string;
           m_ListFold.GetText(nId,string);           //获取列表框当前选项的内容
           CString sPath;
           sPath=string.Mid(1,string.GetLength( )-2);
           ::SetCurrentDirectory(sPath);             //设置当前目录
           FolderList("*.*");                        //更新目录列表框中的内容
           OnSelchangeCombotype( );                  //按文件类型更新文件组合框内容
        }
     }
```

⑦利用"MFC ClassWizard"对话框，分别为按钮 IDC_BUTTON1 和 IDC_BUTTON2 添加单击 BN_CLICKED 的消息映射函数，并添加代码如下：

```
     void CComboSampleDlg::OnButton1( )
     {
```

        MessageBox("只读和独占是文件的打开的属性,本例没有实现代码!","帮助");
}
void CComboSampleDlg::OnButton2( )
{
        MessageBox("是否连接网络...","网络",MB_YESNOCANCEL|MB_ICONQUESTION);
}
⑧在 CComboSampleDlg 类的 OnInitDialog( )函数中添加如下代码:
BOOL CComboSampleDlg::OnInitDialog( )
{
        …
        int nId=m_BoxType.AddString("*.*");
        m_BoxType.AddString("*.mdb");
        m_BoxType.SetCurSel(nId);
        m_BoxDriver.Dir(DDL_DRIVES|DDL_EXCLUSIVE,"*.*");
        m_BoxDriver.SetCurSel(1);
        OnSelchangeCombodriver( );
        return TRUE;   // return TRUE   unless you set the focus to a control
}
⑨编译运行程序,结果如图 6-27 所示。

6.6 滚动条

当应用程序显示的数据内容超出显示范围时,就需要通过增加滚动条来显示数据内容。滚动条 "" 是一个独立的窗口,主要功能是通过可视化的滚动操作实现程序设计所要求的功能,如数据定位,显示数据内容等。另外,滚动条还可以作为选取数值、调节音量、颜色的工具控件。

按照滚动条的走向不同,可分为垂直滚动条和水平滚动条,其外观都比较相似,两端都有两个箭头按钮,中间有一个可沿滚动条方向移要动的滚动块。如图 6-29 所示。

图 6-29 滚动条外观

1. 滚动条类成员函数

在 MFC 中,滚动条类 CScrollBar 是 CWnd 类的派生类,用户可以直接调用其成员函数对滚动条进行管理操作。CScrollBar 类常用成员函数如表 6-19 所示。

表 6-19　　　　　　　　　　　CScrollBar 类成员函数

函　数	功 能 说 明	函　数	功 能 说 明
GetScrollPos	得到滚动条的当前位置	GetScrollRange	得到指定滚动条的滚动范围
SetScrollPos	设置滚动条的当前位置	SetScrollRange	设置滚动条的滚动范围
SetScrollInfo	设置指定滚动条的有关信息	ShowScrollBar	显示或隐藏滚动条
GetScrollInfo	得到指定滚动条的有关信息	GetScrollLimit	得到滚动条的最大滚动位置

2. 滚动条的常见消息

当用户对滚动条进行操作时，滚动条就会发出相应的消息通知（水平滚动条发出 WM_HSCROLL 消息，垂直滚动条发出 WM_VSCROLL 消息，如表 6-20 所示）。

表 6-20　　　　　　　　　　　　滚动条常见消息

消　息	产 生 原 因
SB_TOP、SB_BOTTOM	垂直滚动条滚动到顶端或底端
SB_LEFT、SB_RIGHT	水平滚动条滚动到左端或右端
SB_LINEUP、SB_LINEDOWN	垂直滚动条向上或向下滚动一行（或一个单位）
SB_LINELEFT、SB_LINERIGHT	水平滚动条向左或向右滚动一列（或一个单位）
SB_PAGEUP 、SB_PAGEDOWN	垂直滚动条向上或向下滚动一页
SB_PAGELEFT、SB_PAGETIGHT	水平滚动条向左或向右滚动一页
SB_THUMBPOSITION	滚动条移动到新位置
SB_THUMBTRACK	滚动条被拖动
SB_ENDSCROLL	结束滚动（到最终位置）

【**例 6.9**】滚动条控件实例：创建一个带滚动条的对话框应用程序，通过拖动滚动条和输入编辑框的值来调整、显示颜色分量，并根据指定的颜色值填充一个矩形区域，如图 6-30 所示。

图 6-30　程序运行结果

实现步骤如下：

①利用 MFC AppWizard 应用程序向导创建一个基于对话框的应用程序项目 ScrollSample，并将其"Caption（标题）"设置为"滚动条控件的使用"。

②根据图 6-30 的控件布局，使用控件编辑器添加相应控件，打开其 Properties（属性）对话框，设置相关属性，表 6-21 列出了这些控件的属性设置值。

表 6-21　　　　　　　　　　　　　控件的属性设置

控　件	控件 ID 号	标　题	属　性
静态文本	默　认	红：	默　认
滚动条	IDC_SCTOLLBAR1	——	默　认
编辑框	IDC_EDITR	——	默　认
静态文本	默　认	绿：	默　认
滚动条	IDC_SCTOLLBAR2	——	默　认
编辑框	IDC_EDITG	——	默　认
静态文本	默　认	蓝：	默　认
滚动条	IDC_SCTOLLBAR3	——	默　认
编辑框	IDC_EDITB	——	默　认
静态文本	IDC_DRAW	默　认	Static edge,其余默认
按　钮	IDCANCEL	退　出	Default button

③打开"MFC ClassWizard"对话框，切换到"Member Variables"标签页面，选择类名 CScrollSampleDlg，在"Control IDs"列表框中选定相关控件 ID，单击"Add Variables"按钮，为其添加一个相应类型成员变量，并设置其取值范围，如图 6-31 所示。表 6-22 列出了各控件的成员变量及其类型。

图 6-31　MFC ClassWizard 添加成员量对话框

表 6-22　　　　　　　　　　　控件的成员变量及类型

控件 ID 号	变量类别	变量类型	变量名	取值范围
IDC_SCROLLBAR1	Control	CScrollBar	m_Scroll1	—
IDC_EDITR	Value	int	m_Red	0~255
IDC_SCROLLBAR2	Control	CScrollBar	m_Scroll2	—
IDC_EDITG	Value	int	m_Green	0~255
IDC_SCROLLBAR3	Control	CScrollBar	m_SCroll3	—
IDC_EDITB	Value	int	m_Blue	0~255

④在对话框类 CScrollSampleDlg 的 OnInitDialog( )函数中，设置对话框的滚动条控件的范围及当前位置。其代码如下：

```
BOOL CScrollSampleDlg::OnInitDialog( )
{
    …
    m_scroll1.SetScrollRange(0, 255);
    m_scroll1.SetScrollPos(m_Red);
    m_scroll2.SetScrollRange(0, 255);
    m_scroll2.SetScrollPos(m_Green);
    m_scroll3.SetScrollRange(0, 255);
    m_scroll3.SetScrollPos(m_Blue);
    UpdateData(FALSE);
    return TRUE;   // return TRUE  unless you set the focus to a control
}
```

⑤在类视图 Class View 页面，用鼠标右击"CScrollSampleDlg"类，在快捷菜单中选择"Add Member Furction"命令项，为该程序的对话框类添加一个用于绘图的成员函数 Draw( )，函数类型为 void，添加代码如下：

```
void CScrollSampleDlg::Draw( )
{
    CWnd * pWnd= GetDlgItem(IDC_DRAW);
    CDC * pDC= pWnd->GetDC( );
    CBrush   brush;
    brush. CreateSolidBrush(RGB(m_Red, m_Green, m_Blue));
    //用画刷工具填充绘图区，颜色由 RGB 宏指定
    CBrush * pOldBrush= pDC->SelectObject(&brush);     //将当前画刷选入设备环境
    CRect   rect;
    pWnd->GetClientRect(rect);
    pDC->Rectangle(rect);
    pDC->SelectObject(pOldBrush);
}
```

第6章 常用控件

⑥打开 ClassWiard 类向导页面，为 CScrollSampleDlg 类添加 WM_HSCROLL 消息映射和消息处理函数，当拖动滚动块后，得到滚动块位移后的数值信息，根据滚动块位移后的数据信息，重新绘制填充区域，添加代码如下：

```cpp
void CScrollSampleDlg::OnHScroll(UINT nSBCode, UINT nPos, CScrollBar* pScrollBar)
{
    int ID=pScrollBar->GetDlgCtrlID( );
    if(ID ==IDC_SCROLLBAR1)                       //获取第一个滚动条中滚动块的位置
      { switch (nSBCode)
        {
            case SB_LINELEFT: m_Red--; break;        //单击滚动条左边箭头
            case SB_LINERIGHT: m_Red++; break;       //单击滚动条右边箭头
            case SB_PAGELEFT: m_Red-=10; break;
            case SB_PAGERIGHT: m_Red+=10; break;
            case SB_THUMBTRACK: m_Red=nPos; break;
        }
        if(m_Red < 0)   m_Red= 0;
        if(m_Red > 255)    m_Red= 255;
        m_scroll1.SetScrollPos(m_Red);             //设置第一个滚动条中滚动块的位置
     }
     if(ID==IDC_SCROLLBAR2)                      //获取第二个滚动条中滚动块的位置
      { switch (nSBCode)
        {
            case SB_LINELEFT: m_Green --; break;     //单击滚动条左边箭头
            case SB_LINERIGHT: m_Green ++; break;    //单击滚动条右边箭头
            case SB_PAGELEFT: m_Green -= 10; break;
            case SB_PAGERIGHT: m_Green += 10; break;
            case SB_THUMBTRACK: m_Green = nPos; break;
        }
        if(m_Green < 0)   m_Green = 0;
        if(m_Green > 255)    m_Green = 255;
        m_scroll2.SetScrollPos(m_Green);           //设置第二个滚动条中滚动块的位置
     }
     if(ID ==IDC_SCROLLBAR3)                     //获取第三个滚动条中滚动块的位置
      { switch (nSBCode)
        {
            case SB_LINELEFT: m_Blue --; break;      //单击滚动条左边箭头
            case SB_LINERIGHT: m_Blue ++; break;     //单击滚动条右边箭头
            case SB_PAGELEFT: m_Blue -= 10; break;
            case SB_PAGERIGHT: m_Blue += 10; break;
            case SB_THUMBTRACK: m_Blue = nPos; break;
```

```
        }
        if(m_Blue < 0)    m_Blue = 0;
        if(m_Blue > 255)   m_Blue = 255;
        m_scroll3.SetScrollPos(m_Blue);              //设置第三个滚动条中滚动块的位置
    }
    UpdateData(FALSE);
    Draw( );                                          //重新绘制填充区域
    CDialog::OnHScroll(nSBCode, nPos, pScrollBar);
}
```

⑦利用类向导"ClassWizard",分别为编辑框 IDC_EDITR,IDC_EDITG 和 IDC_EDITB 添加 EN_CHANGE 的消息映射和消息映射函数,当在编辑框中输入滚动条中滚动块的位置的信息后,根据滚动条中滚动块的位置信息,重新绘制填充区域,添加代码如下:

根据第一个编辑框输入值设置第一个滚动条中滚动块的位置
```
void CScrollSampleDlg::OnChangeEditr( )
{
    UpdateData( );
    m_scroll1.SetScrollPos(m_Red);
    Draw( );
}
```
根据第二个编辑框输入值设置第二个滚动条中滚动块的位置
```
void CScrollSampleDlg::OnChangeEditg( )
{
    UpdateData( );
    m_scroll2.SetScrollPos(m_Green);
    Draw( );
}
```
根据第三个编辑框输入值设置第三个滚动条中滚动块的位置
```
void CScrollSampleDlg::OnChangeEditb( )
{
    UpdateData( );
    m_scroll3.SetScrollPos(m_Blue);
    Draw( );
}
```

⑧在 CScrollSampleDlg 类的 OnPaint( ) 函数中,添加填充绘图区域的代码如下:
```
void CScrollSampleDlg::OnPaint( )
{
    CPaintDC dc(this);              // device context for painting
    CWnd   *pWnd= GetDlgItem(IDC_DRAW);
    pWnd->UpdateWindow( );
    Draw( );
```

}

⑨编译连接并运行程序。当用户拖动滚动条或在编辑框中输入滚动块的值时,矩形区域会填充不同的颜色,如图 6-30 所示。

6.7 滑动条

如果需要在某个范围内输入一个值时,除了使用滚动条和微调按钮外,还可以使用滑动条。滑动条控件""由一个外观包含了刻度的标尺和一个可以在两点之间移动的滑块构成,如图 6-32 所示。用户可以借助鼠标或键盘移动滑块,滑块的不同位置代表一个不同的数值。当用户需要在一个确定的范围内选择数值时,使用滑动条非常有效,它可以向用户直接提供控件的当前值和取值范围。滑动条可以单独使用,不需要关联控件,具有较好独立性。

1. 滑动条的风格属性

滑动条 Styles(风格)属性如图 6-33 所示,用户可以打开其属性对话框更改风格属性。表 6-23 列出了滑动条 Styles 属性的各项含义。

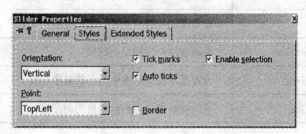

图 6-32 滑动条外观　　　　图 6-33 滑动条属性对话框

表 6-23　　　　　　　　　　　滑动条的 Styles 属性

属 性 项	含 义 说 明
Orientation	滑动条的放置方向(Vertical 垂直放置,Horizontal 水平放置)
Point	刻度线在滑动条中的位置(Both 两边都有、Top/Left 刻度位于滑动条的左边或上方、Bottom/Righ 刻度位于滑动条的右边或下方)
Tick Marks	选中此项,显示滑动条的刻度线
Auto Ticks	滑动条的每个增量位置处都有刻度线,增量大小自动根据其范围确定
Enable Selection	选中此项,控件中供用户选择的数值范围高亮显示
Border	选中此项,滑动条的周围有边框

2. 滑动条类成员函数

MFC 的 CSliderCtrl 类封装了滑动条的各种成员函数(如表 6-24 所示),使用这些成员函数可以对滑动条进行管理操作,如设置滑块的位置和界限值等。

表 6-24　　　　　　　　　滑动条 CSliderCtrl 类成员函数

函　数	功　能　说　明
GetLineSize	返回滑块行的大小
SetLineSize	设置滑块行的大小
GetPageSize	返回滑块页的大小
GetRange	获取滑块的位置值及范围
SetRange	设置滑块的位置值及范围
GetSelection	获取滑动条控件中当前选择的开始和结束位置
SetSelection	设置滑动条控件中当前选择的开始和结束位置
GetPos	返回滑块的当前位置
SetPos	设置滑块的当前位置
GetTic	返回滑动条控件中的一个刻度线的位置
SetTic	设置滑动条控件中的一个刻度线的位置
GetNumTics	返回滑块刻度标记的总数
SetTicFreg	设置显示在滑动条中标尺的疏密程度
ClearTics	从滑动条控件中删除当前的刻度线

3. 滑动条的常见消息

当移动滑块时，滑动条将发送与滚动条相同的通知消息来通知父窗口，垂直放置的滑动条产生 WM_VSCROLL 消息，水平放置的滑动条产生 WM_HSCROLL 的消息，常见的消息有：TB_BOTTOM，TB_ENDTRACK，TB_TOP 等，其消息含义与滚动条控件的相应消息相同。

【例 6.9】创建一个单文档应用程序 SpinSliderSample，并添加一个对话框，对话框中有一个编辑框，用于确定线宽；一个滑动条控件用于确定圆的半径在编辑框中显示；当用户单击"查看/绘图对话框"菜单项时，弹出对话框，设置圆的半径和线宽，单击"确定"按钮，程序将根据设置的线宽和半径在用户视图区画一个圆。程序运行结果如图 6-34 所示。

实现步骤如下：

①利用 MFC AppWizard 应用程序向导创建一个单文档应用程序 SpinSliderSample，向该程序添加一个对话框资源，ID 值为 IDD_DIALOG1 并将其 Caption（标题）设置为"滑动条控件的使用"。

②根据图 6-35 所示的控件布局，使用控件编辑器添加相应控件，并打开其 Properties（属性）对话框，设置相关属性，表 6-25 列出了这些控件的属性设置值。按"Ctrl+D"组合键或"Layout|TabOrder"菜单，按照图 6-35 所示的 TabOrder 次序，依次添加控件。

第6章 常用控件

图 6-34 程序运行结果

图 6-35 控件布局

表 6-25　　控件的属性设置

控件	控件 ID 号	标题	属性
静态控件	IDC_STATIC	0	默认
静态控件	IDC_STATIC	100	默认
滑动条	IDC_SLIDER	—	Vertical、Top/Left、Auto ticks、Tick marks
静态控件	IDC_STATIC	半径：	默认
静态控件	IDC_STATIC	线宽：	默认
编辑框	IDC_RADIUSEDIT	—	默认
编辑框	IDC_LINEWIDEEDIT	—	默认
按钮	IDOK	确定	Defoult button，其余默认

③按"Ctrl+W"打开"MFC ClassWizard"对话框，创建一个新的对话框类 CDrawDlg。切换到"Member Variables"标签页面，选择"CDrawDlg"类，在"Control IDs"列表框中选定相关控件 ID，单击"Add Variables"按钮，为其控件添加一个相应类型的成员变量，并设置其取值范围。表 6-26 列出了各控件的成员变量及其类型。

表 6-26　　控件的成员变量及类型

控件 ID 号	变量类别	变量类型	变量名	取值范围
IDC_SLIDER	Control	CSliderCtrl	m_slider	——
IDC_SLIDER	Value	int	m_radius	——
IDC_RADIUSEDIT	Value	CString	m_radiusedit	——
IDC_LINEWIDEEDIT	Value	int	m_line	0～10

④进入"ClassWizard"类向导页面，在"Class name"中选中"CDrawDlg"类，"Object IDs"中选中"CDrawDlg"类，"Messages"中为类"CDrawDlg"添加 WM_INITDIALOG 消息的处理函数，在函数中设置滑块控件的取值范围、刻度、当前位置。添加代码如下：

BOOL CDrawDlg::OnInitDialog( )
{

```
    CDialog::OnInitDialog( );
    // TODO: Add extra initialization here
    m_slider.SetRange(1,100);        // 设置滑块控件的取值范围
    m_slider.SetTicFreq(10);         // 设置滑块上刻度标尺为每 10 个单位一个标记
    m_slider.SetPos(50);             // 设置滑块控件的当前位置
    m_slider.SetSelection(50,100);   // 设置滑块控件的正常值范围 50～100
    return TRUE;                     // return TRUE unless you set the focus to a control
}
```

⑤用同样的方法为 CDrawDlg 类添加一个消息映射 WM_VSCROLL 和消息处理函数 OnVScroll( )，实现对滑块垂直滑动的操纵。添加代码如下：

```
void CDrawDlg::OnVScroll(UINT nSBCode, UINT nPos, CScrollBar* pScrollBar)
{
    if(pScrollBar->GetDlgCtrlID( )==IDC_SLIDER) //判断滚动消息是否由滑块发出
    m_radius=m_slider.GetPos( ); //也可通过函数 UpdateData( )获取滑块当前位置值信息
    CString S;
    S.Format("%d",m_radius);
    m_radiusedit=S;
    UpdateData(FALSE);          //将值传给编辑框 IDC_EDITRADIUS
    CDialog::OnVScroll(nSBCode, nPos, pScrollBar);
}
```

⑥在菜单资源编辑器的"查看"菜单下，添加"绘图对话框"菜单项，ID 为 ID_VIEW_GRAPHDLG。利用 ClassWizard 类向导，在"Class name"中选中 CSpinSliderSampleView 类为该菜单项添加 WM_COMMAND 的消息映射及消息处理函数。当用户单击对话框的"确定"按钮时，根据对话框中滑动条设置的半径大小和编辑框中的线宽在客户区画一个圆。添加代码如下：

```
void CSpinSliderSampleView::OnViewGraphdlg( )
{
    CDrawDlg  d;
    if(d.DoModal( )==IDOK)
    {
        UpdateWindow( );
        CClientDC   dc(this);
        CPen pNew,* pOld;
        pNew.CreatePen(PS_SOLID,d.m_line,RGB(100, 255 ,170)); // 创建指定线宽画笔
        pOld= dc.SelectObject(&pNew); // 将创建的画笔选入设备环境
        dc.Ellipse(60, 30, 5*d.m_radius,5*d.m_radius); // 绘出指定半径的圆
        dc.SelectObject(pOld);
    }
}
```

在 SpinSliderSampleView.cpp 的文件中将对话框类的头文件包含进来：

```
#include "DrawDlg.h"
```
⑦为了呈现出不同的背景色,在视图类 CSpinSliderSampleView 的 OnDraw 函数中添加如下代码:

```
void CSpinSliderSampleView::OnDraw(CDC* pDC)
{  …
    // TODO: add draw code for native data here
    CRect   r;
    GetClientRect( r );
    pDC ->FillSolidRect(r ,RGB(255,0,0));
}
```
⑧编译连接运行程序。结果如图 6-34 所示。

6.8 进度条

进度条控件""是一个在进行一系列费时操作时显示反馈信息的控件,通过其状态的动态变化告诉用户当前的操作进度。进度条除了能表示一个过程的进展情况外,还可以用来表明某个范围内的值,如温度、水平面高度以及音响系统频率的模拟显示值等。进度条的外观由一个细长的矩形窗口和一些填充块组成,填充块越多,表示进度越趋于完成(如图 6-36 所示)

图 6-36　进度条

1. 进度条的风格属性

进度条 Styles(风格)属性如图 6-37 所示,表 6-27 列出了进度条 Styles 属性的各项含义。

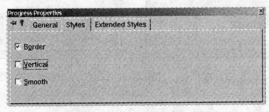

图 6-37　进度条的属性对话框

表 6-27　　　　　　　　　　　　进度条的 Styles 属性

属性项	含 义 说 明
Border	设定进度条的边框
Vertical	设置进度条垂直或水平放置显示，不选为（从左至右）水平效果
Smooth	设置不间断的蓝色条填充进度条，不选为块填充效果

2. 进度条类成员函数

用户可以通过对类成员函数的调用来操作进度条，如设置进度条范围、当前位置，以及进度增量等。常用的 CProgressCtrl 类成员函数如表 6-28 所示。

表 6-28　　　　　　　　　进度条 CProgressCtrl 类成员函数

函　　　数	功　能　说　明
void SetRange(short nLower,short nUpper)	设置进度条范围的上限和下限值
void GetRange(int &nLower,int &nUpper)	获取进度条范围的上限和下限值
int SetPos(int nPos)	设置进度条的当前位置
int GetPos( )	获取进度条当前位置
int SetStep(int nStep)	设置进度条控件的步长
int StepIt( )	将当前位置向前移动一个步长，并刷新以反映新位置

说明：表中函数的参数 nLower 和 nUpper 分别表示范围的下限（默认值为 0）和上限（默认值为 100）。nPos 表示当前位置，nStep 表示步长，默认为 10。

【注意】进度条主要用于输出显示，一般不进行消息处理。

【例 6.11】进度条应用实例：创建一个基于对话框的应用程序，单击"复制"按钮，进展条的进展比例，在静态文本框中显示。程序运行结果如图 6-38 所示。

实现步骤如下：

①使用 MFC ClassWizard 应用程序向导，创建一个基于对话框的应用程序 ProgAnmt。

②如图 6-39 所示的界面设计。添加一个进度条，ID 为 IDC_PROGRESS；添加一个按钮标题为"复制"，ID 为 IDC_BTNCOPY；添加一个静态文本 ID 为 IDC_STATIC_PERCENT；"取消"按钮保持不变。

图 6-38　程序运行结果

图 6-39　界面设计

③按 Ctrl+W 打开类向导对话框，为 IDC_PROGRESS 控件添加 CProgressCtrl 类型的成员变量 m_ProBar，为 IDC_STATIC_PERCENT 控件添加 CString 类型的成员变量 m_strPercent。

如图 6-40 所示。

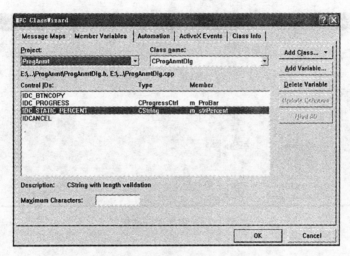

图 6-40　添加成员变量对话框

④在 BOOL CProgAnmtDlg 类的 OnInitDialog( )函数中，设置进度条的范围、步长和当前位置，添加代码如下：

BOOL CProgAnmtDlg::OnInitDialog( )
{　…
　　m_ProBar.SetRange(1,200);　　//进度条的范围
　　m_ProBar.SetStep(10);　　//进度条的步长
　　m_ProBar.SetPos(0);　　//进度条的当前位置
　　return TRUE;　// return TRUE　unless you set the focus to a control
}

⑤在 CProgAnmtDlg 类中，为 IDC_BTNCOPY 按钮添加 BN_CLICKED 的消息映射函数。添加代码如下：

void CProgAnmtDlg::OnBtncopy( )
{
　　m_ProBar.StepIt( );　　//在当前位置向前移动一个步长并重画进度条
　　int nPos=m_ProBar.GetPos( );　　//获取进度条的当前位置
　　int nLow,nUp;
　　m_ProBar.GetRange(nLow,nUp);　//获取进度条的范围
　　m_strPercent.Format("%2.0f",(float)nPos/(float)(nUp-nLow)*100);//百分比显示格式
　　UpdateData(FALSE);
}

⑥编译连接运行程序，当用户单击"复制"按钮时，在静态文本框中显示进展的百分比。如图 6-38 所示。

【例 6.12】创建一个基于对话框的应用程序，设计一个简单的学生成绩信息系统，利用对话框上的滚动条控件、旋转按钮控件、滑动条控件调整编辑框分数范围的值，根据编辑框

的值计算平均分和总分。程序运行结果如图 6-41 所示。

图 6-41　程序运行结果

实现步骤如下：

①利用 MFC AppWizard 应用程序向导创建一个对话框的应用程序 ScoreSample。

②根据图 6-41 所示的控件布局，使用控件编辑器添加相应控件，并打开其 Properties（属性）对话框，设置相关属性，表 6-29 列出了这些控件的属性设置值。

表 6-29　　　　　　　　　　　　控件的属性设置

控　件	控件 ID 号	标　题	属　性
静态控件	IDC_STATIC	每个不同	默　认
编辑框	IDC_EDITNAME	——	默　认
编辑框	IDC_EDITVC	——	默　认
编辑框	IDC_EDITENG	——	默　认
编辑框	IDC_EDITWEB	——	默　认
编辑框	IDC_EDITDATA	——	Number
编辑框	IDC_EDITCOMP	——	默　认
编辑框	IDC_EDITAVG	——	Read_only (用于显示平均分)
编辑框	IDC_EDITSUM	——	Read_only (用于显示总分)
滚动条	IDC_SCROLLBARVC	——	默　认
滚动条	IDC_SCROLLBARENG	——	默　认
滚动条	IDC_SCROLLBARWEB	——	默　认
滑动条	IDC_SLIDER	——	默　认
微调按钮	IDC_SPIN	——	Vertical、Right、Autobuddy、setbuddyinteger、Arrow keys
按　钮	IDC_BUTTONAVG	计算平均分	默　认
按　钮	IDC_BUTTONSUM	计算总分	默　认

③按 Ctrl+D 组合键，按照图 6-42 所示的 TabOrder 次序，依次将编辑框和微调按钮关联在一起。当微调按钮的值发生变化时，能显示在相关联的编辑框中。

图 6-42 布局控件

④打开 MFC ClassWizard 对话框。切换到"Member Variables"标签页面，在"Control IDs"列表框中选定相关控件 ID，单击"Add Variables"按钮，为其添加一个相应类型的成员变量，并设置其取值范围如图 6-43 所示。表 6-30 列出了各控件的成员变量及其类型。

表 6-30　　　　　　　　　　　　　控件的成员变量及类型

控件 ID 号	变量类别	变量类型	变量名	取值范围
IDC_EDITNAME	Value	CString	m_name	
IDC_EDITVC	Value	int	m_vc	0～100
IDC_EDITENG	Value	int	m_eng	0～100
IDC_EDITWEB	Value	int	m_web	0～100
IDC_EDITDATA	Value	int	m_data	0～100
IDC_EDITCOMP	Value	int	m_comp	0～100
IDC_EDITAVG	Value	float	m_avg	0.0～100.0
IDC_EDITSUM	Value	float	m_sum	0.0～500.0
IDC_SCROLLBARVC	Control	CScrollBar	m_Scrollvc	——
IDC_SCROLLBARENG	Control	CScrollBar	m_Scrolleng	——
IDC_SCROLLBARWEB	Control	CScrollBar	m_Scrollweb	——
IDC_SLIDER	Control	CSliderCtrl	m_slider	
IDC_SPIN	Control	CSpinButtonCtrl	m_spin	

图 6-43 添加成员变量对话框

⑤打开类视图 ClassView，在 CScoreSampleDlg 类的 OnInitDialog( )函数中设置滚动条控件的有效滚动范围，微调按钮的范围，以及滑块控件的取值范围、刻度、当前位置、正常取值范围。添加代码如下：

```
BOOL CScoreSampleDlg::OnInitDialog( )
{
    …
    m_Scrollvc.SetScrollRange(0, 100);  //设置滚动条控件的调整值范围
    m_Scrolleng.SetScrollRange(0, 100);
    m_Scrollweb.SetScrollRange(0, 100);
    m_spin.SetRange(0,100);         //设置微调按钮控件的调整值范围
    m_slider.SetRange(0,100);       //设置滑块控件的取值范围
    m_slider.SetTicFreq(10);        //设置滑块上刻度标尺为每 10 个单位一个标记
    m_slider.SetPos(50);            //设置滑块控件的当前位置
    m_slider.SetSelection(0,100);   //设置滑块控件的正常值范围 0～100
    return TRUE;   // return TRUE   unless you set the focus to a control
}
```

⑥利用 Class Wizard 类向导为对话框类 CScoreSampleDlg 添加一个消息映射 WM_HSCROLL 和消息处理函数 OnHScroll( )，实现对滚动条和滑动条控件水平滑动的操纵。添加代码如下：

```
void CScoreSampleDlg::OnHScroll(UINT nSBCode, UINT nPos, CScrollBar* pScrollBar)
{
    int   ID=pScrollBar->GetDlgCtrlID( );
    if(ID==IDC_SCROLLBARVC)
    {
        switch ( nSBCode )
        {   case SB_LINELEFT :      m_vc--; break;  //单击滚动条左边箭头
            case SB_LINERIGHT :     m_vc++; break;
```

```
                case SB_PAGELEFT :        m_vc-=10; break;
                case SB_PAGERIGHT :       m_vc+=10; break;
                case SB_THUMBTRACK :      m_vc=nPos; break;
        }
      if(m_vc < 0 )        m_vc=0;
      if(m_vc > 100)       m_vc=100;
      m_Scrollvc.SetScrollPos(m_vc);
}
if(ID==IDC_SCROLLBARENG)
  {
    switch ( nSBCode )
        { case SB_LINELEFT :       m_eng--; break; //单击滚动条左边箭头
          case SB_LINERIGHT :      m_eng++; break;
          case SB_PAGELEFT :       m_eng-=10; break;
          case SB_PAGERIGHT :      m_eng+=10; break;
          case SB_THUMBTRACK :     m_eng=nPos; break;
        }
      if(m_eng < 0 )       m_eng=0;
      if(m_eng> 100)       m_eng=100;
      m_Scrolleng.SetScrollPos(m_eng);
}
    if(ID==IDC_SCROLLBARWEB)
    {
    switch ( nSBCode )
        { case SB_LINELEFT :       m_web--; break; //单击滚动条左边箭头
          case SB_LINERIGHT :      m_web++; break;
          case SB_PAGELEFT :       m_web-=10; break;
          case SB_PAGERIGHT :      m_web+=10; break;
          case SB_THUMBTRACK :     m_web=nPos; break;
        }
      if(m_web < 0 )       m_web=0;
      if(m_web > 100)      m_web=100;
      m_Scrollweb.SetScrollPos(m_web);
}
int   i=pScrollBar->GetDlgCtrlID( );      //滑动条控件水平滑动的操纵
if(i==IDC_SLIDER)
m_comp=m_slider.GetPos( );                //编辑框控件获取滑块当前位置值
UpdateData(false);

CDialog::OnHScroll(nSBCode, nPos, pScrollBar);
```

}

⑦为按钮 IDC_BUTTONAVG 添加消息 BN_CLICKED 的处理函数。当用户点击此"计算平均分"按钮时,根据对话框编辑框中的数据值,计算五门课程的平均分,并输出在右边对应的编辑框中。添加代码如下:

```
void CScoreSampleDlg::OnButtonavg( )
{
    UpdateData(true);
    float ave=(float)(m_vc+m_eng+m_web+m_data+m_comp)/5;
        //计算编辑框中的平均值,并转换为实型
    m_avg=ave;
    UpdateData(false);
}
```

⑧用同样方法为按钮 IDC_BUTTONSUM 添加消息 BN_CLICKED 的处理函数,计算总分。添加代码如下:

```
void CScoreSampleDlg::OnButtonsum( )
{
    UpdateData(true);
    float sum=(float)(m_vc+m_eng+m_web+m_data+m_comp);
        //计算编辑框中的总和,并转换为实型
    m_sum=sum;
    UpdateData(false);
}
```

⑨编译运行程序,得到运行结果如图 6-41 所示。

6.9 日期时间控件、图像列表和标签控件

6.9.1 日期时间控件

日期时间控件可以让用户选择日期,单击控件右边向下三角形按钮,可弹出月历控件供用户选择日期。如图 6-44 所示。

1. 日期时间控件的属性

日期时间控件有很多风格属性,使其显示不同的外观。可在属性对话框中进行设置,如图 6-45 所示。表 6-31 列出了 Styles 属性的值。

图 6-44 日期时间控件

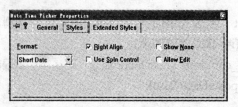

图 6-45 日期时间控件的风格属性

表 6-31　　　　　　　　　　日期时间控件的 Styles 属性

属 性 项	含 义 说 明
Format	格式有：Short Date、Long Date、Time
Right Align	下拉月历右对齐
Use Spin Control	使用右边的旋转按钮调整日期
Show None	日期前显示一个复选框，选中复选框，可键入或选择一个日期
Allow Edit	日期和时间是否允许编辑

2. 日期时间控件类 CDateTimeCtrl 的成员函数

BOOL SetTime(const CTime* pTimeNew);

DWORD GetTime(CTime* timeDest) const;

其中，SetTime 函数用于设置控件的日期或时间；GetTime 函数用于获取控件的日期或时间；CTime 是用于对控件的时间操作的类。

6.9.2 图像列表

图像列表控件是由一系列大小相同的图像（图标或位图）组成的集合，存储在图像列表集合中的每一个图像都通过一个索引值识别。图像列表控件常用来管理多个位图或图标，这些位图或图标可以用作与其相关联控件的显示标志，在程序中可以利用图像列表控件对显示标志进行各种操作，如更改图像的显示次序，动态添加或删除图像等。

编程时不能直接使用控件编辑器来创建图像列表，只能借助类库中的图像列表类来创建、显示图像列表。图像列表 CImageList 类由 MFC 类库中的 CObject 类直接派生而来，CImageList 类提供了创建、显示和管理一个图像列表的方法。

1. 创建图像列表

在声明了一个 CImageList 对象后，可以调用 Create( )函数来创建一个图像列表。

Create( )函数原型如下：

BOOL Create (int cx, int cy, UINT nFlags, int nInitial, int nCrow);

其中，cx 和 cy 用来指定图像的像素大小；参数 nFlags 代表创建的图像类型，图像类型主要有 ILC_COLOR4(16 色)|ILC_MASK(屏蔽图像)、ILC_COLOR8(256 色)|ILC_MASK、ILC_COLOR16(16 位色)|ILC_MASK 三种组合；参数 nInitial 表示图像列表中最初包含图像的数目；nCrow 表示以后每次添加的图像数目。

2. 操作管理图像列表

创建了图像列表后，可以调用 Add( )函数或 ReMove( )函数向图像列表中添加或删除一个图像；调用 GetImageCount( )函数获得图像列表中图像的个数；调用 Draw( )函数绘制图像；SetBkColor( )函数设置图像列表的背景颜色。

（1）Add( )函数

Add( )函数原型如下：

　int Add (CBitmap *pbmImage，COLORREF crMask)；

　int Add (CBitmap *pbmImage，CBitmap *pbmMask)；

　int Add (HICON hIcon)；

其中，pbmImage 表示包含图像的位图指针；参数 crMask 代表屏蔽色；hIcon 表示图标句柄。

（2）ReMove( )函数

ReMove( )函数原型如下：

BOOL ReMove(int nImage);

nImage 用来指定被删除图像的索引号。

（3）Draw( )函数

Draw( )函数原型如下：

BOOL Draw(CDC *pdc, int nImage, POINT pt, UINT nStyle);

其中，nImage 表示要绘制的图像的索引号，pt 表示绘制图像的位置，nStyle 表示绘制图像时采用的方式，pdc 表示绘制的设备环境指针。

（4）SetBkColor( )函数

SetBkColor( ) 函数原型如下：

SetBkColor(COLORREF cr);

3. 使用图像列表的一般过程

在程序中使用图像列表的一般步骤如下：

①声明一个 CImageList 对象，调用 Create( )函数来创建一个图像列表。

②如果图像列表中不包含图像，调用 Add( )函数向图像列表中加入需要的图像。

③调用 Draw( )函数绘制图像列表中的图像，或者使用 SetImageList( )函数将图像列表中的图像同一个控件关联起来。

6.9.3 标签控件

使用标签控件"🗂"可以将应用程序的一个窗口或对话框的相同区域定义为多个页面，每个页面都有一个带标题的标签和一组控件（或一套信息），当用户单击标签，就会显示相对应的信息或控件。

尽管在编程时使用标签控件，可以在一个窗口的相同区域定义多个页面，其中每个页面上包括一些不同的控件，实现不同的功能。不能直接在各个标签页上添加控件，也不能直接将每个标签页视作不同的对话框页面，只能在选中不同标签时在相同的位置显示不同的对话框。

1. 标签的风格属性

标签控件可设置的风格属性很多，如图 6-46 所示，表 6-32 列出了标签风格属性的各项含义。

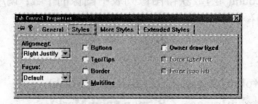

图 6-46 标签控件的属性对话框

表 6-32　　　　　　　　　　　标签控件的 Styles（风格）属性

属 性 项	含 义 说 明
Alignment	设置标签宽度的调整方式(Right Justify 向右调整；Fixed Width 宽度相同，此方式选定后将激活 Force label left 和 Force icon left 两个选项；Ragged Right 不拉伸每一行标签来使之适合标签控件的整个宽度)
Focus	获取焦点方式（Default 默认）；On Button Down 单击一个标签时，接收输入焦点；Never（永远不会接收输入焦点）
Buttons	标签采用按钮形状
ToolTips	设置标签控件具有一个与之关联的工具提示
Border	设置控件周围的边框
Multiline	设置标签以多行的形式显示
Owner draw fixed	使自画标签具有相同的高度
Force label left	图标和标签左对齐
Force icon left	图标左对齐，标签居中
Hottrack	当光标通过一个标签时，标签的标题呈蓝色
Bottom	标签位于控件的底端
Vertical	标签以垂直方式出现

2. 标签控件类成员函数

MFC 的 CTabCtrl 类提供了对标签控件进行各种操作的成员函数，可以进行控件外观的调整、标签的插入和删除、对标签信息的设置和获取等操作。表 6-33 列出了标签控件的常用成员函数。

表 6-33　　　　　　　　　　标签控件 CTabCtrl 类成员函数

函 数	功 能 说 明
InsertItem	插入一个标签项
DeleteItem	删除一个标签项
SetItemSize	设置某个标签项的宽度和高度
SetPadding	设置图标和标签周围的间隔
SetMinTabWidth	设置标签项的最小宽度
GetItemRect	获取标签的边界大小
HighlightItem	使选中的标签高亮显示
SetCurSel	设置当前选择的标签项
GetCurSel	获取当前选择的标签项

3. 标签控件的常用消息

标签控件常见的通知消息主要有：用鼠标单击标签时发送 NM_CLICK 消息，当用户选择不同的标签时发送 TCN__SELCHANGING 消息（在标签切换之前发送）和 TCN__

SELCHANGE 消息（标签切换之后发送）。

【例 6.13】标签控件应用实例。在对话框中添加标签控件和列表框控件，还加入一组图像标签，运行后根据用户的选择切换到相应的标签页面，接受用户输入的学生信息。单击标签页面对应的"确定"按钮，相应的信息保存到控件对应的成员变量，单击"添加"按钮，基本信息标签页的姓名变量值添加到列表框中，当用户双击列表框中姓名选项时，标签页面的信息会动态更新。如图 6-47 所示。

图 6-47　程序运行结果对话框

实现步骤如下：

①利用 MFC AppWizard 应用程序向导创建一个基于对话框的应用程序 TabImagDate，将其标题改为"标签控件的使用"。

②使用控件编辑器添加在对话框中添加一个标签控件，其风格属性为"Right Justify Default"，ID 为 IDC_TAB1。添加一个列表框控件 ID 为 IDC_LIST1，添加一个按钮 ID 为 IDC_BUTTON_ADD，其他属性为默认值。保留"取消"按钮。

③分别添加两个对话框资源 IDD_DIALOG_SUM 和 IDD_DIALOG_INFO，设置其风格"Styles"属性为"Child Style"、"None Border"，字体为"新宋体"，字号为"9"，并利用 Class Wizard 为这两个对话框映射相应的类 SumDlg 和 InfoDlg。

④根据图 6-48 的控件布局，使用控件编辑器添加相应控件，并设置其相关属性，表 6-34 列出了这些控件的属性设置值。

　　　　IDD_DIALOG_SUM　　　　　　　　　　IDD_DIALOG_INFO

图 6-48　两个对话框添加的控件

第6章 常用控件

表6-34　　　　　　　　　　　　　控件的属性设置

控件	控件ID号	标题	属性	备注
静态文本	IDC_STATIC	总分：	默认	IDD_DIALOG_SUM 对话框
编辑框	IDC_EDITSCORE	—	默认	
静态文本	IDC_STATIC	姓名：	默认	
编辑框	IDC_EDITNAME	—	默认	
静态文本	IDC_STATIC	学号：	默认	
编辑框	IDC_EDITID	—	默认	IDD_DIALOG_INFO 对话框
静态文本	IDC_STATIC	性别：	默认	
单选按钮	IDC_RADIOF	男	Group	
单选按钮	IDC_RADIOM	女	默认	
静态文本	IDC_STATIC	出生日期：	默认	
日期时间	IDC_DATETIMEPICKER1	—	默认	

⑤打开 MFC ClassWizard 对话框，切换到"Member Variables"标签页面，分别为三个对话框类的控件添加成员变量。如表6-35 所示。

表6-35　　　　　　　　　　　　　添加控件的成员变量

控件ID号	变量类	变量类型	变量名	范围	备注
IDC_TAB1	Control	CTabCtrl	m_Tab1	——	IDD_TABIMAGDATE_DIALOG 主对话框
IDC_LIST1	Control	CListBox	m_List	——	
IDC_EDITNAME	Value	CString	m_strName	10	IDD_DIALOG_INFO 对话框
IDC_EDITID	Value	CString	m_strId	20	
IDC_RADIOF	Value	int	m_intSex	1 或 0	
IDC_DATETIMEPICKER1	Value	CTime	m_timeBirth		
IDC_EDITSCORE	Value	int	m_num	0-700	IDD_DIALOG_SUM 对话框

⑥为对话框类 CTabImagDateDlg 添加成员变量：CImageList　m_image。

⑦利用 "Insert/Resource/Icon/New" 菜单，添加两个位图资源 IDI_ICON1，IDI_ICON2。并使用绘图工具创建图像，如图6-49 所示。

图6-49　创建位图资源

⑧在 CTabImagDateDlg 类的 OnInitDialog( )函数中添加导入的图像,代码如下:
BOOL CTabImagDateDlg::OnInitDialog( )
{
  ︙ ︙ ︙
  m_image.Create(32,32,ILC_COLOR|ILC_MASK, 3, 0);
  m_image.Add(AfxGetApp( )->LoadIcon(IDI_ICON1));
  m_image.Add(AfxGetApp( )->LoadIcon(IDI_ICON2));
  m_Tab1.SetImageList(& m_image);
  return TRUE; // return TRUE unless you set the focus to a control
}

⑨在对话框类 CTabImagDateDlg 中添加数据成员,用来实现加载两个对话框作为标签页面。在项目区中切换到"Class View"视图,用鼠标双击 CTabImagDateDlg 类,打开类声明的源代码编辑区,在 public 后,添加如下代码:
SumDlg *pTabSum;
InfoDlg *pTabInfo;
在 TabImagDateDlg.h 头文件中,将两个对话框类相应头文件包含进来:
#include "InfoDlg.h"
#include "SumDlg.h"

⑩为 CTabImagDateDlg 类添加两个成员函数,其中,SetDlg(CWnd *pWnd, BOOL b)用于设置对话框状态;SetTab(int n)用于设置标签页状态,函数类型都为 void。添加代码如下:
  void CTabImagDateDlg::SetDlg(CWnd *pWnd, BOOL b) //设置对话框状态
  {
   pWnd->EnableWindow(b);
    if(b)
    {
     pWnd->ShowWindow(SW_SHOW); //显示页面
     pWnd->CenterWindow( );   //居中显示
    }
    else
     pWnd->ShowWindow(SW_HIDE); //隐藏页面
  }
  void CTabImagDateDlg::SetTab(int n)   //设置标签页状态
  {
   if(n>1) n=1;
   if(n<0) n=0;
   BOOL bTab[2]= {FALSE,FALSE}; //初始值为假
   bTab[n]= TRUE;   //代表某页设置为真
   SetDlg(pTabInfo,bTab[0]);   //控制标签页的显示和隐藏状态
   SetDlg(pTabSum,bTab[1]);
  }

⑪ 利用 Class Wizard 类向导，为 CTabImagDateDlg 类的标签页 IDC_TAB1 添加 TCN_SELCHANGE 的消息映射和消息处理函数，代码如下：

```
void CTabImagDateDlg::OnSelchangeTab1(NMHDR* pNMHDR, LRESULT* pResult)
{
    int select= m_Tab1.GetCurSel( );
    if(select>=0)
    SetTab(select);
    *pResult = 0;
}
```

⑫ 设置对话框类 CTabImagDateDlg 初始显示的效果。在 CTabImagDateDlg 类的 OnInitDialog 函数添加代码如下：

```
BOOL CTabImagDateDlg::OnInitDialog( )
{
    ⋮          ⋮          ⋮
    pTabInfo=new InfoDlg( );                              //分配标签控件页面的存储空间
    pTabSum=new SumDlg( );
    pTabInfo->Create(IDD_DIALOG_INFO,&m_Tab1);            // 创建两个标签页面
    pTabSum->Create(IDD_DIALOG_SUM,&m_Tab1);
    m_Tab1.InsertItem(0,"基本信息", 0);                    //生成第一个标签页（0）
    m_Tab1.InsertItem(1,"成绩", 1);                        //生成第二个标签页（1）
    m_Tab1.SetMinTabWidth(60);
    m_Tab1.SetCurSel(0);                         // 设置标签页的最小宽度和初始显示页面
    SetTab(0);
    pTabInfo->CheckRadioButton(IDC_RADIOF,IDC_RADIOM,IDC_RADIOF);
                                                 //单选按钮的选中状态为"男"
    …
}
```

⑬ 编译连接并运行程序，结果如图 6-50 所示。用户可在"成绩"页面和"基本信息"页面切换。

图 6-50　标签页面加载后的运行结果

⑭在 TabImagDateDlg.h 类声明中，添加学生信息结构体类型声明：
```
struct StuInfo
{
    CString Name;
    CString ID;
    char Sex;
    CTime Birth;
    int Total;
};
```
⑮为对话框类 InfoDlg 添加成员函数 UpdaSex( )，类型为 void，用来更新对话框类 InfoDlg 性别单选按钮的状态。
```
void InfoDlg::UpdaSex( )
{
    if(!m_intSex)      //男
        CheckRadioButton(IDC_RADIOF,IDC_RADIOM,IDC_RADIOF);
    else
        CheckRadioButton(IDC_RADIOF,IDC_RADIOM,IDC_RADIOM);
}
```
⑯为对话框类 InfoDlg 的按钮 IDC_BTNINFO，添加单击 BN_CLICKED 的消息及消息映射函数。实现基本信息的输入，添加代码如下：
```
void InfoDlg::OnBtninfo( )
{
    UpdateData(TRUE);              //获得控件中的数据
    m_strName.TrimLeft( );         //裁剪去掉 m_strName 左边的空格
    if(m_strName.IsEmpty( ))       //判断学生"姓名"是否为空
    {   MessageBox("学生姓名不能为空！");
        return ;
    }
}
```
⑰为对话框类 SumDlg 的按钮 IDC_BTNSUM，添加单击 BN_CLICKED 的消息及消息映射函数。实现成绩信息的输入，添加代码如下：
```
void SumDlg::OnBtnsum( )
{
    UpdateData(TRUE);
}
```
⑱为对话框类 CTabImagDateDlg 的按钮 IDC_BUTTON_ADD 添加单击 BN_CLICKED 的消息及消息映射函数。实现标签页面的数据与列表框中列表项数据关联，添加代码如下：
```
void CTabImagDateDlg::OnButtonAdd( )
{
    if((m_List.FindString(-1, pTabInfo->m_strName))!= LB_ERR)
```

```
    {   MessageBox("列表框中已有该项,不能添加!");
        return ;
    }
    int nIndex= m_List.AddString(pTabInfo->m_strName);  //向列表框添加学生姓名
    StuInfo data;                                       //将学生信息项与新增的列表项关联起来
    data.Name=pTabInfo->m_strName;
    data.ID= pTabInfo->m_strId;
    data.Sex=pTabInfo->m_intSex;
    data.Birth= pTabInfo->m_timeBirth;
    data.Total=pTabSum->m_num;
    m_List.SetItemDataPtr(nIndex, new StuInfo(data));   //建立关联
}
```

⑲ 为对话框类 CTabImagDateDlg 的按钮 IDC_LIST1 添加 LBN_SELCHANGE 的消息及消息映射函数。双击列表框中的列表项时,标签页面的信息动态更新,添加代码如下:

```
void CTabImagDateDlg::OnSelchangeList1( )
{
    int nIndex=m_List.GetCurSel( );
    if(nIndex!=LB_ERR)
    {
        StuInfo *info=(StuInfo*)m_List.GetItemDataPtr(nIndex);
        //指定两个对话框中相关控件的数据并显示
        pTabInfo->m_strName=info->Name;
        pTabInfo->m_strId=info->ID;
        pTabInfo->m_intSex=info->Sex;
        pTabInfo->m_timeBirth=info->Birth;
        pTabSum->m_num=info->Total;
        pTabInfo->UpdateData(false);
        pTabInfo->UpdaSex( );
        pTabSum->UpdateData(false);
    }
}
```

⑳ 为对话框类 CTabImagDateDlg,添加一个关闭对话框消息 WM_DESTROY 映射和消息处理函数。将标签页面中输入的信息在关闭对话框时删除,代码如下:

```
void CTabImagDateDlg::OnDestroy( )
{
    for(int nIndex=m_List.GetCount( )-1;nIndex>=0;nIndex--)
    {
        delete(StuInfo*)m_List.GetItemDataPtr(nIndex);
    }
    if(pTabInfo)    delete pTabInfo;
```

```
                if(pTabSum)    delete pTabSum;
}
```

6.10 文件系统控件

文件系统控件也称为树控件"🗂"，是一个显示层次列表的窗口，能够对有层次关系的事物或对象进行分类划分并按层次显示。树控件的每个项目由项目名称和一个对应的位图图标组成，项目分为父项目和子项目，父项目中包含了子项目列表，双击父项目时可以展开或缩进其中的子项目。树控件能直观地反映不同项目之间的层次关系，在 Windows 系统中，很多窗口视图都使用了树控件，如驱动器中文件的分层显示和索引目录中的信息项显示都使用了树控件。

在程序中，可以使用树视图来操作树控件，CTreeView 类按照 MFC 文档视图结构封装了文件系统控件 CTreeCtrl 类的功能。用户使用 CTreeView 类提供的成员函数 GetTreeCtrl 能从 CTreeView 中得到封装的 CTreeCtrl 对象。

1. 文件系统控件的风格属性

文件系统控件有多种风格属性，表 6-36 列出了其风格属性的各项含义。

表 6-36　　　　　　　　　　文件系统控件的 Styles（风格）属性

属 性 项	含 义 说 明
Has Lines	用连线体现项目之间的层次关系
Lines at Root	在项目的最高层用连线将项目与根项目连接
Has buttons	在每个父项前有"+"或"-"按钮，单击将代表展开或折叠项目
Edit labels	允许编辑项目的文本名称
Show selection always	当控件失去焦点时，被选择的项依然保持被选择
Single expand	单击项目时可以展开或折叠该项目
Check boxes	项目的左侧有个复选框
No scroll	不使用水平或垂直滚动条

2. 文件系统控件类成员函数

树控件 CTreeCtrl 类中提供了许多关于树控件操作的成员函数，如项目添加、删除以及关联图像列表项等。表 6-37 列出了树控件 CTreeCtrl 类常用的成员函数。

表 6-37　　　　　　　　　文件系统控件 CTreeCtrl 类成员函数

函 数	功 能 说 明
SetImageList	设置与控件关联的图像列表
GetCount	返回控件中项目的数量
GetSelectedItem	返回当前选中的项目
GetChildItem	返回当前的子项目

第6章 常用控件

续表

函　数	功　能　说　明
GetParentItem	返回当前的父项目
GetRootItem	返回根项目
SetItemText	设置项目的文本串
GetItemText	获取项目的文本串
InsertItem	插入一个新的列表项
DeleteItem	删除指定的列表项
DeleteAllItem	删除所有的列表项
Expand	展开或折叠指定父项的子项

【例6.13】文件系统控件的实例：创建一个基于对话框的应用程序，并在其中引入一个文件系统控件（树控件）；当用户单击树形控件的某一项时，将弹出一个对话框提示所选项的信息，如图6-51所示。

图6-51　文件系统控件的使用

实现步骤如下：

①利用MFC AppWizard应用程序向导，创建一个基于对话框的应用程序项目TreeSample，并将其Caption（标题）设置为"文件系统控件的使用"。

②根据图6-52的布局，使用控件编辑器添加一个文件系统控件，ID为IDC_TREE，打开其Properties（属性）对话框，设置相关风格属性，如图6-53所示。

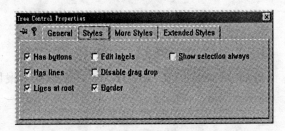

图6-52　界面布局　　　图6-53　文件系统控件属性对话框

③打开 MFC ClassWizard 对话框，切换到 Member Variables 标签页面，给文件系统控件添加一个 CTreeCtrl 类型的变量 m_Tree。

④利用文件系统控件的数据结构对其进行初始化，在 CTreeSampleDlg 类的 OnInitDialog( ) 函数中添加如下代码：

```
BOOL CTreeSampleDlg::OnInitDialog( )
{
    CDialog::OnInitDialog( );
        ⋮      ⋮     ⋮
    TV_ITEM    tvItem;
    TV_INSERTSTRUCT   tvInsert;
    tvItem.mask= TVIF_TEXT;
    tvItem.pszText="文件 1";              //设置显示字符
    tvItem.cchTextMax= 9;                //设置字符大小
    tvInsert.hParent= TVI_ROOT;          //设置为根目录
    tvInsert.hInsertAfter= TVI_LAST;
    tvInsert.item= tvItem;
    HTREEITEM hRoot= m_Tree.InsertItem(&tvInsert);
    tvItem.pszText="子文件 1";            //设置显示字符
    tvItem.cchTextMax= 7;                //设置字符大小
    tvInsert.hParent= hRoot ;            //将 hRoot 设置为当前项的根目录
    tvInsert.item= tvItem;
    m_Tree.InsertItem(&tvInsert);

    tvItem.pszText="子文件 2";
    tvInsert.hParent= hRoot;
    tvInsert.item= tvItem;
    m_Tree.InsertItem(&tvInsert);

    tvItem.pszText="子文件 3";
    tvInsert.hParent= hRoot;
    tvInsert.item= tvItem;
    m_Tree.InsertItem(&tvInsert);

    tvItem.pszText="文件 2";
    tvItem.cchTextMax= 9;
    tvInsert.hParent= TVI_ROOT ;         // 设置为根目录
    tvInsert.item= tvItem;
    m_Tree.InsertItem(&tvInsert);
    return TRUE;   // return TRUE   unless you set the focus to a control
}
```

⑤打开 Class Wizard 对话框，选择 CTreeSampleDlg 类，为文件系统控件（ID_TREE）添加 TVN_SELCHANGED 消息映射和消息处理函数，添加代码如下：

```
void CTreeSampleDlg::OnSelchangedTree(NMHDR* pNMHDR, LRESULT* pResult)
{
    NM_TREEVIEW* pNMTreeView = (NM_TREEVIEW*)pNMHDR;
    char S[15];
    CTreeCtrl * pTree= (CTreeCtrl*)GetDlgItem(IDC_TREE);
    HTREEITEM select=pNMTreeView->itemNew.hItem;
    TV_ITEM   item;
    item.mask=TVIF_TEXT;
    item.hItem=select;
    item.pszText=S;
    item.cchTextMax=15;
    VERIFY(pTree->GetItem(&item));
    ::MessageBox(NULL, S, "已经选择", NULL);
    *pResult = 0;
}
```

⑥编译链接并运行程序，结果如图 6-51 所示。

习 题

1．静态控件有哪几种类型?主要实现的功能是什么？

2．按钮控件有哪几种类型？各自实现的功能是什么？

3．编辑框与什么控件一起构成"伙伴"关系？如何设置"伙伴"控件的属性？怎样操作才能绑定在一起不分开？

4．列表框和组合框有何异同？

5．滚动条和滑动条有何异同？

6．图像列表控件创建过程分哪几个步骤？

7．标签控件中的页面是如何添加和创建的？

8．设计一个用户登录对话框，当用户输入的用户名和密码与设置的相同时，弹出消息对话框提示用户输入正确，才能进入程序的主界面，否则提示用户输入错误。

9．设计一个对话框，有 2 组按钮，第 1 组为单选按钮，第 2 组为复选按钮，单选按钮中每组只能选一个，复选按钮中可多选。编程实现获取每组选中按钮的标题，并在编辑框控件中显示出来。

10．设计一个对话框，添加编辑框和微调按钮，使它们成为伙伴窗口。通过微调按钮设置编辑框默认值为 50，设置微调按钮的取值范围为 0~100，设置每次微调的值为 0.2。

11．创建一个单文档的应用程序，设计一个学生成绩对话框，对话框中设置三门课程的成绩，并求出总分和平均分。各门课程信息、总分和平均分在单文档窗口中显示。

12．设计一个单文档应用程序，单击某菜单命令打开一个对话框，通过该对话框输入在视图客户区要显示的字符串和坐标值。

13．设计一个单文档应用程序，添加一个主菜单项"对话框"，并有"显示"、"隐藏"、"退出"3个子菜单项，当执行"显示"菜单命令时显示一个对话框，当执行"隐藏"命令时隐藏对话框，当执行"退出"命令时关闭对话框。

14．设计一个基于对话框的应用程序，对话框中有3个红、绿、蓝单选按钮，一个按键按钮用于当用户选中不同颜色的单选按钮时自绘不同的颜色。

15．设计一个单文档的应用程序，单击某菜单项弹出一个对话框，对话框中有1个列表框、1个显示姓名和3门课程成绩的编辑框。当用户单击"添加"按钮时，姓名被添加在列表框中；当用户单击"删除"按钮时，列表框中当前选项被删除；单击列表框中的一个列表项，该学生相关的数据会在编辑框中显示出来。

16．设计一个对话框的应用程序，在组合框中选择学生姓名后，可以浏览该学生的3门课程成绩；在组合框中输入学生姓名，并在编辑框中可以输入成绩。

17．设计一个单文档的应用程序，单击某菜单项打开一个对话框，对话框中有3个垂直滚动条，分别用于设置红、绿、蓝3种颜色分量的值，当用户单击"绘图"按钮，根据选择的组合颜色在客户区画一个填充的圆角矩形。

18．设计一个单文档的应用程序，单击某菜单打开一个对话框，用3个滑动条分别设置红、绿、蓝3种颜色分量的值，实时改变对话框的颜色。

19．设计一个基于对话框的应用程序，对话框中有"连续"和"单步"两个按钮，一个进度条控件，单击"连续"按钮，进度条从头开始用蓝色块填充整个窗口，单击"单步"按钮，进度条填充一个蓝色块。

20．设计一个基于对话框的应程序，对话框有2个标签页面，分别为联系人基本信息和联系人列表，并建立两个页面的关联。

21．设计一个单文档的应用程序，新增一个含有5个工具按钮的工具栏，使用图像列表分别为工具按钮添加大小相同的图像，工具按钮能实现一定的功能。

22．设计一个基于对话框的应用程序，对话框中有1个树视控件和其他一些需要的控件。树视控件用于显示有层次关系的项目，在树视控件中可以添加或删除项目，在树视控件中选中某项目能动态显示操作结果。

第7章　图形和文本处理

基于 Windows 的应用程序离不开图形、图像，而图形的绘制和输出是通过 Windows 提供的标准图形设备接口来实现的，本章将主要介绍在 Visual C++编程环境中如何有效地使用图形设备接口设计图形应用程序。

7.1　图形设备接口（GDI）概述

Windows 操作系统是一个图形操作系统，不再区分文本模式和图形模式，所有的输出都是图形。Windows 的图形设备接口提供了绘图的基本工具，如画点、线、多边形、位图及文本等，并将图形绘制在显示器上。

7.1.1　图形设备接口

图形设备接口（Graphics Device Interface，GDI）是 Windows 系统的重要组成部分，负责系统与用户以及绘图程序之间的信息交换，并控制在输出设备上显示图形或文字。图形设备接口最明显的特征是设备无关性，用户通过直接调用 GDI 函数操作设备，不需要考虑各种设备的差异。编程时只需要建立绘图程序与设备的关联，系统将自动载入相应的设备驱动程序，完成各种图形、文本的输出。

7.1.2　设备环境类

用户在绘图之前，必须获取绘图区域的一个设备环境 DC，接着才能进行图形设备接口函数的调用。例如，在窗口客户区显示一串文本字符，通过 CDC 的对象指针 pDC 调用绘图函数，代码如下：

pDC->TextOut(100,100,"Hello World!");

其中，TextOut( )为绘图函数；100,100 表示字符输出位置的 x 和 y 坐标；"Hello World!"表示将要输出的字符串。

在这一行代码中并没有告诉系统用什么样的颜色、什么样的字体输出字符串，系统自己使用了默认的设置。这些默认的设置保存在什么地方呢？就是在设备环境中。

Windows 应用程序的输出不直接面向具体的硬件设备，只面向设备环境。设备环境（Device Context，DC）是一个虚拟的逻辑设备，它由 Windows 管理的一种包含各种绘图属性（如字体、颜色）和方法（即各种绘图函数）的一个数据结构，保存了绘图操作中一些共同需要设置的信息，如当前的画笔、画刷、字体和位图等图形对象及其属性，以及背景、颜色等图形输出的绘图模式。

在 MFC 中，设备环境类 CDC 提供了一系列用于设置绘图属性和设备属性的函数。为了能让用户使用一些特殊的设备环境，CDC 类还派生了 CPaintDC、CClientDC、CWindowDC 和

CMetaFileDC 类。

①CPaintDC 类是专门支持窗口绘图的类，主要针对 OnPaint 函数使用。其构造函数将会自动调用 BeginPaint，析构函数也会自动调用 EndPaint。例如，添加 WM_PAINT 消息处理函数 OnPaint( )，就需要使用 CPaintDC 类来定义一个设备环境对象。CView 类的成员函数 OnPaint( )代码如下：

```
void CView::OnPaint( )
{
    CPaintDC dc(this); //定义一个设备环境类对象 dc
    OnpreparDC(&dc);
    OnDraw(&dc);
}
```

②CClientDC 类是只能在窗口客户区进行绘图的类，只代表程序窗口中不包括边框、标题栏、菜单栏、工具栏和状态栏等界面元素的内部绘图区，坐标原点是客户区的左上角。而 CWindowDC 类是可以在整个程序窗口进行绘图的类，坐标原点是整个窗口的左上角。这两个类的构造函数都会自动调用 API 函数 GetDC( )和 GetWindowDC( )，其析构函数能自动调用 API 函数 ReleaseDC( )。

③CMetaFileDC 类用来创建一个 Windows 图元文件的设备环境。Windows 图元文件包含了一系列 GDI 绘图命令，使用这些命令可以重新创建新的图形或文本。

以上设备环境类，可以看成是图形的输出模板，程序员使用它们可以调用相应 GDI 函数输出图形、文本等信息。

7.1.3 坐标映射

绘图时，为了使图形界面布局更合理美观，需要使用一个参照坐标系对图形进行定位，确定所输出的图形或文本的具体位置。在 Windows 环境下，所有图形及文本的输出都是基于坐标系的，在默认情况下，坐标原点（0，0）在图形显示区的左上角，向右代表 X 轴的正向，向下代表 Y 轴的正向。

Windows 的坐标系有两种：设备坐标系和逻辑坐标系，设备坐标系是面向显示器或打印机等物理设备的坐标系，通常以像素或设备所能表示的最小长度单位作为绘图单位。设备坐标系由于参照的区域不同又可分为三类：

①屏幕坐标系：以整个屏幕作为绘图区域，屏幕的左上角为坐标原点。一些与屏幕有关的函数均采用屏幕坐标。

②窗口坐标系：以应用程序窗口作为绘图区域，窗口的左上角为坐标原点。

③客户区坐标系：以应用程序窗口的客户区作为绘图区域，客户区左上角为坐标原点。客户区坐标系是最常用的坐标体系，主要用于客户区的图形输出和窗口消息处理。

逻辑坐标系是面向设备环境的坐标系，不考虑具体的设备类型，以一个逻辑单位作为绘图单位。CDC 类中用于绘图的成员函数一般使用与客户区坐标对应的逻辑坐标绘图，用户可以不考虑输出设备的坐标情况，而在一个统一的逻辑坐标系中进行绘图的操作。例如，在某设备环境中绘制一个半径为 100 单位的圆，即使输出显示设备分别为不同尺寸的显示器（如 17 英寸或 15 英寸），系统也会及时针对当前设备的具体情况，调整映射比例，显示出与预设单位大小相同的图形。

在 Visual C++中，鼠标的坐标位置用设备坐标表示，但所有的 GDI 绘图函数都用逻辑坐标表示，使用鼠标绘图时，必须将设备坐标转换为逻辑坐标。Windows 系统定义了一些坐标映射模式决定设备坐标和逻辑坐标之间的关系，如表 7-1 所示。

表 7-1   **Windows 的坐标映射模式**

映像模式	对应关系
MM_TEXT	每一个逻辑单位等于一个设备像素，x 向右为正，y 向下为正
MM_LOMETRIC	每一个逻辑单位等于 0.1mm，x 向右为正，y 向上为正
MM_HIMETRIC	每一个逻辑单位等于 0.01mm，x 向右为正，y 向上为正
MM_LOENGLISH	每一个逻辑单位等于 0.01 英寸，x 向右为正，y 向上为正
MM_HIENGLISH	每一个逻辑单位等于 0.001 英寸，x 向右为正，y 向上为正
MM_TWIPS	每一个逻辑单位等于 1/1440，x 向右为正，y 向上为正
MM_ISOTROPIC	由系统确定逻辑单位转换，x、y 轴可任意调节，单位比例 1:1
MM_ANISOTROPIC	由系统确定逻辑单位转换，x、y 轴可任意调节，单位比例任意

上述映像模式中，MM_TEXT 是默认的映像模式，表中前六种称为强制映像模式，其比例因子是固定的，应用程序不能改变映射到设备单位中的物理单位的数目。后两种称为非强制映像模式，比例因子是可变的，应用程序能根据窗口和视口的比例来自动调整图形的输出。另外，MM_ISOTROPIC 映像模式的 x、y 轴单位比例为 1：1，无论比例因子如何变化，图形总能维持原始形状；而 MM_ANISOTROPIC 映像模式的 x、y 轴单位比例是任意的，图形不一定能维持原状。

在编程过程中，用户可通过调用 CDC 类成员函数 SetMapMode 和 GetMapMode 来分别设置和获取设备环境中的映像模式，还可以调用 CDC 类成员函数 SetWindowOrg 和 SetViewportOrg 来分别设置设备的窗口原点和设备的视口原点。

【例 7.1】通过使用不同的坐标模式和不同的窗口或视口原点，将圆和矩形显示在窗口客户区中。

实现步骤如下：

①利用 MFC AppWizard 应用程序向导创建一个单文档应用程序 MapmodeSample。

②进入项目工作区单击 "File View" 标签，双击 "Source Files" 文件夹，再双击 "MapmodeSampleView.cpp" 文件夹，打开该文件的源代码。

③在 OnDraw 函数中添加如下程序代码，设置不同窗口/视口原点和坐标模式绘制图形。

```
void CMapmodeSampleView::OnDraw(CDC* pDC)
{
    CMapmodeSampleDoc* pDoc = GetDocument( );
    ASSERT_VALID(pDoc);
    // TODO: add draw code for native data here
    CRect client;
    GetClientRect(client);                    //获得客户区窗口
    pDC->SetMapMode(MM_ANISOTROPIC);          //设定映射模式
```

```
    pDC->SetWindowExt(1000,1000);                              //定义逻辑窗口大小
    pDC->SetViewportExt(client.right,-client.bottom);          //定义输出视口
    pDC->SetViewportOrg(client.right/2, client. bottom/2);     //设置视口原点
    pDC->Ellipse(CRect(-300,-300,300,300));                    //在逻辑窗口画圆
    pDC->SetMapMode(MM_ISOTROPIC);                             //设定映射模式
    pDC->SetWindowExt(1000,1000);
    pDC->SetViewportExt(client.right,-client.bottom);
    pDC->SetViewportOrg(client.right/2, client. bottom/2);
    pDC->Rectangle(CRect(-250,-250,250,250));
}
```

④编译链接并运行该程序，得到如图 7-1 所示的输出结果。

图 7-1　圆显示在窗口客户区中

7.1.4　GDI 图形对象

GDI 图形对象是 Windows 图形设备接口的抽象绘图对象，Windows 提供了一系列这样的绘图对象，用户可以通过这些 GDI 对象来设置程序的绘图工具，如画笔、画刷、位图和调色板等。在 Visual C++ 中，MFC 对 GDI 对象进行了封装，并提供相应的类来作为应用程序的图形设备接口，这些类都是 CGdiObject 类的派生类，如表 7-2 所示。

表 7-2　　　　　　　　　　　　　　　　**MFC 的 GDI 类**

类　名	功　　能
CPen	"画笔"工具，用于绘制边框、画线，可设定颜色、宽度、样式
CBrush	"画刷"工具，用于填充封闭区域的颜色和样式
CFont	"字体"工具，用于显示不同风格、不同尺寸的字符
CBitmap	"位图"工具，显示由像素构成的图像
CPalette	"调色板"工具，用于设置不同的绘图颜色
CRgn	"区域"工具，用于填充、裁减由多边形或封闭曲线构成的边框

1. GDI 对象绘图的一般步骤

选择 GDI 对象进行绘图一般步骤如下：

①构造一个 GDI 对象。创建 GDI 类的具体对象，代表当前绘图工具，如画笔、画刷等；然后调用相应的成员函数初始化该绘图工具。

②选择构造的 GDI 对象到当前设备环境中。

③调用绘图函数绘制图形。

④绘图完毕后，释放 GDI 对象。

2. 画笔的使用

在 MFC 中，用 CPen 类封装了 GDI 的画笔对象，可以通过画笔来选择线条的形状、粗细和颜色三种属性。画笔用于绘制对象的边框、直线和曲线等。使用画笔对象的具体方法如下：

（1）创建一支画笔

①调用 CPen 类的带参数的构造函数构造 CPen 类画笔对象。

例如，构造一支宽度为 8 个像素，红色的实线画笔，代码如下：

    CPen   pen(PS_SOLID, 8, RGB(255,0,0));

其中 CPen 类的构造函数中，有 3 个参数，第 1 个参数用来指定画笔的线型，表 7-3 列出了画笔的基本线型；第 2 个参数表示画笔的宽度，为 0 时宽度总是 1 个像素。如果大于 1，则线型参数中的虚线、点线、点画线、双点画线均不可用。第 3 个参数表示画笔的颜色设置，RGB 是一个带参数的宏，其原型为 RGB（nRed，nGreen，nBlue），这 3 个参数分别表示红、绿、蓝颜色分量值，从 0~255 变化。例如：RGB（255，0，0）表示红色，RGB（0，255，0）代表绿色，RGB（0，0，255）表示蓝色。Windows 的颜色数据类型是 COLORREF，它是一个 32 位的整数。可以使用 RGB 宏，将颜色的 3 个红 R、绿 G、蓝 B 分量值转换为 COLOREF 类型。

②使用 **CPen::CreatePen(int nPenSyte, int nWidth, DWORD crColor)** 函数构造画笔对象。代码如下：

    CPen   pen;
    pen. CreatePen(PS_SOLID, 8 ,RGB(255,0,0));

（2）将创建的画笔对象选入设备环境

通常使用 CDC 类的成员函数 SelectObject 来选择用户创建的 GDI 对象到当前设备环境中，调用成功后将返回一个指针值。代码如下：

    CPen * OldPen = pDC->SelectObject(&pen);   //选择新的画笔，并保存原来的画笔

（3）调用绘图函数

    pDC->Ellipse(200,200,400,600);   //调用绘制椭圆的函数

（4）绘图完毕后，删除当前的 GDI 对象，恢复原来的 GDI 对象

通常调用函数 SelectObject( )和 DeleteObject( )函数来完成。代码如下：

    pDC->SelectObject (OldPen);   //撤销当前的绘图工具
    pen .DeleteObject( )。   //恢复原来的绘图工具

除了用户自定义的画笔外，还可以使用库存对象中的画笔，库存对象是由操作系统维护的用于绘制屏幕的常用对象，包括库存画笔、刷子、字体等。通过 SelectStockObject 函数可从以下库存画笔中选择：

BLACK_PEN(黑笔)、NULL_PEN(空笔，不画线或边框)、WHITE_PEN(白笔)。

表 7-3　　　　　　　　　　　　　　　画笔的样式

样式	说明	样式	说明
PS_DASH	虚线	PS_INSIDERFRAME	实线（边框线）
PS_DASHDOT	点画线	PS_NULL	无
PS_DASHDOTDOT	双点画线	PS_SOLID	实线
PS_DOT	点线		

【例 7.2】创建一个实现画笔绘图的应用程序。当程序运行后，工具栏上有一组显示不同风格和颜色的画笔工具按钮。用鼠标选择工具栏中一种画笔，在客户区中会绘制出相应线条。其界面效果如图 7-2 所示。

实现步骤如下：

①利用 MFC AppWizard 应用程序向导，创建一个单文档应用程序 PenSample。

②在项目工作中，选择"ResourceView"视图，打开"Toolbar"工具栏资源，双击"IDR_MAINFRAME"，在窗口自带的工具条后加入一组代表画笔颜色和线型的工具按钮。

③创建工具条界面，如图 7-3 所示。添加了代表四种颜色的按钮红、绿、蓝、黑，代表四种线型的按钮点线、点画线、实线、虚线。其按钮的 ID 属性值如表 7-4 所示。

图 7-2　画笔使用　　　　　　　　　图 7-3　工具条界面

表 7-4　　　　　　　　　　　　　　　按钮的 ID 值

按钮	ID 值	按钮	ID 值
红	ID_BUTTONRED	点	ID_BUTTONDOT
绿	ID_BUTTONGREEN	点画线	ID_BUTTONDASHDOT
蓝	ID_BUTTONBLUE	实线	ID_BUTTONSOLID
黑	ID_BUTTONBLACK	虚线	ID_BUTTONDASH

④在视图类的声明文件 PenSampleView.h 中，声明鼠标移动位置的成员变量和构造画笔对象。代码如下：

```cpp
public:
    CPoint StartPt;              //起点
    CPoint EndPt;                //终点
    CPen pen;                    //构造画笔对象
    DWORD   stylepen;            //画笔线型
    COLORREF m_color;            //画笔颜色
```

⑤在视图类 PenSampleView.cpp 文件中，声明代表不同颜色的宏和添加工具按钮消息映射宏。代码如下：

```cpp
#define  RED    RGB (255,0,0)     //声明代表红色的宏
#define  GREEN  RGB (0,255,0)     //声明代表绿色的宏
#define  BLUE   RGB (0,0,255)     //声明代表蓝色的宏
#define  BLACK  RGB (0,0,0)       //声明代表黑色的宏
//添加工具按钮消息映射宏
BEGIN_MESSAGE_MAP(CPenSampleView, CView)
//{{AFX_MSG_MAP(CPenSampleView)
//工具按钮消息映射宏
ON_COMMAND_RANGE(ID_BUTTONRED,ID_BUTTONDASH, OnDrawpen)
    …
//}}AFX_MSG_MAP
    …
END_MESSAGE_MAP( )
```

⑥为视图类 PenSampleView 添加工具栏新增工具按钮的消息映射函数 OnDrawpen(UINT nID)，返回值类型为 void，实现选择不同风格画笔。添加如下代码：

```cpp
{
    switch (nID)       // nID 表示工具按钮
    {   case ID_BUTTONRED: m_color =RGB(255,0,0); break;
        case ID_BUTTONGREEN: m_color =RGB(0,255,0); break;
        case ID_BUTTONBLUE: m_color =RGB(0,0,255); break;
        case ID_BUTTONBLACK: m_color =RGB(0,0,0); break;
        case ID_BUTTONDASH: stylepen =PS_DASH; break;
        case ID_BUTTONSOLID: stylepen =PS_SOLID; break;
        case ID_BUTTONDOT: stylepen =PS_DOT; break;
        case ID_BUTTONDASHDOT: stylepen =PS_DASHDOT; break;
    }
    pen.DeleteObject( );
    pen.CreatePen(stylepen,1,m_color);        // 创建新画笔
}
```

⑦打开 MFC ClassWizard 类向导页面，为视图类 CPenSampleView 添加按下鼠标左键 OnLButtonDown( )、移动鼠标 OnMouseMove( )、释放鼠标左键 OnLButtonUp( )的消息映射函数。添加代码如下：

```
void CPenSampleView::OnLButtonDown(UINT nFlags, CPoint point)    //按下鼠标左键
{
    StartPt.x = point.x;                // 起点横坐标
    StartPt.y = point.y;                // 起点纵坐标
    CView::OnLButtonDown(nFlags, point);
}
void CPenSampleView::OnLButtonUp(UINT nFlags, CPoint point)     //释放鼠标左键
{
    StartPt.x=-1;
    CView::OnLButtonUp(nFlags, point);
}
void CPenSampleView::OnMouseMove(UINT nFlags, CPoint point)     //移动鼠标
{
    CClientDC   dc(this);               //获得设备环境句柄
    dc.SelectObject(&pen);
    EndPt.x = point .x;                 //终点的横坐标
    EndPt .y = point .y;                //终点的纵坐标
    if(StartPt.x>=0)
    {
        dc.MoveTo(StartPt.x, StartPt.y);        //画线
        dc.LineTo (EndPt);
        StartPt.x = EndPt.x;
        StartPt.y = EndPt.y;
    }
    CView::OnMouseMove(nFlags, point);
}
```

⑧编译链接并运行程序。当用户选择不同风格的画笔时,绘制的线条如图 7-2 所示。

3. 画刷的使用

在 Windows 提供的 GDI 对象中,除了使用画笔绘制图形外,还可以使用画刷填充图形。用户可以利用 MFC 提供的画刷类 CBrush 创建自定义画刷来填充图形。

画刷有三种基本类型:纯色画刷、阴影画刷、图案画刷。CBrush 类提供了三种不同参数的重载构造函数创建画刷对象。

```
CBrush brush1(RGB(0,255,0));                //创建纯色画刷
CBrush brush2(HS_CROSS,RGB(0,255,0));       //创建阴影画刷
CBrush brush3(&bmp);                         //创建图案画刷
```

其中,第一个构造函数的参数用来指定画刷的颜色;第二个构造函数的参数用来指定画刷的阴影样式和颜色,共有六种阴影样式,如表 7-5 所示;第三个构造函数的参数用来指定画刷所使用的位图。

表 7-5　　　　　　　　　　　　　画刷的阴影模式

HS_BDIAGONAL	45°从左上角到右下角的阴影斜线
HS_DIAGCROSS	45°十字交叉线
HS_FDIAGONAL	45°从左下角到右上角的阴影斜线
HS_CROSS	水平垂直相交的阴影线
HS_HORIZONTAL	水平阴影线
HS_VERTICAL	垂直阴影线

使用画刷对象的具体方法如下：
（1）创建一支画刷
①调用 CBrush 类的三种构造函数之一构造画刷对象。
　　例如，创建一支红色纯色画刷，代码为：CBrush Brush1(RGB(255,0,0));
　　　　　创建一支蓝色十字交叉线的阴影模式画刷，代码为：
　　　　　CBrush Brush2(HS_CROSS,RGB(0,0,255));
②使用 **CreateSolidBrush(DWORD crColor)** 函数构造一支红色画刷对象，crColor 表示颜色分量 RGB。代码如下：
　　CBrush Brush1;
　　Brush1.CreateSolidBrush(RGB(255,0,0));
③使用 **CreateHatchBrush(int nIndex, DWORD crColor)** 函数创建一个带阴影的刷子，nIndex 代表一种阴影模式。代码如下：
　　CBrush Brush2;
　　Brush2.CreateHatchBrush (HS_CROSS,RGB(0,0,255));
④使用 **CreatePatternBrush(Cbitmap * pBitmap)** 函数创建一个位图刷子，一般采用 8×8 的小位图。当 Windows 桌面背景采用图案(如 weave)填充时，使用的就是这种位图刷子。
（2）将创建的画刷对象选入设备环境
　　CBrush * OldBrush = pDC->SelectObject(&Brush1);　　//选择新的画笔，并保存原来的画笔
（3）调用绘图函数
　　pDC->Rectangle (200,200,400,600);　　//调用绘制矩形的函数
（4）恢复设备环境中原有的画刷
　　pDC->SelectObject (OldBrush);　　//撤销当前的绘图工具
　　Brush1.DeleteObject( )。　　//恢复原来的绘图工具
在编写绘图程序时，还可以使用 Windows 库存的 GDI 对象，这是一些风格简单的绘图工具，用户可直接选入到设备环境中使用，绘图结束后也不必删除。
一般使用 CDC 的成员函数 SelectStockObject 将库存的 GDI 对象选入到设备环境中。可直接调用函数 GetStockObject 获取系统提供的不同画刷样式。SelectStockObject 函数原型为：
　　CGdiObject * SelectStockObject（int nIndex）;
该函数调用成功将返回指向 CGdiObject 对象的指针，参数 nIndex 代表选入绘图对象的库存对象的样式，如表 7-6 所示。

表 7-6　　　　　　　　　　　库存绘图对象的样式

样　式	说　明	样　式	说　明
WHITE__PEN	白色画笔	GRAY__BRUSH	灰色画刷
BLACK__PEN	黑色画笔	LTGRAY__BRUSH	浅灰色画刷
NULL__PEN	空画笔	HOLLOW__BRUSH	透明中空画刷
WHITE__BRUSH	白色画刷	NULL__BRUSH	空画刷
BLACK__BRUSH	黑色画刷	SYSTEM__FONT	系统字体
DKGRAY__BRUSH	深灰色画刷	DEVICE__DEFAULT__FONT	设备默认字体

例如：使用 Windows 库存的 GDI 对象。
CPen pen;　　　　CBrush brush;
pen = pDC->SelectStockObject（BLACK__PEN）; //选择黑色画笔到设备环境中
brush = pDC->SelectStockObject（DKGRAY__BRUSH）; //选择深灰色画刷到设备环境中

7.2　简单图形绘制

GDI 提供了绘制基本图形的成员函数，这些成员函数封装在 MFC 的 CDC 类中，能直接被调用，绘制出各种基本图形。MFC 绘图函数使用的坐标系是逻辑坐标，坐标原点位于图形坐标系的左上角，坐标单位为像素。

7.2.1　画点、线

1. 画点

画点是在窗口指定位置显示某种颜色的一个像素点。其函数原型为：

　　　　COLORREF　SetPixel（int　x，int　y，COLORREF crColor）;
　　　　COLORREF　SetPixel（POINT point，COLORREF crColor）;

其中，参数 x，y 或 point 用来指定像素点的位置；crColor 参数表示颜色，由 RGB 宏来表示。

例如：pDC->SetPixel(100,40,RGB(255,0,0));

2. 画线

画线时，可以通过设置一个起点，从起点位置开始绘制。设置起点的函数原型为：

　　　　CPoint　MoveTo（int　x，int　y）; 或 CPoint　MoveTo（POINT　point）;

其中，函数参数表示指定的起始位置坐标。

调用 CDC 的成员函数 LineTo 可以直接从起点处绘制一条直线，指定直线的终点，其函数原型为：

　　　　BOOL　LineTo（int　x，int　y）; 或 BOOL　LineTo（POINT　point）;

其中，函数的参数表示绘制直线的终点坐标。如果不设置起点，那么 LineTo 函数调用后的终点将作为下一条线的新起点。例如：

　　　　pDC->MoveTo(30, 40);　　　　　//设置当前画笔的位置
　　　　pDC->LineTo(500,40);　　　　　//画一条横线

3. 画折线

CDC 提供了一系列画折线的函数，Polyline、PolylineTo、PolyPolyline，其函数原型为：

  BOOL Polyline (LPPOINT lpPoints, int nCount);
  BOOL PolylineTo(const POINT *lpPoints, int nCount);
  BOOL PolyPolyline (const POINT *lpPoints, const DWORD*lpPolyPoints, int nCount);

其中，前两个函数表示绘制一系列连续的折线，lpPoints 是 POINT 顶点的数组；nCount 为数组中顶点个数，它至少为 2。第三个函数表示绘制多条折线，lpPoints 是 POINT 顶点的数组；lpPolyPoints 表示各条折线所需的顶点数；nCount 表示折线的数目。

  例如：POINT polyline[4]={{240,240},{80,120},{240,120},{80,240}}; //折线的四个顶点
  pDC->Polyline(polyline,4);   //由四个点连成折线

7.2.2 画矩形和多边形

1. 画矩形

CDC 类成员函数 Rectangle 和 RoundRect 可以绘制矩形，然后使用当前画刷填充该矩形。Rectangle 函数原型为：

  BOOL Rectangle (int x1，int y1，int x2，int y2);
  BOOL Rectangle (LPCRECT lpRect);

RoundRect 函数原型为：

  BOOL RoundRect(int x1，int y1，int x2，int y2，int x3，int y3);
  BOOL RoundRect (LPCRECT lpRect, POINT point）;

其中，参数 x1，y1 和 x2，y2 分别为边界矩形左上角和右下角坐标；lpRect 用来指定边界矩形的区域; point 的成员 x，y 分别表示 x3，y3 绘制圆角椭圆大小，x3 表示圆角曲线的宽度，y3 表示圆角曲线的高度。例如：

  pDC->Rectangle(390,110,600,230);   //左上角点和右下角点的 x 和 y 坐标
  pDC-> RoundRect (390,110,600,230,10,10); //左上角点和右下角点的 x 和 y 坐标，圆角宽高

2. 画多边形

实现多边图形绘制的 CDC 函数为 Polygon，其函数原型为：

  BOOL Polygon(LPPOINT lpPoints, int nCount);

其中，参数 lpPoints 为多边形 POINT 顶点的数组，nCount 为数组中顶点个数。
POINT polygon[3]={{380,330},{530,260},{500,360}};//多边形的三个顶点
pDC->Polygon(polygon,3);   //三个点顺序首尾连成封闭的三边形

7.2.3 画曲线

1. 画椭圆

椭圆由矩形边界所确定的内接圆或内接椭圆所形成的。其函数原型为：

  BOOL Ellipse(int x1，int y1，int x2，int y2);
  BOOL Ellipse (LPCRECT lpRect);

其中，参数 x1，y1 和 x2，y2 分别为边界矩形左上角、右下角坐标，lpRect 用来指定边

界矩形的区域。当 x2-x1 等于 y2-y1 时，外切边界为正方形，内接封闭曲线为正圆。

例如： pDC->Ellipse(80,260,280,380);   //四个参数表示的矩形的内切椭圆

2. 画弧

画弧是通过弧所依附的边界矩形来确定弧的大小。用于描述弧的位置和大小的边界矩形是隐藏的。画弧函数原型为：

BOOL　Arc(int　x1, int　y1, int　x2, int　y2, int　x3, int　y3, int　x4, int　y4);
BOOL　Arc(LPCRECT　lpRect, POINT　ptStart, POINT　ptEnd);

其中，参数 x1，y1 和 x2，y2 分别为边界矩形左上角和右下角坐标；x3，y3 为弧的起点坐标，x4，y4 为弧的终点坐标；画弧时，从起点至终点按逆时针方向绘制，如图 7-4 所示。另外，lpRect 用来定义边界矩形的区域，lpRect 的成员 left,top,right,bottom 分别表示 x1，y1，x2，y2；ptStart 表示弧的起点坐标 x3，y3，ptEnd 表示弧的终点坐标 x4，y4。

图 7-4　弧坐标表示

3. 画弦形和扇形

CDC 类成员函数 Chord 和 Pie 是用来绘制弦形和扇形的，其函数原型为：

BOOL　Chord(int　x1, int　y1, int　x2, int　y2, int　x3, int　y3, int　x4, int　y4);
BOOL　Chord (LPCRECT　lpRect, POINT　ptStart, POINT　ptEnd);
BOOL　Pie(int　x1, int　y1, int　x2, int　y2, int　x3, int　y3, int　x4, int　y4);
BOOL　Pie(LPCRECT　lpRect, POINT　ptStart, POINT　ptEnd);

函数中参数含义与画弧函数的参数完全相同。由 x1，y1，x2，y2 参数所确定的矩形中心和弧的起点、终点连接起来后，就形成扇形。

4. Bezier 曲线

CDC 类成员函数 PolyBezier 是用来绘制一条不规则曲线，其函数原型如下：

BOOL　PolyBezier(const POINT*lpPoints,int nCount);

其中，lpPoints 是曲线端点和控制点组成的数组；nCount 为数组中点的个数。

【例 7.3】利用系统提供的绘图函数，使用画笔和画刷工具绘制不同的图形，程序运行结果如图 7-5 所示。

第7章 图形和文本处理

图 7-5　绘图

实现步骤如下：

①利用 MFC AppWizard 应用程序向导创建一个单文档应用程序 DrawSample。

②打开视图类 CDrawSampleView.cpp 文件中的 OnDraw( )函数，添加绘图代码如下：

```
void CDrawSampleView::OnDraw(CDC* pDC)
{
    CDrawSampleDoc* pDoc = GetDocument( );
    ASSERT_VALID(pDoc);
    // TODO: add draw code for native data here
    CBrush *oldBrush, *newBrush;                          //定义画刷对象
    CPen *oldPen,*newPen;                                 //定义画笔对象
    newPen=new CPen;
    newPen->CreatePen(PS_SOLID,2,RGB(255,0,0));           //构造一支红色画笔对象
    newBrush=new CBrush;
    newBrush->CreateSolidBrush (RGB(255,255,0));          //构造黄色画刷对象
    oldPen=pDC->SelectObject(newPen);                     //将红色画笔选入设备环境
    oldBrush=pDC->SelectObject(newBrush);                 //将黄色画刷选入设备环境
    pDC->Ellipse(300,100,480,200);//用红色画笔绘制椭圆的边框线,用黄色画刷填充椭圆
    pDC->SelectObject(oldPen);                            // 恢复系统默认的画笔
    pDC->SelectObject(oldBrush);                          // 恢复系统默认的画刷
    delete newBrush;

    newBrush=new CBrush;
    newBrush->CreateStockObject(LTGRAY_BRUSH);
    oldBrush=pDC->SelectObject(newBrush);
    pDC->Rectangle (80,80,200,150);                       // 绘制灰色填充的矩形
    pDC->SelectObject(oldBrush);
    delete newBrush;
```

```
    newBrush=new CBrush;
    newBrush->CreateSolidBrush (RGB(255,0,0));
    oldBrush=pDC->SelectObject (newBrush);
    pDC->RoundRect(80,200,200,280,10,10);       // 绘制红色填充的圆角矩形
    pDC->SelectObject(oldBrush);
    delete newBrush;

    newBrush=new CBrush;
    newBrush->CreateHatchBrush (HS_CROSS, RGB(0,255,0));
    oldBrush=pDC->SelectObject (newBrush);
    pDC->Rectangle (80,300,200,380);            // 绘制垂直相交阴影线填充的绿色矩形
    pDC->SelectObject(oldBrush);
    delete newBrush;

    newBrush=new CBrush;
    newBrush->CreateHatchBrush (HS_BDIAGONAL, RGB(0,0,255));
    oldBrush=pDC->SelectObject(newBrush);
    pDC->Pie(300,280,500,450,400,250,350,380);  // 绘制斜阴影填充的蓝色扇形
    pDC->SelectObject(oldBrush);
    delete newBrush;
    delete newPen;
}
```

7.3 文本处理

许多 Windows 应用程序需要对文本进行显示和输出处理，在 MFC 编程中，图形和文本的显示及输出并没有明显的界限，文本通常被当做特殊的图形来对待，按照指定的"字体"格式绘制出来。

7.3.1 创建字体

字体主要用于描述文字的大小、类型和外观风格等属性，字体中包含了字符输出和显示的特定样式（如字符的粗细、倾斜度、字符的高度等）。

根据字体的构造方式，可以将字体分为四种基本类型：光栅字体、矢量字体、TrueType 字体和 OpenType 字体。其中，光栅字体以点阵方式表达字形，矢量字体采用若干直线段反映字形，TrueType 字体和 OpenType 字体采用一系列直线或曲线反映字体轮廓。在这些字体中，矢量字体、TrueType 字体和 OpenType 字体不依赖于具体的设备，具有设备无关性，可以任意缩放。

MFC 的 CFont 类封装了一个 Windows 图形设备接口字体，并提供了一系列管理字体的成员函数，利用这些成员函数可以对字体进行各种操作。如果在应用程序中使用字体，一般先通过 CFont 类创建字体对象，然后选择创建的字体对象到设备环境，以便在设备环境中绘

制文本,与画笔和画刷使用步骤相同。

在程序中创建自定义字体并不是在程序中真正创造出一种完全满足用户需要的字体,而是将当前用户创建的字体与 Windows 字体匹配并关联。在 MFC 程序中,通常使用成员函数 CreateFont( )、CreatePointFont( )和 CreateFontIndirect( )创建字体对象,使用 SelectObject( )函数将创建的字体对象选入设备环境。

1. CreateFontIndirect 函数

CreateFontIndirect 用于创建逻辑字体对象。其函数原型如下:

CreateFontIndirect(const *LOGFONT *plLOGFONT);

其中,参数 plLOGFONT 是一个 LOGFONT 类型的结构指针,该函数利用 plLOGFONT 指向 LOGFONT 结构定义的一个字体对象,此字体对象能被任何设备选做当前字体。

LOGFONT 结构体类型定义如下:

```
typedef struct tagLOGFONT{
LONG ifHeight;          //以逻辑单位表示的字体高度,为0时采用系统默认值
LONG ifWidth;           //以逻辑单位表示的字体平均宽度,为0时由系统根据高度取最
                          佳值
LONG ifEscapement;      //每行文本的倾斜度,以 1/10 度为单位
LONG ifOrientation;     //每个字符的倾斜度,以 1/10 度为单位
LONG IfWeight;          //字体粗细,取值范围为 0~1000 之间,0 代表默认浓度
BYTE IfItalic;          //非零时表示倾斜字体
BYTE IfUnderline;       //非零时表示创建下划线字体
BYTE IfStrikeOut;       //非零时表示创建中划线字体
BYTE IfCharSet;         //指定字体的字符集,可选值有 ANSI__CHARSET、OEM__
CHARSET、
                        //DEFAULT__CHARSET、OEN__CHARSET、SYMBOL__CHARSET、SHIFTJIS__
CHARSET
BYTE IfOutPrecision;    //指定输出精度,一般取默认值:OUT__DEFAULT__PRECIS
BYTE IfChipPrecision;   //指定裁剪精度,一般取默认值:CLIP__DEFAULT__PRECIS
BYTE IfQuality;         //指定输出质量,一般取默认值:DEFAULT__QUALITY
BYTE IfPitchAndFamily;  //指定字体间距和所属字库,一般取默认值:DEFAULT__PITCH
TCHAR IfFaceName[32];   //指定匹配的字样名称
}LOGFONT;
```

2. CreareFont( )函数

CreateFont 函数用于创建自定义字体对象,其函数原型如下:

```
BOOL CreateFont( int nHeight, int nWidth, int nEscapement, int nOrientation, int nWeight,
                 BYTE bItalic, BYTE bUnderline, BYTE cStrikeOut, BYTE nCharSet,
                 BYTE nOutPrecision, BYTE nClipPrecision, BYTE nQuality,
                 BYTE nPitchAndFamily, LPCTSTR lpszFacename
               );
```

CreateFont( )函数参数类型与 LOGFONT 结构完全一致。参数为 0 时表示使用系统默认值。

3. CreatePointFont( )函数

CreatePointFont( )函数只需三个参数，字体的高度（为实际像素的10倍）、字体的名称和使用字体的设备环境。例如：font.CreatePointFont(200,"Time New Roman",pDC);

4. 字体对话框

Windows还提供了一个用于设置字体的通用对话框如图7-6所示。用户可以通过CFontDialog类对象的相应成员函数（见表7-7）设置字体和文本风格。调用创建字体函数，不需要定义具体的字体。

图7-6 通用字体对话框

表7-7 字体对话框类常见的成员函数

函 数	功 能
GetCurrentFont	返回用户选择的LOGFONT字体
GetFaceName	返回用户选择的字体名称
GetStyleName	返回用户选择的字体样式名称
GetSize	返回用户选择的字体大小
GetColor	返回用户选择的文本颜色
GetWeight	返回用户选择的字体粗细度
IsStrikeOut	判断是否有删除线
IsUnderline	判断是否有下划线
IsBold	判断是否有粗体
IsItalic	判断是否有斜体

【例7.4】字体设置实例：编写一个单文档应用程序，当执行"查看/字体"菜单命令时，弹出如图7-6所示的通用字体对话框，使用通用字体对话框动态设置字体如图7-7所示。

实现步骤如下：

①利用MFC AppWizard应用程序向导创建一个单文档应用程序FontDlgSample。

②在"查看"主菜单中添加菜单项"字体"，其ID号为ID_VIEW_FONT。

③在视图类FontDlgSampleView.h文件的类声明中添加两个成员变量：

图 7-7 使用通用字体对话框动态设置字体效果

```
public:
    COLORREF   color;              //表示字体颜色
    CFont      f;                  //表示字体对象
```

④打开 MFC ClassWizard 类向导对话框，为菜单项 ID_VIEW_FONT 添加 COMMAND 消息映射和消息处理函数，其代码如下：

```
void CFontDlgSampleView::OnViewFont()
{
    CFontDialog    dlgFont;            //声明字体对话框对象
    if ( dlgFont.DoModal() == IDOK )
    {
        f.DeleteObject();
        LOGFONT    LogF;
        dlgFont.GetCurrentFont(&LogF);
        f.CreateFontIndirect(&LogF);
        color = dlgFont.GetColor();     //获取用户所选择的颜色
        Invalidate();                   //调用绘图刷新函数
    }
}
```

⑤打开 FontDlgSampleView.cpp 文件，在绘图函数 OnDraw() 中添加如下代码：

```
void CFontDlgSampleView::OnDraw(CDC* pDC)
{
    CFont   *Old=pDC->SelectObject(&f);                    //设置字体
    pDC->SetTextColor (color);                             //设置文本颜色
    pDC->TextOut (10,10,"使用公用字体对话框动态设置字体");  //在文档中显示文本
    pDC->SelectObject (Old);                               //恢复设备环境
}
```

⑥编译链接并运行程序。结果如图 7-7 所示。

7.3.2 文本输出

文本输出实际上是按照指定的字体样式将每个字符绘制出来。文本输出的过程主要包括获取字体信息、格式化文本、调用文本输出函数等。

1. 获取字体信息

输出文本之前,应先获取当前文本所使用字体的相关信息,以便控制输出效果。在 CDC 类中,GetTextmetrics( )函数用来获得当前使用的字体信息,其函数原型为:

GetTextmetrics(&lpMetrics);

其中,lpMetrics 为 TEXTMETRIC 结构体类型。TEXTMETRIC 结构体类型定义如下:

```
typedef struct tagTEXTMETRIC
{
    LONG tmHeight;              //字符的高度
    LONG tmAscent;              //字符基准线以上的高度
    LONG tmDescent;             //字符基准线以下的高度
    LONG tmInternalLeading;     //字符内标高
    LONG tmExternalLeading;     //行间距
    LONG tmAveCharWidth;        //字体平均宽度
    LONG tmMaxCharWidth;        //字符最大宽度
    LONG tmWeight;              //字体的粗细
    LONG tmOverhang;            //合成字体间附加的宽度
    LONG tmDigitizedAspectX;    //字符的水平比例
    LONG tmDigitizedAspectY;    //字符的垂直比例
    CHAR tmFirstChar;           //字体中第一个字符值
    CHAR tmLastChar;            //字体中最后一个字符值
    CHAR tmDefaultChar;         //替换字体中没有的字符
    CHAR tmBreakChar;           //作为分隔符的字符
    BYTE tmItalic;              //非 0 表示斜体
    BYTE tmUnderlined;          //非 0 表示加下划线
    BYTE tmStruckOut;           //非 0 表示字符为删除字体
    BYTE tmPitchAndFamily;      //字符的间隔和字体的类型
    BYTE tmCharSet;             //字符集
} TEXTMETRIC;
```

2. 文本输出函数

文本的输出应通过文本输出函数来实现,CDC 为用户提供了多个函数用于输出文本。

(1) TexOut( )函数

TexOut( )函数是使用当前字体在指定的位置显示单行文本,其函数原型如下:

  virtual BOOL TexOut(int x,int y,LPCTSTR lpszString,int nCount);
 或 BOOL TexOut(int x,int y,const CString &Str);

其中,参数 x、y 用来指定文本输出的开始位置,lpszString 为要输出的文本,nCount 用于指定文本的字节长度,参数 Str 表示被输出文本符的 CString 对象。若成功,函数返回 TRUE,否则返回 FALSE。

(2) ExtTextOut( )函数

ExtTextOut 函数是用一个矩形框对输出文本进行裁剪,其函数原型如下:

virtual BOOL ExtTextOut(int x,int y, UINT nOptions, LPCRECT lpRect,
　　　　　　　　　LPCTSTR lpszString, UINT nCount, LPINT lpDxWidths);

其中,参数 x、y 表示输出文本的坐标;nOptions 用于指定矩形的类型,可选值为 ETO_CLIPPED(文本被裁剪以适应矩形)和 ETO_OPAQUE(当前背景颜色填充矩形);lpRect 用于确定矩形的大小;lpszString 表示要显示的文本;nCount 为要显示的字符数;lpDxWidths 表示相邻字符间距,取值为 NULL 时表示采用默认的间距。

(3) TabbedTextOut 函数

TabbedTextOut( )函数是在指定位置以列表形式显示文本,其函数原型如下:

virtual TabbedTextOut(int x,int y, LPCTSTR lpszString, int nCount, int nTabPositions,
　　　　　　　　　LPINT lpnTabStopPositions, int nTabOrigin);

其中,函数的前几个参数的含义与上面几个函数的参数含义相同;参数 nTabPositions 表示 lpnTabStopPositions 数组的大小,lpnTabStopPositions 表示多个递增的制表位(逻辑坐标)的数组;nTabOrigin 表示制表位 x 方向的起始点(逻辑坐标)。如果 nTabPositions 为 0,且 lpnTabStopPositions 为 NULL, 则使用默认的制表位(一个 Tab 相当于 8 个字符)。

(4) DrawText( )函数

DrawText( )函数用于在指定的矩形区域内绘制多行文本,其函数原型如下:

　　BOOL DrawText(LPCTSTR lpszString, int nCount, LPRECT lpRect, UINT nFormat);

　　　　BOOL DrawText(const CString &str, LPRECT lpRect, UINT nFormat);

其中,lpszString 表示要输出的文本,可在其中使用换行符 "\n" 实现换行;**nCount** 表示文本的字节长度,lpRect 指定显示文本的矩形区域,nFormat 用于指定文本格式化的方法,如取值为 DT__CENTER 表示居中显示。

【例 7.5】设计一个单文档应用程序,创建不同字体结构并输出如图 7-8 所示。

图 7-8　程序运行结果

实现步骤如下：
① 利用 MFC AppWizard 应用程序向导创建一个单文档应用程序 FontSample。
② 打开视图类源文件 FontSampleView.cpp，在 OnDraw( ) 函数中添加如下代码：

```
void CFontSampleView::OnDraw(CDC* pDC)
{
    CFontSampleDoc* pDoc = GetDocument( );
    ASSERT_VALID(pDoc);
    // TODO: add draw code for native data here
    CFont   newFont, *oldFont;
    int y;
    TEXTMETRIC tm;
    newFont.CreateFont (30,0,0,0,FW_BOLD,0,0,0,0,0,0,0,0,"Courier"); // 创建文本
    pDC->SelectObject(&newFont);
    y=20;
    pDC->DrawText(" 这是使用 CreateFont 函数创建的字体 ",CRect(10, y, 600, y+100 ),DT_LEFT);                                // 限定在一个矩形区域输出
    pDC->GetTextMetrics(&tm);
    newFont . DeleteObject( );

    LOGFONT   myFont;
    myFont.lfHeight=40;
    myFont.lfWidth=0;
    myFont.lfEscapement=0;
    myFont.lfOrientation=0;
    myFont.lfWeight=FW_NORMAL;
    myFont.lfItalic=0;
    myFont.lfUnderline=1;
    myFont.lfStrikeOut=0;
    myFont.lfCharSet=ANSI_CHARSET;
    myFont.lfOutPrecision=OUT_DEFAULT_PRECIS;
    myFont.lfClipPrecision=CLIP_DEFAULT_PRECIS;
    myFont.lfQuality=VARIABLE_PITCH|FF_ROMAN;
    newFont.CreateFontIndirect(&myFont);           //将以上创建的字体存入 newFontk 中
    pDC->SelectObject(&newFont);
    y=y+tm .tmHeight+tm .tmExternalLeading;
    pDC->TextOut(10,y,"这是使用 LOGFONT 结构创建的字体");           //输出字体
    pDC->GetTextMetrics (&tm);
    newFont.DeleteObject( );

    oldFont=(CFont*)pDC->SelectStockObject(DEVICE_DEFAULT_FONT);   //使用堆字体
```

第7章 图形和文市处理

```
        y = y + tm.tmHeight +tm.tmExternalLeading;
        pDC->TextOut(10,y,"这是选用堆中的字体");
        pDC->SelectObject(oldFont);                //恢复系统原来字体
}
```

③编译链接并运行该程序，结果如图 7-8 所示。

7.3.3 文本对齐

输出文本时，通常应对文本的对齐方式进行设置。CDC 类提供了文本处理成员函数 SetTextAlign 用于设置文本对齐方式。其函数原型如下：

UINT SetTextAlign(UINT nFlags);

其中，参数 nFlags 为对齐标记，取值如表 7-8 所示。系统默认的文本对齐设置为 TA_LEFT、TA_TOP、TA_NOUPDATECP。

表 7-8 文本对齐标记

对齐标记	效 果 说 明
TA_CENTER	以文本外框矩形的中点作为左、右对齐方式
TA_LEFT	以文本外框矩形的左边作为左、右对齐方式
TA_RIGHT	以文本外框矩形的右边作为左、右对齐方式
TA_BASELINE	以字体的基准线作为上、下对齐方式
TA_BOTTOM	以文本外框矩形的底边作为上、下对齐方式
TA_TOP	以文本外框矩形的顶边作为上、下对齐方式
TA_NOUPDATECP	在调用文本输出函数后，不更新当前位置
TA_UPDATECP	在调用文本输出函数后，更新当前位置

另外，CDC 类还提供了用于设置字符间距的成员函数 SetTextCharacterExtra( )和用于计算文本总宽度的成员函数 GetTextExtent( )。使用这两个函数，可以在输出文本时能有效地对其进行格式化处理，确定文本行中后续文本和换行时下一行文本的坐标，完善文本的绘制效果。它们的函数原型分别为：

  int SetTextCharacterExtra(int nCharExtra);
  CSize GetTextExtent(LPCTSTR lpszString, int nCount);

其中，参数 nCharExtra 表示要加到每个字符之间的以逻辑单位构成的额外间隔值；lpszString 表示要输出的文本；nCount 表示文本的字节长度。在程序中，如果改变了文本输出方式、行距、间距等字符属性时，可调用 CDC 类中的成员函数 GetTextMetrics( )获取当前字符的几何尺寸等字体信息，其唯一参数就是 TEXTMETRIC 结构类型的一个指针。

7.3.4 文本输出颜色的设置

文本输出时，系统默认的背景色为白色，文本字体色为黑色，用户可以利用 CDC 类提供的成员函数对文本进行颜色设置,达到不同的文字效果。

1. SetTextColor( )函数

SetTextColor( )函数用于设置字体颜色,其函数原型如下:

virtual COLORREF SetTextColor(COLORREF crColor);

其中,参数 crColor 用于设置字体颜色的 RGB 值,例如:pDC->SetTextColor(RGB(255,0,0))。

2. SetBkColor( )函数

SetBkColor( )函数用于设置文本背景色,其函数原型为:

virtual COLORREF SetBkColor(COLORREF crColor);

同样,参数 crColor 用于设置字体颜色的 RGB 值,例如:pDC-> SetBkColor(RGB(0,255,0))。

3. SetBkMode( )函数

SetBkMode( )函数用于设置文本不同背景模式,如透明(TRANSPARENT)和不透明(OPAQUE),其函数原型如下:

int SetBkMode(int nBkMode);

参数 nBkMode 为表示背景模式的宏。

另外,CDC 类还提供了 GetTextColor( )函数、GetBkColor( ) 函数,GetBkMode ( ) 函数分别用来获取设置字体后的颜色、背景色和背景模式。

【例 7.6】设计一个单文档应用程序,对文本进行字体颜色和背景颜色设置并按不同的对齐方式输出。当单击"查看"菜单中"居中"菜单项时,文本将居中对齐;选中"居左"和"居右"菜单项时文本将分别左对齐、右对齐显示,如图 7-9 所示。

图 7-9 例 7.6 的运行结果

实现步骤如下:

①利用 MFC AppWizard 应用程序向导创建一个单文档应用程序 AlignFontSample。

②在"查看"菜单下添加各菜单项如图 7-10 所示,其菜单 ID 分别为:居左 ID_VIEW_LEFT、居中 ID_VIEW_CENTER、居右 ID_VIEW_RIGHT。

图7-10 添加各菜单项

③在视图类 AlignFontSampleView.h 文件的类声明中，添加成员变量和函数，其代码如下：
public:
    LOGFONT myFont;
    CString S;
    bool m_center;
    bool m_left;
     bool   m_right;
    void Reset( );

④为 Reset( )函数添加设置菜单状态的代码如下：
void CAlignFontSampleView::Reset( )
{
    m_center = false;
    m_left = false;
    m_right = false;
}

⑤在视图类 CAlignFontSampleView 的构造函数中，设置字体逻辑结构，代码如下：
CAlignFontSampleView::CAlignFontSampleView( )
{
    Reset( );
    myFont .lfHeight=28;
    myFont .lfWidth=0;
    myFont .lfEscapement=0;
    myFont .lfOrientation=0;
    myFont .lfWeight=FW_NORMAL;
    myFont .lfItalic=0;
    myFont .lfUnderline=0;

```
    myFont.lfStrikeOut=0;
    myFont.lfCharSet=ANSI_CHARSET;
    myFont.lfOutPrecision=OUT_DEFAULT_PRECIS;
    myFont.lfClipPrecision=CLIP_DEFAULT_PRECIS;
    myFont.lfQuality=VARIABLE_PITCH|FF_ROMAN;

    m_left=true;
    S="";
}
```

⑥在视图类 AlignFontSampleView 的 OnDraw( )函数，添加实现文本输出代码如下：

```
void CAlignFontSampleView::OnDraw(CDC* pDC)
{
    CAlignFontSampleDoc* pDoc = GetDocument( );
    ASSERT_VALID(pDoc);
    // TODO: add draw code for native data here
    CFont   *old,font;
    UINT   m;
    if(m_left)
        m=DT_LEFT;
    if(m_right)
        m=DT_RIGHT;
    if(m_center)
        m=DT_CENTER;
    CRect  rect;
    GetClientRect(&rect);
    font.CreateFontIndirect(&myFont);
    old=pDC->SelectObject(&font);
    pDC->SetTextColor(RGB(255,0,0));
    pDC->SetBkMode(TRANSPARENT);
    S="这是我现在的位置";
    pDC->DrawText(S,&rect,m);
    pDC->SelectObject(old);
}
```

⑦打开 MFC Class Wizard 类向导对话框，为 CAlignFontSampleView 类居左、居中、居右菜单项添加 COMMAND、UPDATE_COMMAND_UI 消息映射和消息映射函数，其代码如下：

```
void CAlignFontSampleView::OnViewLeft( )
{
    Reset( );
    m_left =true;
```

```
        Invalidate( );
}
void CAlignFontSampleView::OnUpdateViewLeft(CCmdUI* pCmdUI)
{
    pCmdUI->SetCheck(m_left);
}

void CAlignFontSampleView::OnViewRight( )
{
    Reset( );
    m_right =true;
    Invalidate( );
}
void CAlignFontSampleView::OnUpdateViewRight(CCmdUI* pCmdUI)
{
    pCmdUI->SetCheck(m_right);
}

void CAlignFontSampleView::OnViewCenter( )
{
    Reset( );
    m_center =true;
    Invalidate( );
}

void CAlignFontSampleView::OnUpdateViewCenter(CCmdUI* pCmdUI)
{
        pCmdUI->SetCheck(m_center);
}
```

⑧编译链接并运行程序，结果如图 7-9 所示。用鼠标单击"查看"菜单的各命令项，分别实现文本的左对齐、右对齐和居中对齐。

习　题

1. 什么是设备环境（DC）？CDC 类的派生类有哪些？各自实现什么功能？
2. 坐标映射模式有哪些？它们有何不同？
3. 什么是 GDI 对象？GDI 对象有哪些？具体使用步骤是什么？
4. 什么是字体？构造字体的函数有哪些？
5. 文本输出的函数有哪些？它们有何不同？
6. 设置文本颜色和文本背景颜色有哪些函数？如何使用它们？

7. 设计单文档的应用程序，分别使用映射模式 MM_TEXT、MM_HIMETRIC 在文档客户区中，绘制一个红色十字交叉线的矩形。

8. 设计一个单文档的应用程序，在文档客户区中，绘制一个椭圆，用红色画笔绘制边框，用蓝色的画刷填充。

9. 设计一个单文档的应用程序，在文档客户区中，显示红色、黑体、200 点的"武昌理工学院"文本。

第8章 文档视图

MFC 应用程序的基本框架和应用在前面章节进行了介绍,用户可以根据实际编程需要利用 Visual C++6.0 工发工具的 AppWizard 直接生成可以执行的、具有文档界面的应用程序框架。通常情况下,"MFC 应用程序向导"用文档类和视图类来创建应用程序的主体,本章主要介绍文档界面应用程序的编程方法。

8.1 文档视图体系结构

MFC 应用程序用文档与视图一起来完成数据的存取和显示,将数据的具体显示与管理维护分离开来,这种编程模式称为"文档视图结构"。在此模型中,文档对象负责数据的管理与维护,数据的存取是通过文档对象完成的,文档对象按一定规则保存数据,将数据写入永久储存区或从永久储存区读取数据,数据的更新由文档来完成。视图窗口负责在屏幕上显示从文档中检索到的具体数据,并接受用户对数据的修改和加工,方便用户对数据进行直接处理。

文档视图结构是 MFC 应用程序的基本框架,用户通过文档视图结构可以实现数据的读取、传输、编辑和保存。文档和视图之间的关系是"一对多"的关系。即每个文档可以有多个视图,但每个视图只能对应于一个确定的关联文档,视图是文档的不同表现形式。在 MFC 中,视图利用 GetDocument 成员函数得到指向相应文档对象的指针,并通过该指针调用文档类的成员函数获得文档数据,再利用视图类的成员函数将文档数据显示在计算机屏幕上,用户通过与视图的交互查看数据并对数据进行修改,然后将处理过的数据经过相应的文档成员函数传回到文档对象,文档对象获得处理过的数据之后,完成相应的必要修改,最后保存到永久储存区中。

在 MFC 中,文档视图结构的核心是以下四个关键类:

①CDocument(或 COleDocument)类。支持用于存储或控制程序数据的对象,并为用户定义的文档类提供基本功能。

②CView 类。为用户定义的视图类提供基本功能。视图被附加到文档并在文档和用户之间充当中介,并在屏幕上呈现文档的图像并将用户输入解释为对文档的操作。

③CFrameWnd。支持在文档的一个或多个视图周围提供框架的对象。

④CDocTemplate(或 CSingleDocTemplate 或 CMultiDocTemplate)。支持一个对象,该对象协调某一具体类型的一个或多个现有文档,并对创建该类型的正确文档、视图和框架窗口对象进行管理。

8.1.1 文档类

在文档视图结构中,文档是数据的对象、目标的集合。文档通常由文件菜单的新建菜单项命令来创建,并以文件的形式保存下来。文档类(CDocument)为文档对象提供了基本的功能。文档类负责对文档进行管理,主要包括新建文档、打开文档、保存文档、关闭文档、序列化文档数据以及用 CArchive 类读写文档等,所有文档类都是以 CDocument 类为基类直接或间接派生出来的,CDocument 类为文档对象及其他对象的交互提供了一个框架。

1. 文档类中的重载函数

当创建一个 MFC 的文档视图结构的应用程序时,对文档数据进行初始化和序列化时,需调用成员函数 OnNewDocument( )和 Serialize( )。

(1) OnNewDocument( )函数

OnNewDocument( )函数主要功能是用来创建新的文档对象并对该对象进行初始化,当选择"File"菜单中的"New"命令时,MFC 应用程序框架自动调用该函数。

OnNewDocument( )函数的实现代码如下:

```
BOOL CMyDocDoc::OnNewDocument( )
{
if (!CDocument::OnNewDocument( ))      //注意保证对基类函数的调用
    return FALSE;
// TODO: add reinitialization code here
    return TRUE;
}
```

例如:可以在成员函数 OnNewDocument( )中添加初始化数据成员 mText 的代码如下:
 mText="武昌理工学院";

同时,在文档类 CMyDocDoc 中添加成员变量 mText,该变量用于存储要显示的字符串。添加的成员变量 mText 的类型为 char *

(2) Serialize( )函数

Serialize( )函数主要功能是实现文档数据的序列化。Visual C++6.0 中,将文档类中的数据成员变量的值保存在磁盘文件中,或者将存储的文档文件中的数据读取到相应的成员变量中,这个过程称为序列化(Serialize)。当退出应用程序时,可以实现文档的保存;当打开文档时,它又可以实现文档的恢复读入。该函数的实现代码如下:

```
void CMyDocDoc::Serialize(CArchive& ar)
{
    if (ar.IsStoring( ))
    {
    // TODO: add storing code here
    }
    else
    {
    // TODO: add loading code here
    }
}
```

上述代码根据 ar.IsStoring( )值的"真"与"假"决定文档数据的写与读,例如,在下列函数体中,可增加一些代码来读、写文档中的数据:

```
void CMyDocDoc::Serialize(CArchive& ar)
{
if (ar.IsStoring( ))
    {
    ar<<m_str;                      //保存文档内容
    // TODO: add storing code here
    }
    else
    {
      ar>>m_str;                    //读取文档内容
      // TODO: add loading code here
    }
}
```

如果要使所有的类对象序列化，必须在类声明中使用 DECLARE_SERIAL 宏，并且在该类的实现文件中使用 IMPLEMENT_SERIAL 宏。被序列化的对象所属类必须从 CObject 类派生。

Serialize( )函数有一个指向 CArchive 类对象指针的参数，CArchive 类用于对文档数据进行读写操作。CArchive 对象为 CFile 对象提供缓冲，可以减少物理读取硬盘的次数，提高程序的运行效率。通过 CArchive 类可以简化文件操作，提供 "<<" 和 ">>" 运算符，用于向文件写入和读取简单数据类型的数据，CArchive 类还提供从一个文件对象中读、写一行文本的函数 ReadString 和 WriteString。其函数原型如下：

BOOL ReadString(CString &rString);
LPTSTR ReadString(LPTSTR lpsz,UINT nMax);
void WriteString(LPCTSTR lpsz);

其中，lpsz 用于指定读或写的文本内容，nMax 用于指定可以读出的最大字符个数。

当执行文件菜单中的 New、Open、Save 和 Save as 等菜单命令时，应用程序将自动调用成员函数 Serialize( )，实现文档序列化操作。

【注意】CArchive 类的成员函数 IsStoring( )用于确定数据是否正被写入磁盘(存储)或从磁盘中读出（加载）。

2. 单文档

MFC 支持三种类型的应用程序：单文档（SDI）、多文档（MDI）和基于对话框(CDialog)的应用程序。一个单文档的应用程序只有一个主框架窗口，该主框架窗口包含唯一的一个视图。例如 Windows 的记事本和写字板就是典型的单文档应用程序。单文档应用程序的窗口类 CMainFrame 由 CFrameWnd 派生而来，单文档应用程序的视图和窗口风格类型是由 MFC 应用程序框架提供的文档模板类 CDocTemplate 来描述的，该模板类 CDocTemplate 是一个抽象基类，用户不能直接使用它，它将文档类与视图相互联系起来。文档模板类有两个派生类：单文档模板类 (CSingleDocTemplate) 和多文档模板类 (CMultiDocTemplate)，CSingleDocTemplate 用来创建一个单文档应用程序。文档模板的管理由 CWinApp 类的成员函数 InitInstance( )来实现。

单文档应用程序(SDI)的初始化函数 InitInstance( )代码如下：

```
BOOL CSDIApp::InitInstance( )
{
    ……
    CSingleDocTemplate* pDocTemplate;
    pDocTemplate = new CSingleDocTemplate(         //注册单文档模板
        IDR_MAINFRAME,                              //主框架窗口的 ID
        RUNTIME_CLASS(CSDIDoc),
        RUNTIME_CLASS(CMainFrame),                  //MDI 文档子框架窗口类
        RUNTIME_CLASS(CSDIView));
    AddDocTemplate(pDocTemplate);
    ……
}
```

在单文档应用程序中,要注册文档模板,须使用 new 运算符调用模板类的构造函数生成一个模板对象,并调用 AddDocTemplate(pDocTemplate)函数注册该对象。文档模板构造函数根据传递过来的参数来确定模板所创建的文档、窗口和视图的类型。

3. 多文档

有一个主框架窗口,在主框架窗口中可以同时打开多个子框架窗口,主框架窗口不包含视图,但每个子框架窗口都包含一个视图,不同子框架窗口分别对应不同的文档视图,即主框架窗口不与某个具体的文档相关联,而是由子框架窗口与具体的文档相关联,例如 Windows 的 Word、Excel 就是典型的多文档应用程序。多文档应用程序的主框架窗口类 CMainFrame 由 CMDFrameWnd 派生而来,子框架窗口类 CChildFrame 由 CMDChileFrame 派生而来。多文档应用程序的创建过程与单文档应用程序的创建过程相似,也是由 MFC 应用程序提供的文档模板类 CDocTemplate 创建的。多文档应用程序主要解决多个文档数据的管理,MFC 通过文档模板类 CDocTemplate 中的派生类 CMultiDocTemplate 来创建多文档应用程序。

单文档应用程序(MDI)的初始化函数 InitInstance( )代码如下:

```
BOOL CMdi1App::InitInstance( )
{
    ……
    CMultiDocTemplate* pDocTemplate;
    pDocTemplate = new CMultiDocTemplate(          //注册多文档模板
        IDR_MDI1TYPE,                              //子框架窗口的 ID
        RUNTIME_CLASS(CMdi1Doc),
        RUNTIME_CLASS(CChildFrame),                //MDI 文档子框架窗口类
        RUNTIME_CLASS(CMdi1View));
    AddDocTemplate(pDocTemplate);
    // create main MDI Frame window
    CMainFrame* pMainFrame = new CMainFrame;
    if (!pMainFrame->LoadFrame(IDR_MAINFRAME))
        return FALSE;
    m_pMainWnd = pMainFrame;
```

……
}

从以上代码可以看出多文档应用程序的主框架窗口是单独创建的,而应用程序子窗口可以通过多次调用 AddDocTemplate 函数加入多个文档模板创建。如果执行"文件"菜单中的"新建"或"打开"命令来打开某个文档时,文档模板还将创建一个用于查看该文档的新子框架窗口。

多文档应用程序可以支持多种文档类型,如分别支持文本文档和图形文档,在该应用程序中,当用户选择"文件"菜单上的"新建"命令时,新建对话框显示能打开的新文档类型列表,对于不同的文档类型,该应用程序使用不同的文档模板对象。如例 8.1 中所示的 MDI 应用程序就支持两种文档类型并能显示已打开的多个文档。

【例 8.1】创建一个多文档应用程序 Mdi1,运行后可以打开不同类型的多个文档。

应用程序创建过程如下:

① 利用 MFC AppWizard 向导创建一个多文档应用程序 Mdi1。在 AppWizard Step1 中选择 Multiple documents 程序类型,然后单击 Finish 按钮创建一个默认的多文档应用程序。

② 分别添加一个 CDocument 类的派生类 CMdi2Doc 和一个 CView 类的派生类 CMdi2View。具体做法:单击 View 菜单选择 ClassWizard 命令,打开 MFC ClassWizard 对话框,单击 Add Class 按钮,在 Base class 文本框中选择 CDocument,在 Name 文本框中输入 CMdi2Doc;用同样方法添加一个 CView 类的派生类 CMdi2View。打开 InitInstance( )函数,在该函数中增加下述代码:

```
CMdi1App::InitInstance( )
{
……
CMultiDocTemplate* pDocTemplate;
pDocTemplate = new CMultiDocTemplate(
    IDR_MDI1TYPE,
    RUNTIME_CLASS(CMdi1Doc),
    RUNTIME_CLASS(CChildFrame),    // MDI1 文档子框架窗口类
    RUNTIME_CLASS(CMdi1View));
AddDocTemplate(pDocTemplate);

CMultiDocTemplate* pMdi2;
    pMdi2 = new CMultiDocTemplate(
    IDR_MDI1TYPE,
    RUNTIME_CLASS(CMdi2Doc),
    RUNTIME_CLASS(CChildFrame),    // MDI2 文档子框架窗口类
    RUNTIME_CLASS(CMdi2View));
AddDocTemplate(pMdi2);
// create main MDI Frame window
CMainFrame* pMainFrame = new CMainFrame;
if (!pMainFrame->LoadFrame(IDR_MAINFRAME))
```

```
        return FALSE;
    m_pMainWnd = pMainFrame;
    ……
}
```
第②步描述了文档模板的创建过程,创建了文档模板的视图类 CMdi2View 和文档类 CMdi2Doc。

③在 Mdi1.cpp 文件开始处,添加头文件如下:
```
#include"Mdi2Doc.h"
#include"Mdi2View.h"
```

④在 CMdiView::OnDraw 函数中,添加显示文本如下:
```
void CMdi1View::OnDraw(CDC* pDC)
{
    CMdi1Doc* pDoc = GetDocument( );
    ASSERT_VALID(pDoc);
    pDC->TextOut(50,10,"VC++ 6.0 的多文档应用程序!");
}

void CMdi2View::OnDraw(CDC* pDC)
{
    CDocument* pDoc = GetDocument( );
    pDC->TextOut(50,10,"欢迎使用多文档应用程序!");
}
```

⑤运行程序,弹出如图 8-1 所示的文档"新建"对话框,其中显示了文档类型名称。

图 8-1 文档"新建"对话框

如果要修改文档字符串资源,在工作区窗口单击 ResourseView 标签页,用鼠标右击 Icon,在活动菜单中选择 Insert Icon,再一次用鼠标右击 IDI_Inco1,在活动菜单中选择 properties,将 ID 更改为 IDR_MDI2TYPE,双击 String Table 的 String Table 项,打开 String Table 编辑窗口。其中的 IDR_MAINFRAME 表示窗口标题,IDR_MDI1TYPE 表示文档类型以及通用文件对话框中的某些内容。复制 IDR_MDI1TYPE 字符串资源,复制后的 ID 号为 IDR_MDI2TYPE,双击 IDR_MDI2TYPE 打开 String Properties 对话框,如图 8-2 所示,在文档字符串资源中可修改 Caption 文本框中的内容。修改结果为:\nBitmap \nMdi2 位图\n 位图(*.bmp)\n.bmp\nMdi.

Document\nMdi Document。将 CMdi1App 类中 InitInstance( )函数第二模板中的资源 ID 值 IDR_MDI1TYPE 改成 IDR_MDI2TYPE。

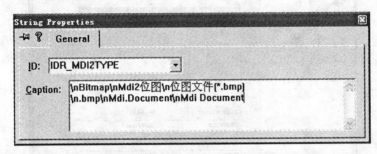

图 8-2 String Properties 对话框

⑥编译链接并运行程序，弹出如图 8-3 所示的文档"新建"对话框，在"新建"对话框中选择要创建的文档类型。

⑦单击"文件"/"新建"命令或"新建"工具按钮，创建多个文档后，得到如图 8-4 所示的结果。

图 8-3 文档"新建"对话框

图 8-4 多文档应用程序界面

8.1.2 视图类

视图类(CView)是从 CWnd 类的派生类，视图类用来显示存储在文档对象中的数据,并允许用户修改这些数据。CView 类能接受任何的 Windows 消息。

MFC 视图类及其派生类提供了多种视图功能，程序设计人员选择合适的 CView 派生类进行程序设计能够提高程序设计效率。CView 派生类还可以作为程序项目中视图类的基类，其设置方法是在 MFC AppWizard 创建 SDI/MDI 的第六步中进行。如图 8-5 所示，单击 Base class 组合框的下拉按钮，可从基类列表选择相应的视图类作为应用程序视图的基类。

1. CEditView 类

CEditView 类与 CEdit 类相似，支持窗口编辑控制功能，常见的文本操作基本上由该类支持实现，如打印、查找、复制、粘贴等。在文档模板中使用 CEditView 类，能自动激活应用

图 8-5 "Step6"对话框

程序"编辑"菜单命令项和"文件"菜单命令项。CEditView 类的直接基类不是 CView 类，而是 CCtrlView 类。

例如，创建一个基于 CEditView 类的单文档的应用程序 SdiEdit，在 MFC AppWizard(exe) 向导的第六步，将 SdiEditView 的基类选为 CEditView，编译运行程序。打开一个文档，可以用单一字体显示，不支持特殊格式的字符。

2. CRichEditView 类

CRichEditView 类提供 Rich 文本操作的支持（Rich 是既可为文本，也可为图形的一种特殊格式文本）。

3. CTreeView 类

CTreeView 类提供一些树状控件所实现的功能的支持，类似于 Windows 资源管理器的左侧窗口，使数据显示具有层次结构。树状控件由父节点和子节点组成。位于树的顶层或根部的节点称为"根"节点。CTreeView 类提供的成员函数 GetTreeCtrl 可以获得 CTreeView 类封装的对象 CTreeCtrl。

4. CListView 类

CListView 类提供包含列表控件所实现的功能支持，类似于 Windows 资源管理器的右侧窗口，使数据显示更加丰富。可以用"大图标"、"小图标"、"列表视图"或"报表视图"等不同的方式来显示一组信息。CListView 类封装了 CListCtrl 类的成员函数。

5. CHtmlView 类

CHtmlView 类提供 WebBrower 控件所实现的功能支持，在文档模板中使用该类，可以实现浏览网址，WebBrower 控件支持超级链接、统一资源定位（URL），可以作为本地文件和网络文件系统的窗口。

6. CScrollView 类

CScrollView 类不仅能直接支持视图的滚动显示，还能管理视口大小和映射模式。当第一次创建滚动视图时，需在重载的 CView::OnInitialUpdate 或 CView::OnUpdate 中调用

CScrollView 成员函数 SetScrollSizes 来建立滚动条，设置滚动窗口尺寸大小。

7. CFormView 类

CFormView 类提供可滚动的视图，由对话框模板创建，具有和对话框一样的设计方法，CFormView 类是所有表单视图(CRecordView,CdaoRecordView,CHtmlView 等)的基类。一个基于表单的应用程序能够创建一个或多个表单。创建表单的方法是在创建应用程序 SDI/MDI 向导第六步中选择 CFormView 作为基类，还可通过 Insert 菜单命令项 New Form…自动插入一个表单。

8.1.3 文档视图之间的相互作用

文档视图机制使主框架窗口、文档、视图和应用程序之间发生联系，文档与视图之间交互主要是视图显示文档内容，并编辑和维护文档内容更新。文档与视图之间交互过程比较复杂，主要通过类的公有成员变量和成员函数来实现。

1. 视图类的成员函数 GetDocument( )

视图对象通过调用 GetDocument( )函数（该函数返回与视图类相关联的文档对象的指针）来访问当前文档数据。一个视图对象只有一个与之相关联的文档对象。

例如，在视图的成员函数 OnDraw( )中，视图调用 GetDocument( )函数获取文档指针，然后使用该指针访问文档中的 CString 数据成员，将字符串传递给 TextOut( )函数。OnDraw( )函数的代码如下：

```
void CSdiView::OnDraw( CDC* pDC )
{
    CSdiDoc* pDoc = GetDocument( );
    CString s = pDoc->GetData( );                              // Returns a CString
    CRect rect;
    GetClientRect( &rect );
    pDC->SetTextAlign( TA_BASELINE | TA_CENTER );              //设置文本对齐方式
    pDC->TextOut( rect.right / 2, rect.bottom / 2, s, s.GetLength( ) );   //居中显示
}
```

上述程序代码输出从文档获取的任何字符串，并使字符串在视图中居中显示。如果调用 OnDraw( )函数用于屏幕绘图，则传递给 pDC 的 CDC 对象是一个 CPaintDC 对象。MFC 对绘图函数的调用通过设备指针进行。

2. CDocument 类的成员函数 UpdateAllViews( )

一个文档可以有多个与之相关联的视图对象，但一个文档对象只反映当前视图的变化。例如上面的 OnDraw( )函数，当文档的数据通过某个视图被更改后，必须重绘视图来反映本次更新，即当文档数据发生改变时，必须通知与该文档相关联的所有视图对自身进行更新，显示更新后的数据。上述过程是通过视图调用 CDocument 类的成员函数 UpdateAllViews( )来完成。

UpdateAllViews( )函数原型如下：

```
void UpdateAllViews(CView*pSender, LPARAM lHint=0L,
                    CObject*pHint=NULL);
```

其中，pSender 表示视图指针，若在文档派生类的成员函数中调用此函数，设置 pSender

设为 NULL，表示与当前视图有关的所有视图都要重绘，若该函数被视图派生类中的成员函数调用，则此参数应用为 this。lHint 表示更新视图时发送的相关信息。pHint 表示存储信息的对象指针。

3. 视图类的成员函数 OnUpdate( )

当应用程序调用 CDocument::UpdateAllViews( )函数时，实际上是应用程序框架调用了所有相关视图的 OnUpdate( )函数来更新相关的视图。默认的 OnUpdate( )定义使视图的整个工作区无效。用户可以通过定义 OnUpdate( )，仅使工作区中映射到文档修改部分的那些区域无效。

UpdateAllViews( )函数原型如下：

virtual void OnUpdate(CView*pSender, LPARAM lHint, CObject *pHint);

其中，pSender 表示视图指针，其值为 NULL 时表示所有的视图都需要更新。如果 lHint=0，pHint=NULL 则视图的整个窗口矩形无效。OnUpdate( )在具体实现时，通过调用 CWnd::InvalidateRect( )函数来刷新整个视图客户区。

4. 视图类的成员函数 OnInitialUpdate( )

当应用程序被启动时，或当用户从"文件"菜单中选择了"新建"或"打开"时，该函数被自动调用，对文档信息进行初始化。例如，如果应用程序的文档大小是固定的，则在 OnInitialUpdate( )重载中根据文档大小设置视图大小，如果应用程序的文档大小是非固定的，则通过调用 OnUpdate( )来更新试图的大小。

5. 应用程序对象指针互调函数

在 MFC 中，应用程序的框架窗口、文档、视图以及应用程序其他对象之间可以通过相应的函数实现各对象指针的相互调用。MFC 的任何对象都可以通过调用全局函数 AfxGetApp 获取指向其他应用程序对象的指针。表 8-1 列出了 MFC 中各种对象指针的互相调用方法。

表 8-1 　　　　MFC 中各种对象指针的互相调用方法

所在的类	获取的对象指针	访问其他对象调用的函数	说　明
文档类	文档的视图列表	GetFirstViewPosition( )	获取第一个视图的位置
文档类	文档的视图列表	GetNextView( )	获取下一个视图的位置
文档类	文档模板	GetDocTemplate( )	获取文档模板对象指针
视图类	文档	GetDocument( )	获取文档对象指针
视图类	框架窗口	GetParentFrame( )	获取框架窗口对象指针
框架窗口类	当前视图	GetActiveView( )	获取当前活动的视图对象指针
框架窗口类	当前文档	GetActiveDocument( )	获取附加到当前视图的文档对象指针
MDI 主框架类	MDI 子窗口	MDIGetActive( )	获取当前活动的 MDI 子窗口对象指针

8.2　文档和视图应用示例

下面通过一个简单的实例说明 Serialize( )函数和 CArchive 类的文档序列化操作方法。

【例 8.2】创建一个单文档的应用程序，实现文档数据的保存和读取（用户从键盘输入字符保存到视图中，并通过视图将字符数据保存到文档中）。

实现步骤如下：

① 利用 MFC AppWizard(exe)向导创建一个基于单文档的应用程序项目 SdiSerial。

② 将项目工作区窗口切换到"ClassView（类视图）"页面，用鼠标右键单击"CSdiSerialView"类名，从弹出的快键菜单中选择"Add Member Variable（添加成员变量）"，弹出"Add Member Variable"对话框，输入数据成员变量类型为 CString，成员变量名称为 m_str，保留默认的访问方式为 Public。成员变量用于保存视图中的数据。

③ 按同样的方法，在"CSdiSerialDoc"类中添加一个公有型数据成员变量 m_strData，成员变量类型为 CString。成员变量用于保存文档中的数据。

④ 将项目工作区窗口切换到"ClassView（类视图）"页面，展开"CSdiSerialDoc"类，双击函数"OnNewDocument( )"，在此函数中添加代码如下：

```
BOOL CSdiSerialDoc::OnNewDocument( )
{
    if (!CDocument::OnNewDocument( ))
        return FALSE;
    m_strData="这是一行文本！";
    return TRUE;
}
```

⑤ 重载 Serialize( )函数。文档的序列化在 Serialize( )函数中进行。当用户选择"文件"菜单中的"保存"或"打开"时，系统自动调用此成员函数。

将项目工作区窗口切换到 ClassView(类视图)页面，展开 CSdiSerialDoc 类，双击函数 Serialize( )，在此函数中添加代码如下：

```
void CSdiSerialDoc::Serialize(CArchive& ar)
{
    if (ar.IsStoring( ))            //将文档对象中的数据存入文件
    {
        ar.WriteString(m_strData);  //读入数据
    }
    else                            //将文件中的数据读入到文档对象
    {
        ar.ReadString(m_strData);   //读取数据
    }
}
```

⑥ 在 OnDraw( ) 函数中添加代码如下：

```
void CSdiSerialView::OnDraw(CDC* pDC)
{
    CSdiSerialDoc* pDoc = GetDocument( );
    ASSERT_VALID(pDoc);
    m_str=pDoc->m_strData;          //获取文档数据
```

```
    UpdateData(FALSE);                    //更新窗口数据
    pDC->TextOut(100,50,m_str);           //显示文本数据
}
```

⑦添加键盘输入的消息函数。打开"MFC ClassWizard"为"CSdiSerialView"类添加 WM_CHAR 消息映射和消息处理函数 OnChar(),并添加下列代码:

```
void CSdiSerialView::OnChar(UINT nChar, UINT nRepCnt, UINT nFlags)
{
    CSdiSerialDoc* pDoc = GetDocument( );
    ASSERT_VALID(pDoc);
    if(nChar=='\b')                            //判断是否输入退格键
        m_str.Delete(m_str.GetLength( )-1,1);  //删除字符串最后一个字符
    else
        m_str+=(char)nChar;          //将键盘输入字符加入到视图类字符串变量中
    Invalidate( );                   //更新视图,反映文档数据的变化
    pDoc->m_strData=m_str;           //将视图类字符串变量值传递给文档变量
    pDoc->SetModifiedFlag(TRUE);     //设置文本修改标志,当用户关闭文档时,会提示
用户进行保存。
    CView::OnChar(nChar, nRepCnt, nFlags);
}
```

⑧设置文档类型。将项目工作区窗口切换到"ResourceView(资源视图)"页面,打开"String Table"资源,将文档模板字符串资源 IDR_MAINFRAMEM 内容修改为:SdiSerial\n\nSdiSer\nMyDoc(*.sdc)\n.sdc\nSdiSerial.Document\nSdiSer Document

⑨编译链接并运行程序。弹出文本编辑窗口,显示初始化文本"这是一行文本!",输入字符串,系统自动将其添加在文本初始化后面,如图 8-6 所示。单击"文件"菜单的"保存"命令项,输入保存文件名称为 My.sdc,保存此文件,如图 8-7 所示。再次运行程序,打开文件菜单,打开此文件,可以看到保存的内容。

图 8-6 程序运行结果窗口

第8章 文档视图

图 8-7 保存对话框

【例 8.3】创建一个多文档的应用程序，程序运行后，整个框架窗口分为左右两个部分，左边视图用于输入椭圆的填充颜色，右边视图用于绘制并显示指定填充颜色的椭圆。通过文档序列化将记录保存到一个文件中，当打开一个保存的文件或重绘图形，图形还会显示在文档窗口中，运行结果如图 8-8 所示。

图 8-8 例 8.3 的运行结果

实现步骤如下：

①用 MFC AppWizard(exe)创建一个基于单文档的应用程序项目 MdiView。

②向应用程序中添加一个对话框资源。在工作区窗口中单击"ResourceView"标签页，右击根目录下的"Dialog"子目录，在弹出的快捷菜单中选择"Insert Dialog"菜单项，添加一个新的对话框资源。设置属性，修改 ID 值为 IDD_FORMVIEW，如图 8-9 所示设置"Styles"标签页。用"MFC ClassWizard"（或按 Ctrl+W）为此对话框资源添加相应的类，类名为 CInputDlg，基类为 CFormView。

图 8-9 设置对话框属性

③删除原来的"OK"和"Cancel"按钮,参看如图 8-8 所示的控件布局,用资源编辑器为对话框添加控件。各个控件的 ID、标题及属性设置如表 8-2 所示。

表 8-2   添加对话框控件

控件	ID 号	标题	属性
组框	默认	颜色调整	默认
静态文本	默认	红(R)	默认
编辑框	IDC_EDIT_R	—	默认
静态文本	默认	绿(G)	默认
编辑框	IDC_EDIT_G	—	默认
静态文本	默认	蓝(B)	默认
编辑框	IDC_EDIT_B	—	默认
按钮	IDC_BUTTON	绘图	默认

④为各个编辑控件添加相应的成员变量。打开"ClassWizard"的"Member Variables"标签,在"Class name"中选择 CInputDlg,选中所需的控件 ID 号,双击鼠标或单击"Add Variables"按钮,为如表 8-3 所示的控件增加成员变量。

表 8-3   添加成员变量

控件 ID 号	变量名	变量类型	取值范围
IDC_EDIT_R	m_nRed	UINT	0~255
IDC_EDIT_G	m_nGreen	UINT	0~255
IDC_EDIT_B	m_nBlue	UINT	0~255

⑤切换到"ClassWizard"的"Message Maps"标签页,为按钮"IDC_BUTTON"添加 BN_CLICKED 的消息映射,并添加下列代码:

```
void CInputDlg::OnButton( )
{
    //获得文档指针
    CMdiViewDoc*pDoc=GetDocument( );
    ASSERT_VALID(pDoc);
    //根据颜色设置填充椭圆
    UpdateData( );
    pDoc->m_nEllipse=RGB(m_nRed,m_nGreen,m_nBlue);
    pDoc->SetModifiedFlag( );
    pDoc->UpdateAllViews(this);           //更新所有视图
}
```

⑥在 MdiViewDoc 中添加一个存储椭圆填充颜色的成员变量，并在其构造函数中将其初始化，代码如下：
public:
    COLORREF m_nEllipse;
CMdiViewDoc::CMdiViewDoc( )
{
   m_nEllipse=RGB(0,0,0);   //初始化椭圆的填充色
}
⑦通过文档类的 Serialize 函数将填充颜色变量的值存储和读取。
void CMdiViewDoc::Serialize(CArchive& ar)
{
   if (ar.IsStoring( ))
   {
      ar<<m_nEllipse;   //保存填充颜色
   }
   else
   {
      ar>>m_nEllipse;   //读取填充颜色
   }
}
⑧在 CMdiViewView::OnDraw 中添加下列代码：
void CMdiViewView::OnDraw(CDC* pDC)
{
   CMdiViewDoc* pDoc = GetDocument( );
   ASSERT_VALID(pDoc);
   // TODO: add draw code for native data here
    CBrush brush(pDoc->m_nEllipse);   //构造画刷
   CBrush*pOldBrush=pDC->SelectObject(&brush); //将画刷选入设备环境
   pDC->Ellipse(100,100,300,300);   //从文档中指定颜色画椭圆
   pDC->SelectObject(pOldBrush);   //将画刷恢复设备环境
}
⑨为 CInputDlg 类添加类型为 CMdiViewDoc*的函数 GetDocument( )用于获取文档指针。在项目工作区中单击"ClassView"标签页，右击 CInputDlg 在弹出的快捷菜单中，选择"Add Member Function"弹出添加成员函数的对话框，输入函数的类型的名称，并添加代码如下：
CMdiViewDoc* CInputDlg::GetDocument( )
{
//获取文档指针
ASSERT(m_pDocument->IsKindOf(RUNTIME_CLASS(CMdiViewDoc)));
return (CMdiViewDoc*)m_pDocument;
}

⑩用 MFC ClassWizard（Ctrl+W），为 CInputDlg 类添加 OnInitialUpdate 的消息及相应的消息映射函数，并添加代码如下：

```
void CInputDlg::OnInitialUpdate( )
{
    CFormView::OnInitialUpdate( );
    // TODO: Add your specialized code here and/or call the base class
    //获取文档指针
    CMdiViewDoc*pDoc=GetDocument( );
    ASSERT_VALID(pDoc);
    //各颜色编辑控件从文档中获取各颜色变量值
    m_nRed=GetRValue(pDoc->m_nEllipse);
    m_nGreen=GetGValue(pDoc->m_nEllipse);
    m_nBlue=GetBValue(pDoc->m_nEllipse);
    //将数据传给控件
    UpdateData(FALSE);
}
```

⑪将窗口切分为左右两部分。在 MFC 中，CSplitterWnd 类封装了窗口切分过程中所需的功能函数。在 CMainFrame 类中添加一个 CSplitterWnd 类型的成员变量 m_nSeparator，代码如下：

```
public:
    CSplitterWnd m_nSeparator;
```

⑫用 MFC ClassWizard（Ctrl+W），为 CMainFrame 类添加 OnCreateClient 的消息及相应的消息映射函数，并添加代码如下：

```
BOOL CMainFrame::OnCreateClient(LPCREATESTRUCT lpcs,
                                CCreateContext* pContext)
{
    CRect rect;
    GetClientRect(&rect);                        //获得整个窗口客户区的大小
    m_nSeparator.CreateStatic(this,1,2);         //创建1×2个静态窗格
    //为相应的窗格指定视图类
    m_nSeparator.CreateView(0,0,RUNTIME_CLASS(CInputDlg),
                            CSize(0,0),pContext);
    m_nSeparator.CreateView(0,1,RUNTIME_CLASS(CMdiViewView)
                            ,CSize(0,0),pContext);
    //将左边窗格设置为整个窗口客户区大小的一半
    m_nSeparator.SetColumnInfo(0,rect.right/2,0);
    return TRUE;
}
```

⑬在 MainFrm.h 的开始处，添加包含文件：
#include "MdiViewView.h"

#include　"InputDlg.h"
⑭在 MdiViewView.h 的开始处，添加包含文件：
　　#include　"MdiViewDoc.h"
⑮在 InputDlg.h 的开始处，添加包含文件：
　　#include　"MdiViewDoc.h"
⑯编译运行。结果如图 8-8 所示。

习　题

1. 什么是文档？什么是视图？
2. 简述文档/视图结构。
3. 文档、视图和应用程序框架之间如何相互作用？
4. 单文档和多文档应用程序有何异同？
5. 什么是 MFC 的文档模块？如何使用？
6. 什么是文档序列化？如何实现？
7. 创建一个文本编辑器程序，需要进行哪些设置？
8. 设计应用程序，与"Windows"画图工具一样，利用鼠标画一条直线，将绘制好的图形保存到磁盘上。
9. 设计一个与 Windows 记事本类似的程序。

第9章 数据库应用及项目开发实例

数据库是计算机应用的一个重要方面，人们利用数据库系统能够对各种信息进行存储、共享和处理。Visual C++为用户提供了有关数据库编程的应用支持，用户可以方便地编写出各种数据库应用程序。

Visual C++ 6.0 提供了多种对数据库的开发技术，使得程序员可以很方便地开发基于数据库的应用程序。

9.1 数据库应用开发概述

Visual C++6.0 主要提供了四种面向用户的数据库访问方式：ODBC、OLE DB、DAO 和 ADO。本章主要介绍 ODBC、ADO 技术。

9.1.1 ODBC 技术

ODBC（Open DataBase Connectivity，开放数据库连接）是微软开放服务结构中有关数据库的组成部分，是应用程序访问数据库的一个标准接口，使应用程序能够访问各种数据库管理系统（DBMS），而不必依赖某个具体的 DBMS，从而实现同一程序对不同 DBMS 的共享。

应用程序不能直接访问数据库系统，对数据库的操作必须通过和各种 DBMS 对应的 ODBC 驱动程序来实现：应用程序首先调用 ODBC API，驱动程序管理器将该调用传给对应的驱动程序，驱动程序执行对相应数据源的操作，然后将结果通过驱动程序管理器返回到应用程序。

一个完整的 ODBC 应用由以下几个部分组成：

（1）应用程序

（2）ODBC 管理器

该程序位于 Windows 控制面板内，其主要任务是管理安装 ODBC 驱动程序和管理数据源。

（3）驱动程序管理器

其任务是管理 ODBC 驱动程序，它是 ODBC 中最重要的部件。

（4）ODBC API

（5）ODBC 驱动程序

提供了 ODBC 与数据库的接口。

（6）数据源

9.1.2 DAO 技术

DAO 是 Data Access Object 即数据访问对象，它提供了一种通过程序代码创建和操纵数据库的机制。MFC DAO 是 Microsoft 提供的用于访问 Microsoft Jet 数据库文件的数据库开发工具，它通过对 DAO 对象大部分功能的封装，向用户提供了丰富的数据库访问和数据库操纵手段。

9.1.3 OLE DB 技术

OLE DB 是一种基于 COM 技术的数据库访问、操纵的技术。它可以有多个数据源，属于数据库访问技术中的底层接口，如果直接使用 OLE DB 来设计数据库应用程序比较复杂，通常使用 ADO 数据访问接口。

9.1.4 ADO 技术

ADO 是目前在 Windows 环境中比较流行的数据库编程技术。它是基于 OLE DB 的访问接口，ADO 对 OLE DB 提供的接口进行了封装，定义了一组 ADO 对象，简化应用程序开发，属于数据库访问技术中的高层接口。ADO 还支持各种 B/S 与基于 Web 的应用程序，具有远程数据服务的特性。

9.2 使用 ODBC 编程

在 MFC 中使用 ODBC 技术的一般步骤是：①创建数据库；②定义 ODBC 数据源；③连接数据源；④设计应用程序界面，使控件与数据表字段关联。

9.2.1 创建数据库

1. 新建一个数据库

ODBC 数据源可以通过操作系统中的 ODBC 数据源管理器进行管理，数据库应用程序通过对数据源的操作实现对数据库的管理，建立数据库的方法很多，本例以 Access 数据库为例，创建一个学生成绩数据库 Student.mdb，具体实现步骤如下：

①打开 Access 数据库应用程序，选择"文件/新建"命令项，弹出如图 9-1 所示的对话框。

图 9-1 新建数据库

②选择空数据库，弹出如图 9-2 所示的文件新建数据库对话框，输入要创建的数据库文件名 Student.mdb，并选择数据库文件的保存路径为 D 盘。

图 9-2　为新建数据库命名并选择保存路径

2. 创建数据表

①单击如图 9-2 所示的对话框中的"创建"按钮，弹出如图 9-3 所示的对话框。

图 9-3　创建数据表

②建立数据表有三种方法：使用设计器创建表，使用向导创建表和使用输入数据创建表。本例使用设计器创建数据表，双击"使用设计器创建表"选项，显示如图 9-4 所示的数据表设计界面。

图 9-4　数据表的字段及类型

③创建数据表的字段及类型,本例中数据表的字段及类型如表 9-1 所示。设置学号为表属性的主键。保存该表,取表名为 Score,然后向表中添加学生的期末考试成绩如图 9-5 所示。

表 9-1　　　　　　　　　　　　数据表字段及类型

字段名称	数据类型	字段大小	字段名称	数据类型	字段大小
学号	文本	8	课程名称	文本	30
姓名	文本	8	分数	数字	单精度型
课程编号	文本	8			

图 9-5　学生成绩信息表 Score

9.2.2　创建 ODBC 数据源

如果要使用 ODBC 驱动程序来访问数据库,就必须创建 ODBC 和数据源之间的联系,具体方法如下:

①打开 Windows 的控制面板,双击"管理工具",选中"数据源"选项,打开如图 9-6 所示的 ODBC 数据源管理器对话框。

图 9-6　ODBC 数据源管理器

②选择"用户 DSN"标签,其中,"用户 DSN"是用于定义用户自己在本地计算机使用的数据源名,单击"添加"按钮,得到如图 9-7 所示的创建新数据源对话框(在驱动程序列表中选择 Microsoft Access Driver(*.mdb)选项)。

图 9-7 创建新数据源

③单击"完成"按钮,显示"ODBC Microsoft Access"安装对话框。输入数据源名称:学生成绩信息,并输入该数据源的说明文字:20109 班成绩,如图 9-8 所示。在数据库栏中单击"选择"按钮,显示"选择数据库"对话框,选择需要关联的数据库:Student.mdb,如图 9-9 所示。

图 9-8 ODBC Microsoft Access 安装对话框

图 9-9 选择数据库对话框

④单击"确定"按钮,然后在"ODBC Microsoft Access 安装"对话框中单击"确定"按钮。

⑤最后在 ODBC 数据源管理器对话框中单击"确定"按钮,关闭这个对话框。ODBC 数据源连接成功。

9.2.3 编写一个简单的支持数据库的应用程序

①进入 Visual C++编程环境,利用 MFC AppWizard 应用程序向导创建一个单文档应用程序项目 StuScore:在 MFC AppWizard 应用程序向导的"Step1"对话框中选择"Singer document",单击"下一步"按钮,显示"Step2"对话框,选择其中的"Database view with file support"选项,并选择"Data Source"按钮,建立应用程序与数据源之间的连接,如图 9-10 所示。

第9章 数据库应用及项目开发实例

图 9-10 创建应用程序与数据源的连接对话框

②单击"Data Source"按钮,打开"Database Options"对话框,在ODBC下拉列表框中选择"学生成绩信息"数据源,如图 9-11 所示。

③单击"OK"按钮,打开"Select Database Tables 对话框",从数据源列表中选择需要的表"Score",如图 9-12 所示。

图 9-11 数据库选择对话框

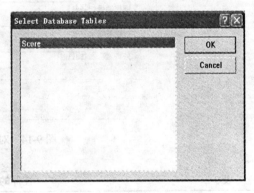

图 9-12 选择表对话框

④单击"OK"按钮,重新进入"Step2"对话框,单击"Next"按钮进入下一步框架设置。选择默认设置,最后单击"Finish"按钮。程序运行框架如图 9-13 所示。

图 9-13 程序运行框架

【说明】
一般默认的单文档应用程序与数据库建立关联的单文档应用程序,在类结构方面有所不同:自动添加了一个与数据表进行数据绑定操作的 CStuScoreSet 类;因为需要与之相关联的表单资源,将 CStuScoreView 类的基类设置成 CRecordView,而 CRecordView 的基类是 CFormView;为了使表单视图和记录集之间建立联系,使记录集中的查询结果在表单视图中显示出来,在 CStuScoreSet 类中添加了一个全局的对象指针变量 m_pSet。

9.2.4 实现数据库的显示功能

前面只建立了一个应用程序的基本框架,但不能直接对数据库进行操作,现在添加相关的控件来帮助显示实际的内容。

① 为表单对话框资源模板添加如图 9-14 所示的控件,使之与表的字段相关联,所添加控件的 ID 及其属性如表 9-2 所示。

图 9-14 对话框控件布局

表 9-2 控件的属性设置

控件	控件 ID	控件标题	属性
组框	IDC_STATIC	学生成绩信息	默认
静态文本	IDC_STATIC	学　号	默认
编辑框	IDC_NUM		默认
静态文本	IDC_STATIC	姓　名	默认
编辑框	IDC_NAME		默认
静态文本	IDC_STATIC	课程编号	默认
编辑框	IDC_COURSENO		默认
静态文本	IDC_STATIC	课程名称	默认
编辑框	IDC_COURSENAME		默认
静态文本	IDC_STATIC	分　数	默认
编辑框	IDC_SCORE		默认

第9章 数据库应用及项目开发实例

②建立数据表中的字段和控件之间的联系:打开"MFC ClassWizard"对话框,切换到"Member Variables"标签页面,在"Class name"下拉列表框中选择类"CStuScoreSet",自动为其添加相应类型成员变量,变量名和数据表对应字段的关系如图 9-15 所示。"Update Columns"按钮用于重新指定与 CRecordSet 类相关的表,而"Bind All"按钮用于为字段重新指定默认的关联变量。

图 9-15 变量名和数据表对应字段的关系

③创建数据源和各控件之间的关联:选择类"CStuScoreView",在"Controls IDs"列表中选择"IDC_NUM",单击"Add Variable"按钮显示"Add Member Variable"对话框,在"Member Variable name"下拉列表框中,选择"m_pSet->m_column1"选项,添加成员变量如图 9-16 所示,单击"OK"按钮,用同样的操作方法,完成其他的对应操作,并使用 DDX 对数据进行校验,结果如图 9-17 所示。

 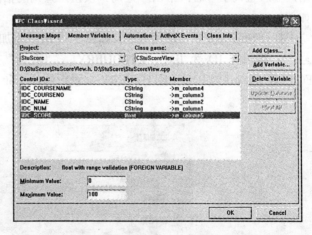

图 9-16 添加成员变量　　　　图 9-17 数据源和各控件之间的关联

④编译链接并运行程序,其结果如图 9-18 所示。

图 9-18　程序运行结果

9.2.5　实现数据库的查询功能

上述程序生成了应用程序基本框架，实现了程序和数据库记录之间的关联，只能浏览表中的记录内容，而不能对数据源进行操作，如果要实现操作功能，就需要用到 MFC ODBC 中的类：CDatabase 类用于提供对数据源的连接；CRecordSet 类提供对表记录进行查询、添加、删除、修改记录等操作；CRecordView 类用于控制并显示数据库记录。

查询记录要调用 CRecordSet 类的 Open( )函数接受一个 SQL 语句作为参数并获得一个结果集。还要调用 CRecordSet 类的两个成员变量：m_strFilter 和 m_strSort，其中 m_strFilter 是过滤字符串，执行条件查询，存放着 SQL 语句中 WHERE 后的条件串;m_strSort 是排序字符串，设定记录的排序方式，存放着 SQL 语句中 ORDER BY 后的字符串。

在前面的 StuScore 项目表单中添加一个静态文本框、一个编辑框和一个"查询"按钮，当用户输入查询学号时，单击"查询"按钮，查询的信息会显示在表单控件中。具体操作步骤如下：

①打开 StuScore 项目应用程序，如图 9-19 所示添加一个静态文本框（标题为"输入查询学号:"）、编辑框 ID 为 IDC_EDITQUERY，"查询"按钮 ID 为 IDC_QUERYBTN。打开 MFC ClassWizard 为 IDC_EDITQUERY 编辑框添加 CString 类型的成员变量 m_strQuery。

图 9-19　添加查询操作控件

②在图 9-19 中双击"查询"按钮，添加消息映射函数及代码如下：

```cpp
void CStuScoreView::OnQuerybtn( )
{
 UpdateData( );
 m_strQuery.TrimLeft( );         //删除查询学号编辑框左边空格
 if (m_strQuery.IsEmpty( ))      //判断查询编辑框是否为空
 {
     MessageBox("学号不能为空！");
     return;
 }
 if (m_pSet->IsOpen( ))
     m_pSet->Close( );           //如果记录集打开，则先关闭
 m_pSet->m_strFilter.Format("学号='%s'",m_strQuery);
                                 //学号是 score 表字段名，指定查询条件
 m_pSet->m_strSort = "课程编号";
                                 //课程编号是 score 表字段名，按课程编号字段从小到大排序
 m_pSet->Open( );                //打开记录集
 if (!m_pSet->IsEOF( ))          //如果有记录
     UpdateData(FALSE);          //更新显示的内容
 else
     MessageBox("无此学号记录！");
}
```

③编译运行程序，结果如图 9-20 所示。

图 9-20　查询结果

9.2.6　实现数据库的编辑功能

使用 CRecordSet 类的成员函数可对表单记录进行添加、修改、删除和撤销等操作。

1. 增加记录

增加记录可用 AddNew 函数，过程如下：

```
m_pSet->AddNew( );                    //在表尾输入字段值
m_pSet->学号= "20109008"
…
m_pSet->Update( );                    //更新记录集
m_pSet->Requery( );
```

2. 修改记录

修改记录可用 Edit 函数，过程如下：

```
m_pSet->Edit( );                      //修改操作
m_pSet->姓名= "张三"
…
m_pSet->Update( );                    //更新记录集
m_pSet->Requery( );
```

3. 删除记录

删除记录可用 Delete 函数，过程如下：

```
CRecordsetStatus status;
m_pSet->Delete( );                    //删除当前记录
m_pSet->GetStatus(status);            //获取当前记录集状态
if(status.m_lCurrentRecord==0)        //若当前记录索引号为0,下移一个记录
    m_pSet->MoveNext( );
else
    m_pSet->MoveFirst( );             //移到第一个记录处
UpdateData(FALSE);
```

4. 撤销操作

撤销操作，可在 Update( )函数前调用 Move( )函数撤销当前操作。

在前面的 StuScore 项目表单中增加三个按钮："添加"、"修改"和"删除"。当用户在表单编辑框中输入相关内容后，单击相应按钮，数据库表中内容会同步更新，具体操作步骤如下：

① 打开 StuScore 项目应用程序，如图 9-21 所示添加三个按钮："添加"按钮 ID 为 IDC_ADDBTN、"修改"按钮 ID 为 IDC_EDITBTN、"删除"按钮 ID 为 IDC_DELBTN。

图 9-21 添加三个按钮后表单的布局

②分别为三个按钮添加消息映射函数,其代码如下:
```
void CStuScoreView::OnAddbtn( )        //"添加"按钮消息映射函数
{
   m_pSet->AddNew( );
   UpdateData(TRUE);
   if(m_pSet->CanUpdate( ))
   {
       m_pSet->Update( );
   }
   m_pSet->Requery( );
   UpdateData(FALSE);
}
void CStuScoreView::OnEditbtn( )        //"修改"按钮消息映射函数
{
   m_pSet->Edit( );
   UpdateData(TRUE);
   if(m_pSet->CanUpdate( ))
   {
       m_pSet->Update( );
   }
   m_pSet->Requery( );
   UpdateData(FALSE);
}
void CStuScoreView::OnDelbtn( )         //"删除"按钮消息映射函数
{
     CRecordsetStatus status;
   m_pSet->Delete( );
   m_pSet->GetStatus(status);
   if(status.m_lCurrentRecord==0)
       m_pSet->MoveNext( );
   else
       m_pSet->MoveFirst( );
   UpdateData(FALSE);
}
```
③编译运行并测试。

9.3 数据库相关的 ActiveX 控件

在 Visual C++ 6.0 中用户可以使用一些 ActiveX 控件可视化地处理数据库,但这些控件必须添加到工程中,初始环境中并没有数据库访问控件,这些控件主要包括 ADO Data、

DataGrid、DataList 和 DataCombo 控件。

9.3.1 ADO Data 控件和 DataGrid 控件

ADO Data 控件建立与数据源的连接，允许在某一行记录集的行与行之间移动，且允许显示和操作被绑定控件各行中的数据，对被绑定控件所做的任何修改会传给数据源。

DataGrid 控件能方便显示绑定数据源的数据，并以网格方式显示一个表中的数据源，允许对记录集对象中记录和字段进行数据操作。通常用 ADO Data 控件提供数据源。

在前面的 StuScore 项目中添加 ADO Data 和 DataGrid 控件，具体方法如下：

①打开 StuScore 项目应用程序，选择"Project"/"Add To Project"/"Components and Controls Gallery"，弹出"Components and Controls Gallery"对话框，如图 9-22 所示。

图 9-22　Components and Controls Gallery 对话框

②双击"Registered ActiveX Controls"，在操作系统列出的 ActiveX 控件中找到"Microsoft ADO Data Control 6.0 (sp6) (OLEDB)"控件双击，弹出一个对话框询问是否将此控件插入到项目中，单击"确定"按钮，弹出"Confirm Classes"对话框如图 9-23 所示。单击"OK"按钮，接受所有的类，此时该控件已添加到对话框编辑器的控件工具栏中。用同样方法将 Microsoft DataGrid Control 6.0(OLEDB)添加到控件工具栏。

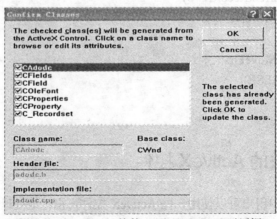

图 9-23　ADO Data 控件 Confirm Classes 对话框

③单击"Close"按钮,关闭"Components and Controls Gallery"对话框。

④将 ADO Data 和 DataGrid 控件添加到表单模板中,其 ID 分别为 IDC_ADODC1 和 IDC_DATAGRID1,如图 9-24 所示。

⑤鼠标右击 IDC_ADODC1 控件,打开属性对话框,选择"Control"标签,选中 Source of Connection 中的 Use Connection String 选项,如图 9-25 所示。

图 9-24　添加 ADO Data 和 DataGrid 控件　　　　图 9-25　ADO Data 控件属性对话框

⑥单击"Build"按钮,弹出"数据连接属性"对话框,在提供程序中选择"Microsoft Jet 4.0 OLE DB Provider"选项。

⑦单击"下一步"按钮,在"数据连接属性"对话框中选择"连接"标签,在"1.选择或输入数据库名称"中输入数据库文件所在的路径或单击"浏览"按钮选择文件路径,如图 9-26 所示。单击"测试连接"按钮,检验数据库连接字符串配置是否正确。

⑧打开 IDC_ADODC1 控件属性对话框,选择"RecordSource"标签,在 Command Type 组合框中选择 2-adCmdTable,在 Table or Stored Procedure Name 组合框中选择表名 Score,如图 9-27 所示。如果不需要显示此控件,在"General"选项,取消"Visible"选项。

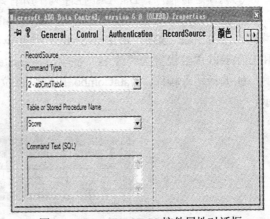

图 9-26　数据连接属性对话框　　　　　　图 9-27　IDC_ADODC1 控件属性对话框

⑨打开 IDC_DATAGRID1 控件属性对话框,选择"All"标签,单击"DataSource"选项,从列表中选择 IDC_ADODC1,在 Caption 文本框中输入"学生成绩信息",如图 9-28 所示。

⑩编译运行程序，DataGrid 控件列出所有学生成绩信息，ADO Data 控件不可见，如图 9-29 所示。

图 9-28 IDC_DATAGRID1 控件属性对话框   图 9-29 程序运行结果

9.3.2 DataList 控件和 DataCombo 控件

DataList 控件可以将检索的数据显示在下拉列表框中，DataCombo 控件可以将检索的数据显示到下拉组合框中。

DataList 和 DataCombo 控件添加方法与前面的控件相同，只是在"Registered ActiveX Controls"文件夹中选择的控件是 Microsoft DataList Control,version 6.0(OLEDB)和 Microsoft DataCombo Control,version 6.0(OLEDB)。

在前面的 StuScore 项目中添加 DataList 和 DataCombo 控件，具体步骤如下：

①在对话框模板上添加 DataList 控件，ID 为 IDC_DATALIST1，打开属性框，选中 ALL 选项，将 DataSource 和 RowSource 属性设置为 IDC_ADODC1。DataField 和 ListField 属性设置为"姓名"字段，如图 9-30 所示。

②编译运行程序，DataList 控件列了所有姓名信息，如图 9-31 所示。

③同样方法在对话框模板上添加 DataCombo 控件，ID 为 IDC_DATACOMBO1，打开属性框，选中 ALL 选项，将 DataSource 和 RowSource 属性设置为 IDC_ADODC1。DataField 和 ListField 属性设置为"姓名"字段，将 System 改为 2-dbcDropdownList,如图 9-32 所示。

④编译运行程序，DataCombo 控件以下拉列表的方式列了所有姓名信息，如图 9-31 所示。

图 9-30 DataList 控件属性设置

第9章 数据库应用及项目开发实例

图 9-31　程序运行结果

图 9-32　DataCombo 控件属性设置

9.4　使用 ADO 访问数据库

　　ADO 的优点是用户使用方便、速度快、内存开销小。ADO 使用了 OOP 模型，内置了一组对象。采用 COM 技术，支持多种编程语言。

9.4.1　ADO 的内置对象

　　使用 ADO 目的是访问、编辑和更新数据源。需要用到 ADO 的内置对象。这些对象分别如下：
　　（1）连接（Connection）
　　描述对数据库连接及相关操作。
　　（2）命令（Command）
　　对数据源执行 SQL 语句，进行查询、修改、存储数据库的操作。
　　（3）记录集（Recordset）
　　包含数据库中的数据记录全集。
　　（4）字段（Field）
　　描述表的字段信息。
　　（5）参数（Parameter）

用于命令的参数。

（6）错误（Error）

用于描述在数据库操作过程中产生的错误。

（7）属性（Property）

用于描述 ADO 对象的属性。

（8）集合（Set）

包含若干相同类型对象的数据集。

（9）事件（Event）

描述数据库的异步操作。

（10）流（Stream）

用于对包含文件或电子邮件的数据流的字段或记录进行操作。

最重要的对象是三个：连接（Connection）、命令（Command）和记录集（Recordset）对象。

9.4.2 ADO 的对象指针

ADO 包含三种对象指针，分别如下：

（1）连接对象指针_ConnectionPtr

返回一个记录集或一个空指针。

（2）命令对象指针_CommandPtr

返回一个记录集。

（3）记录集对象指针_RecordsetPtr

返回一个记录集对象。

使用 ADO 指针创建 ADO 对象，先声明对象指针，然后创建对象实例，代码如下：

```
_ConnectionPtr m_pConn;                              //声明对象指针
hr=m_pConn.CreateInstance("ADODB.Connection");       //创建对象实例
```

9.4.3 ADO 编程

MFC 应用程序使用 ADO 数据库编程的一般过程是：

① 导入 ADO 接口；

② 初始化 OLE/COM 库环境；

③ 用 Connection 对象连接数据库；

④ 对数据库进行添加、修改、删除记录操作；

⑤ 关闭数据源。

1. 导入 ADO 接口

为使 C++程序进入 ADO 接口，在工程的 stdafx.h 文件中直接引入 ADO 库文件，添加代码如下：

```
#import"c:\program files\common files\system\ado\msado15.dll" no_namespace rename("EOF","adoEOF")
```

其作用与#include 类似，编译时系统会自动生成 msado15.tlh 和 ado15.tli 两个 C++头文件定义 ADO 库。

2. 初始化 OLE/COM 库环境

ADO 是一组 COM 动态库，因此在使用 ADO 之前需要初始化 COM 库，在 MFC 应用程序中，最好在应用程序类的成员函数中初始化 OLE/COM 库环境。

```
BOOL CStuSystemApp::InitInstance( )
{
    if(!AfxOleInit( ))
    {
        AfxMessageBox("OLE 初始化出错！");
        return FALSE;
    }
    …
}
```

其中， AfxOleInit( )函数在每次应用程序启动时初始化 OLE/COM 库环境。

3. 声明 ADO 的智能指针

连接数据库需要使用 ADO 中的 Connection 对象，因此先要在 MFC 应用程序类的头文件中声明一个指向 Connection 对象指针，然后在该类中调用 CreateInstance 函数来创建连接对象并且调用 Open 方法进行数据源的连接。在 MFC 应用程序类的头文件中定义 ADO 对象指针变量代码如下：

```
public:
    _ConnectionPtr    m_pConnection;                        //创建连接对象指针
```

4. 创建 ADO 对象

在应用程序类的 InitInstance 函数中创建连接对象。

m_pConnection.CreateInstance(_uuidof(Connection));   //创建连接对象

其中，_uuidof(Connection)为要创建对象的 ID

或 m_pConnection.CreateInstance("ADODB.Connection");

5. 用 Connection 对象连接数据库

通过 Connection 对象的 Open 方法连接数据库如下：

HRESULT Connection::Open(_bstr_t ConnectionString,_bstr_t UserID,_bstr_t Password,long Options);

其中，ConnectionString 为连接字符串，UserID 是访问数据库的用户名，Password 是访问数据库的密码，Options 是可选项，用于指定对象对数据的更新许可权。_bstr_t 是一个 COM 类，用于对字符串 BSTR 的操作。BSTR（Basic STRing）是一个结构化的数据类型，是 32 位指针，并不直接指向字符串的缓冲区，_bstr_t 是 C++对 BSTR 的封装。

Options 可选项，通常有以下几个取值：

adModeUnknown: 默认,为当前的许可未设置。
adModeRead:只读。
adModeWrited:只写。
adModeReadWrited:可以读写。
adModeShareDenyWrite:阻止其他 Connection 对象以读权限打开连接。
adModeShareDenyRead:阻止其他 Connection 对象以写权限打开连接。

adModeShareExclusive:阻止其他 Connection 对象打开连接。
adModeShareDenyNone:允许其他程序或对象打开连接。
在应用程序类的 InitInstance 函数中创建连接对象并且打开与数据源的连接，代码如下：
…
try
{
    //初始化数据库连接对象
    m_pConnection.CreateInstance("ADODB.Connection");
    //定义数据库连接字符串，打开本地 Access 库
    _bstr_t   Connection="Provider=Microsoft.Jet.OLEDB.4.0;Data Source=.\\StudentSys.mdb;Persist Security Info=False";
    //打开数据库连接
    m_pConnection->Open(Connection, "","",adConnectUnspecified); //初始化记录集对象
}
//初始化 COM 时，获取错误，可以捕捉到_com_error 的异常
catch(_com_error &e)
{
    ::CoInitialize(NULL);
    ::AfxMessageBox(e.ErrorMessage( ));
    return FALSE;
}

6. 使用记录集

Recordset 是用于从数据表或某一个 SQL 命令执行后获得记录集，为了取得结果记录集，需定义一个指向 Recordset 对象的指针，代码如下：

    _RecordsetPtr   m_pRecordset;   //定义记录集对象指针
    m_pRecordset.CreateInstance("ADODB.Recordset");   //创建 Recordset 对象的实例

ADO 中 SQL 命令的执行主要有两种方式：一种方式是使用 Connection 对象的 Execute 函数执行命令；另一种方式是使用 Command 对象。

（1）利用 Connection 对象的 Execute 方法执行 SQL 命令

    _RecordsetPtr   Execute(_bstr_t CommandText,VARIANT *RecordsAffected,long Options);

其中，Options 选项可取 adCmdText(SQL 语句)、adCmdTable(表名)、adCmdProc(存储过程)。

Execute 函数执行完后返回一个指向记录集的指针，具体实现过程代码如下：

try
{   //执行 SQL 命令得到年龄大于 20 岁的记录集
   m_pRecordset= m_pConnection->Execute("SELECT * FROM student WHERE age>=20",NULL,adCmdText);
}catch(_com_error e)
{…}

（2）利用 Command 对象来执行 SQL 命令

可以使用_CommandPtr 接口创建 Command 对象，实现对数据源操作，代码如下：
```
try
{
    _CommandPtr    m_pCommand ;                          //第一步创建命令对象指针
    m_pCommand.CreateInstance("ADODB.Command");   //创建 Command 对象实例
    //第二步设置 Command 关联的连接
    m_pCommand->ActiveConnection= m_pConnection;
    //第三步设置 CommandText 属性。
    m_pCommand->CommandText="DELETE *FROM student WHERE   姓名='张三'";
    //第四步执行命令，取得记录集。
    m_pCommand->Execute(NULL,NULL,adCmdText);
}catch(_com_error e)
{…}
```

7. 添加记录

（1）记录集的 AddNew 函数添加新记录

HRESULT AddNew(const_variant_t &FieldList,const_variant_t &Values)

其中，FieldList 为可选，表示字段的单个名称;Values 为可选，表示字段的单个值或值的数组。

（2）PutCollect 函数操作记录

void PutCollect(const_variant_t &Index,const_variant_t &pvar)

其中，Index 表示字段名；pvar 表示字段值。

（3）Update 函数更新数据

HRESULT Update(const_variant_t &Fields,const_variant_t &Values)

其中，Fields 为可选，variant(单个名称)、 variant 数组(修改的字段名或序号)。

Values 为可选，variant(单个值)、variant 数组(字段值)。

向数据库中添加记录并保存到数据库，代码如下：

```
_RecordsetPtr   m_pRecordset;
m_pRecordset.CreateInstance("ADODB.Recordset");
//打开操作，略
try
{
    m_pRecordset->AddNew( );                                          //添加新记录
    m_pRecordset->PutCollect("姓名",_variant_t("王华"));              //对操作记录的字段赋值
    m_pRecordset->PutCollect("年龄",_variant_t((long)21));
    m_pRecordset->PutCollect("出生日期",_variant_t("1988-3-15"));
    m_pRecordset->Update( );                                          //更新到数据库中
}
catch(_com_error e)
{ }
```

8. 修改记录

修改记录调用 Update 函数,修改后的数据将更新到数据库中。代码如下：

```
_RecordsetPtr m_pRecordset;
m_pRecordset.CreateInstance("ADODB.Recordset");
//打开操作，略
try
{
    m_pRecordset->Move First ( );
    m_pRecordset->PutCollect("姓名",_variant_t("王五"));    //修改姓名
    m_pRecordset->Update( );                                //保存到库中
}
catch(_com_error e)
{  }
```

9. 删除记录

删除记录需要使用 Delete 函数。函数原型如下：

HRESULT Delete(enum AffectEnum AffectRecords)

其中，AffectRecords 是 AffectEnum 的值，即 adAffectCurrent 和 adAffectGroup，确定删除记录数目，默认值为 adAffectCurrent，删除当前记录，还可删除满足当前条件的记录。

```
_RecordsetPtr m_pRecordset;
m_pRecordset.CreateInstance("ADODB.Recordset");
//打开操作，略
try
{
    m_pRecordset->MoveFirst( );                    //移动首条记录
    m_pRecordset->Delete(adAffectCurrent);         //删除当前记录
    m_pRecordset->Update( );                       //保存到数据库中
}
catch(_com_error e)
{  }
```

10. 关闭记录集与连接

记录集或连接可以用 close 函数来关闭。

```
m_pRecordset->close( );      //关闭记录集
m_pConnection->close( );     //关闭连接
```

9.5 学生信息管理系统项目开发实例

学生信息管理系统设计目标是实现对学生信息的科学化、规范化管理，提高学校管理的工作效率，减少人员开支，方便学生查询、教师和管理人员数据的录入操作。

学生信息管理系统主要有以下几项功能要求：
（1）学生基本信息
包括对学生基本信息，进行添加、删除、修改、保存和查询的管理。
（2）履历信息
包括对学生在校期间任职、竞赛获奖、发表论文和科研、奖惩以及参加社交活动或社团组织等情况信息进行添加、删除、修改和保存管理。
（3）成绩管理
包括添加和查询学生成绩信息。
（4）院系设置
包括查询院系信息，新增和删除学院、系、班级等。
（5）课程设置
包括查询课程信息，添加、修改和删除课程代码、课程名称、学时、任课程教师和上课教室。
（6）用户管理
主要是实现数据库的访问权限管理，学生只有查询功能，教师具有录入、修改成绩功能，管理员具有所有权限，并可以修改用户权限。
根据系统功能需求，构造系统软件结构如图 9-33 所示。

图 9-33　系统功能模块

9.5.1　用户登录模块设计

第 5 章第 5 节设计了学生管理信息系统用户主界面，在主界面中设计了用户登录模块。用户登录模块实现用户输入的登录信息来分配用户的使用权限，从而达到保护系统的目的。用户类型有学生、教师和管理员，他们的权限是不一样的，学生只有查询个人信息、成绩等的权限，教师具有录入成绩及查询的权限，而管理员具有最高管理权限。用户必须输入用户名和正确的密码后才能进入系统，如果密码输入错误，程序会提示错误信息。用户登录成功结果如图 9-34 所示。

图 9-34 用户登录模块登录成功结果

1. 数据库设计

根据上面分析，设计一张用户信息表(UserInfo)来存放用户信息，如表 9-3 和表 9-4 所示。

表 9-3　　　　　　　　　　用户信息表(UserInfo)结构

字段名称	数据类型	说明
NAME	文本	用户名,长度为 8,不能为空
PASSWORD	文本	密码，长度为 6
LEVEL	数字(长整型)	权限:0=学生，1=教师，2=管理员

表 9-4　　　　　　　　　　用户信息表(UserInfo)记录信息

NAME	PASSWORD	LEVEL
000000	000000	0
111111	111111	1
222222	222222	2

2. 用户登录对话框界面设计

①打开第 5 章第 5 节学生信息管理系统应用程序 StuSystem，创建一个用户登录对话框。插入一个新的对话框资源，打开属性对话框将其字体设置为"宋体 9 号"，ID 设置为 IDD_LOGINDLG，设置 Styles 属性如图 9-35 所示。

②在对话框上添加 3 个 Static Text 控件，2 个 Picture 控件、2 个 Edit Box 控件、3 个 Radio Button 控件和 2 个 Button 控件，各控件的属性设置如表 9-5 所示。设计"用户名"和"密码"前面的图片，先在对话框模板中添加两个 Picture 控件，然后单击"Insert/Resource"，打开插入资源对话框，选中"Icon"，单击"import"按钮，在对话框模板中设置 Picture 控件的"通用"属性"类型"为"图标"，"图像"为插入图标的 ID。设计完成后的登录界面如图 9-36 所示。

第9章 数据库应用及项目开发实例

图 9-35 用户登录对话框属性设置　　图 9-36 登录对话框界面设计

表 9-5　登录模块的控件属性设置及变量说明

控件 ID	Caption	属性说明	变量类型	变量名
IDC_STATIC	用户类型：	默认		
IDC_STATIC	用 户 名：	默认		
IDC_STATIC	密　　码：	默认		
IDC_STATIC(Picture)		Type 为 Icon		
		Type 为 Icon		
IDC_RADIO_STUDENT	学生	Group	int	m_LoginLevel
IDC_RADIO_TEACHER	教师	默认		
IDC_RADIO_MANAGER	管理员	默认		
IDC_EDIT_NAME		默认	CString	m_LoginName
IDC_EDIT_PWD		Password	CString	m_LoginPwd
IDC_BUTTON_LOGIN	登录			
IDC_BUTTON_CANCEL	退出			

③双击登录对话框模板，为其添加一个新类 CLoginDlg。在该类的构造函数中为变量 m_LoginLevel 初始化为 0。

④添加相关类的成员变量和成员函数。

- 在 CStuSystemApp 类声明的 StuSystem.h 文件中，声明成员变量如下：
  int m_Level;　　　　//用户权限
  BOOL Logstatus;　　//判断用户是否登录系统
- 在 CStuSystemDlg 类声明的 StuSystemDlg.h 文件中添加类的成员，代码如下：
  BOOL status[8];　　　//初始状态
  void SetDlgStatus( );　　//设置登录状态
  CLoginDlg *LogDlg;　　//声明登录对话框类的对象指针
  将登录对话框类的头文件在 StuSystemDlg.h 中包含进来：#include "LoginDlg.h"。
- 在 StuSystemDlg.cpp 和 LoginDlg.cpp 文件中分别声明扩展变量，代码如下：
  extern CStuSystemApp theApp;
- 在 CStuSystemDlg 类的 OnInitDialog( )函数中添加如下代码：
  BOOL CStuSystemDlg::OnInitDialog( )
  {
  　…

```
        for(int i=0;i<7;i++)
            status[i] = FALSE;          //初始状态
        theApp.Logstatus=false;         //未登录

        return TRUE;   // return TRUE   unless you set the focus to a control
}
```
• 在 CStuSystemDlg 类的 SetDlgStatus( )函数中添加代码如下：
```
void CStuSystemDlg::SetDlgStatus( )
{
    if(status[0])
    {
        LogDlg->DestroyWindow( );
        status[0] = FALSE;
    }
}
```
⑤为 CStuSystemDlg 类，添加"登录"菜单 ID_SYS_LOGIN 的 COMMAND 的消息映射函数 OnSysLogin( )，添加代码如下：
```
void CStuSystemDlg::OnSysLogin( )
{
    SetDlgStatus( );
    LogDlg=new CLoginDlg;
    LogDlg->Create(IDD_LOGINDLG，this);
    LogDlg->ShowWindow(SW_SHOW);
    status[0] = TRUE;
}
```
⑥为"系统"主菜单的"注销"菜单和"退出"菜单，添加实现功能的操作。

为 CStuSystemDlg 类,添加"注销"菜单 ID_SYS_LOGOUT 和"退出"菜单 ID_SYS_EXIT 的单击 BN_CLICKED 消息映射函数，并添加代码如下：
```
void CStuSystemDlg::OnSysLogout( )    //"注销"菜单
{
    theApp.m_Level = -1;
    theApp.Logstatus =false;
    MessageBox("注销","提示");
}
void CStuSystemDlg::OnSysExit( )    //"退出"菜单
{
    If (MessageBox ("退出系统吗?", "退出提示", MB_OKCANCEL|MB_ICONQUESTION)
==IDOK)
        CDialog::OnOK( );
}
```

9.5.2 使用 ADO 连接数据库

数据连接在应用程序 CStuSystemApp 类的初始化函数中完成，不需要每个模块连接。使用 ADO 连接数据源，首先要导入 ADO 接口，初始化库环境，再声明 ADO 的对象指针，最后连接数据源。以下是具体实现过程。

1. 添加对 ADO 支持

（1）导入 ADO 接口

在工程的 stdafx.h 文件中添加 ADO 库文件：

#import   "c:\program   files\common   files\system\ado\msado15.dll"   no_namespace rename("EOF","adoEOF")

（2）初始化 OLE/COM 库环境

在 CStuSystemApp::InitInstance( )函数中添加如下代码，对 ADO 的 COM 库环境进行初始化。

```
BOOL CStuSystemApp::InitInstance( )
{
    AfxEnableControlContainer( );
    CoInitialize(NULL);                              //初始化 COM 库
    …
}
```

（3）声明 ADO 的智能指针

在 StuSystem.h 应用程序类声明中定义 ADO 对象指针变量：

_ConnectionPtr m_pConnection;

（4）创建 ADO 对象

在 CStuSystemApp::InitInstance( )函数中创建连接对象，代码如下：

m_pConnection.CreateInstance("ADODB.Connection");   //创建 Connection 对象

2. 连接数据源

（1）用 Connection 对象连接数据库

在 CStuSystemApp::InitInstance( )函数中，调用 Connection 对象的 Open 方法建立与数据库服务器的连接。

m_pConnection->Open("Provider=Microsoft.Jet.OLEDB.4.0;Data Source=.\\StudentSys.mdb;","","",adModeUnknown);

（2）对异常捕获

在 CStuSystemApp::InitInstance( )函数中，添加数据源连接及异常捕获完整代码如下：

```
BOOL CStuSystemApp::InitInstance( )
{
    …
    HRESULT hr;
    try
    {
        hr = m_pConnection.CreateInstance("ADODB.Connection");//创建 Connection 对象
```

```cpp
        if(hr==S_OK)
        {
            m_pConnection->ConnectionTimeout=30;        //允许连接超时时间，单位为 30 秒
            m_pConnection->PutCursorLocation(adUseClient);
            hr = m_pConnection->Open("Provider=Microsoft.Jet.OLEDB.4.0；Data Source=.\\StudentSys.mdb;","","",adModeUnknown);
        }
    }catch(_com_error e)                                //捕捉异常
    {
        ::CoUninitialize( );
        ::AfxMessageBox(e.ErrorMessage( ));
        return false;
    }
    …
}
```

3. 获取数据源信息

①使用记录集，在"LoginDlg.h"用户登录对话框类头文件中，添加数据集对象代码如下：

```
_RecordsetPtr   m_pRecordset_user;        //创建记录集对象指针
```

②在 LoginDlg.cpp 文件中，添加扩展变量引用语句如下：

```
extern CStuSystemApp theApp;
```

③为 CLoginDlgDlg 类添加"登录"按钮 IDC_BUTTON_LOGIN 的单击消息映射函数，根据不同用户名、密码和权限访问数据库，如果三者与数据库数据相同则可进入系统，否则退出系统，代码如下：

```cpp
void CLoginDlg::OnButtonLogin( )
{
    UpdateData(TRUE);
    CString name,pwd;
    int nlev;
    //创建用户记录集对象实例
    m_pRecordset_user.CreateInstance("ADODB.Recordset");
    //打开用户信息表
    m_pRecordset_user->Open("select * from UserInfo",_variant_t((IDispatch *)theApp.m_pConnection,true),adOpenDynamic,adLockPessimistic,adCmdText);
    if(m_pRecordset_user->GetRecordCount( ) != 0)
    {       //扫描用户信息表，获取用户信息
        while(!(m_pRecordset_user->adoEOF))
        {
            name = m_pRecordset_user->GetCollect("NAME").bstrVal;
            pwd = m_pRecordset_user->GetCollect("PASSWORD").bstrVal;
            nlev = m_pRecordset_user->GetCollect("LEVEL").lVal;
```

```
            //比较三个字段，相同进入系统
        if(name.CompareNoCase(m_LoginName) = = 0 && pwd.CompareNoCase(m_LoginPwd)
= = 0 && nlev= = m_LoginLevel)
            {   //记录权限
                  theApp.m_Level = m_LoginLevel;
            theApp.Logstatus = true;
                    MessageBox("登录系统","系统登录");
                    CDialog::OnOK( );
                    return;
            }
            m_pRecordset_user->MoveNext( );
        }
        MessageBox("用户名和密码错误!,请再次登录","系统登录");
    }
}
```

至此，登录模块设计完成，编译运行程序，用户根据权限，输入用户名和密码，单击"登录"按钮可以进入系统并进行有关的操作。如果用户名和密码错误会有提示信息，重新输入。

9.5.3 学生基本信息模块设计

学生基本信息管理模块可以对学生基本信息，如学号、姓名、性别、出生日期、籍贯、专业等属性进行管理，教务处管理人员可以添加学生信息，并对错误信息进行修改和删除，学生输入学号能够对已存在的学生基本信息按条件进行查询。学生基本信息管理界面设计如图 9-37 所示。

图 9-37 学生基本信息管理界面设计

1. 数据库设计

根据上面分析，设计一张学生基本信息表(StuInfo)用来对学生信息进行管理，如表 9-6 和表 9-7 所示。

表 9-6　　　　　　　　　　　学生基本信息表(StuInfo)结构

字段名称	数据类型	说　　明
ID	文本	学号，长度为 15，不能为空
NAME	文本	姓名，长度为 8
SEX	文本	性别，长度为 2
BIRTHDAY	文本	出生日期
NATIVEPLACE	文本	籍贯，长度为 50
SPECIALITY	文本	专业，长度为 50

表 9-7　　　　　　　　　　　学生基本信息表(StuInfo)记录信息

ID	NAME	SEX	BIRTHDAY	NATIVEPLACE	SPECIALITY
20103233001	张星	男	1990-1-20	湖南	计算机网络
20103233002	徐倩	女	1990-8-9	湖北	计算机网络
20103233003	熊丽	女	1989-10-20	河北	计算机网络
20103233004	李闯	男	1991-1-24	湖北	计算机网络
20103233005	杨柳	男	1989-12-20	江西	计算机网络

2. 界面设计

①打开学生信息管理系统应用程序 StuSystem 项目，插入一个新的对话框资源，打开属性对话框将其字体设置为"宋体 9 号"，ID 设置为 IDD_STUINFODLG，设置 Styles 属性如图 9-34 所示，与登录对话框相同。双击对话框模板，添加一个新类为 CStuDlg。

②在对话框上添加 6 个 Static Text 控件、4 个 Edit Box 控件、1 个 DataGrid Control 控件、1 个 Date Time Picker 和 5 个 Button 控件，各控件的属性设置如表 9-8 所示。设计完成后的界面如图 9-37 所示。

表 9-8　　　　　　　　学生基本信息管理界面控件属性及变量说明

ID	Caption	属性说明	变量类型	变量名
IDC_STATIC	学号	静态文本，默认		
IDC_STATIC	姓名	静态文本，默认		
IDC_STATIC	性别	静态文本，默认		
IDC_STATIC	出生日期	静态文本，默认		
IDC_STATIC	籍贯	静态文本，默认		
IDC_STATIC	专业	静态文本，默认		
IDC_EDIT_STUID		编辑框，默认	CString	m_strID
IDC_EDIT_STUID		编辑框，默认	CEdit	m_ID
IDC_EDIT_STUNAME		编辑框，默认	CString	m_strName
IDC_COMBO_STUSEX		组合框，Data 为男、女	CString	m_strSex
IDC_DATETIMEPICKER1		日期/时间，默认	CDateTimeCtrl	m_dateTime

ID	Caption	属性说明	变量类型	变量名
IDC_EDIT_STUNATIVE		编辑框，默认	CString	m_strNative
IDC_EDIT_STUSPECIAL		编辑框，默认	CString	m_strSpecial
IDC_DATAGRID_STUINFO	学生信息表	DataGrid	CDataGrid	m_dgStudent
IDC_ADDBTN	添加	按钮，默认		
IDC_MODIFYBTN	修改	按钮，默认		
IDC_DELBTN	删除	按钮，默认		
IDC_QUERYBTN	查询	按钮，默认		
IDOK	保存	按钮，默认		

③添加相关类的成员变量和成员函数。

• 在 StuSystemDlg.h 文件中，添加类的成员，代码如下：
CStuDlg *StuDlg;   //声明学生基本信息对话框类对象指针
将学生基本信息对话框类的头文件包含进来：#include "StuDlg.h"。

• 在 StuDlg.cpp 文件中声明扩展变量，代码如下：
extern CStuSystemApp theApp;

• 在 CStuSystemDlg 类的 SetDlgStatus( )函数中，添加代码如下：
void CStuSystemDlg::SetDlgStatus( )
{
    …
    if(status[1])
    {
        StuDlg->DestroyWindow( );
        status[1] = FALSE;
    }
}

④为 CStuSystemDlg 类，添加"学生基本信息" ID_STUDENT 菜单的 COMMAND 消息映射函数 OnStudent( )，并添加代码如下：
void CStuSystemDlg::OnStudent( )
{
SetDlgStatus( );
if(theApp.Logstatus)
{
        StuDlg=new CStuDlg;
        StuDlg->Create(IDD_STUINFODLG,this);
    StuDlg->ShowWindow(SW_SHOW);
    status[1] = TRUE;
}

```
else
{
    MessageBox("未登录系统","提示");
}
}
```

3. 显示学生信息表

在登录模块中对 ADO 支持及数据源连接已完成，在其他模块就不需要重新设置。在学生信息管理模块中直接对数据记录集操作就可以了。当用户登录系统后，单击"学生基本信息"菜单，学生基本信息在列表控件中显示出来，以下是显示学生信息表数据的操作。

①在学生信息管理对话框类 StuDlg.h 文件中添加数据集对象代码如下：
_RecordsetPtr   m_pRecordset_stu;   //创建记录集对象指针

②打开 MFC ClassWizard 为 CStuDlg 类，添加 WM_INITDIALOG 消息映射函数，并创建学生表信息，添加代码如下：

```
BOOL CStuDlg::OnInitDialog( )
{
    CDialog::OnInitDialog( );
    m_pRecordset_stu.CreateInstance("ADODB.Recordset");//创建记录集指针
        //打开学生基本信息表
    m_pRecordset_stu->Open("SELECT * FROM StuInfo",_variant_t((IDispatch *)theApp.m_pConnection,true),adOpenDynamic,adLockPessimistic,adCmdText);
        //将学生信息表记录集绑定到数据显示控件 DataGrid 上
    m_dgStudent.SetRefDataSource(NULL);
    m_dgStudent.SetRefDataSource((LPUNKNOWN)m_pRecordset_stu);
    m_dgStudent.SetColumnHeaders(2) ;
        //设置表头每一列字段名
    _variant_t var[6]={long(0),long(1),long(2),long(3),long(4),long(5)};
    CString str[6]={"学号","姓名","性别","出生日期","籍贯","专业"};
    float width[6]={90,60,30,80,60,140};
    for(int i=0;i<6;i++)
    {
        m_dgStudent.GetColumns( ).GetItem(var[i]).SetCaption(str[i]);
        m_dgStudent.GetColumns( ).GetItem(var[i]).SetWidth(width[i]);
    }
        //更新列表控件
    m_dgStudent.Refresh( );
    UpdateData(FALSE);
    return TRUE;   // return TRUE unless you set the focus to a control
}
```

③在 StuDlg.cpp 文件中将设置表头列的函数包含的头文件加入，代码如下：
#include "Columns.h"

#include "Column.h"

④编译运行程序，得到如图9-38所示的结果。

图9-38 学生基本信息显示结果

4. 查询操作

当用户单击"查询"按钮，弹出提示信息框，要求输入学生学号，再次单击"查询"按钮，查询结果会显示在相应控件中。具体步骤如下：

①为CStuDlg类的"查询"按钮IDC_QUERYBTN，添加单击BN_CLICKED的消息映射函数，并添加如下代码：

```
void CStuDlg::OnQuerybtn( )
{
    UpdateData(TRUE);
    if(m_strID.CompareNoCase("") == 0)
    {
        AfxMessageBox("请输入您要查找的学号");
        return;
    }
    m_strNative= _T("");
    m_strSpecial= _T("");
    m_strName = _T("");
    m_strSex = _T("");
    m_strID = _T("");
    m_ID.SetFocus( );
    UpdateData(FALSE);
}
```

②为CStuDlg类的编辑框IDC_EDIT_STUID添加EN_CHANGE消息映射函数，代码如下：

```
void CStuDlg::OnChangeEditStuid( )
{
    UpdateData(TRUE);
```

```
    CString sql,str;
    sql = "select * from StuInfo where ID = '"+m_strID+"'";
    m_pRecordset_stu.CreateInstance("ADODB.Recordset");
    m_pRecordset_stu->Open((_variant_t)sql,_variant_t((IDispatch
*)theApp.m_pConnection,true),adOpenDynamic,adLockPessimistic,adCmdText);
    if(m_pRecordset_stu->GetRecordCount( )!= 0)
    {
        m_strName = m_pRecordset_stu->GetCollect("NAME").bstrVal;
        m_strSex = m_pRecordset_stu->GetCollect("SEX").bstrVal;
        m_strSpecial = m_pRecordset_stu->GetCollect("SPECIALITY").bstrVal;
        m_strNative= m_pRecordset_stu->GetCollect("NATIVEPLACE").bstrVal;
        str= m_pRecordset_stu->GetCollect("BIRTHDAY").bstrVal;
        m_dateTime.SetFormat(str) ;
    }
    UpdateData(FALSE);
}
```

5. 添加操作

当用户输入添加的学生基本信息后，单击"添加"按钮，然后单击"保存"按钮更新列表，添加后的信息显示在学生信息表中。

为 CStuDlg 类的"添加"按钮 IDC_ADDBTN，添加单击 BN_CLICKED 的消息映射函数，实现基本信息录入的操作，添加代码如下：

```
void CStuDlg::OnAddbtn( )
{
    if(theApp.m_Level != 2)
    {
        AfxMessageBox("您无权添加记录");
        return;
    }
    UpdateData(TRUE);
    if(m_strID.IsEmpty( ))
    {
        AfxMessageBox("请输入新生的学号");
        return;
    }
    if ((m_strID= ="") || (m_strName= ="" ) ||(m_strSex= ="")||(m_strNative= =""))
    {
        MessageBox("请将学生信息输入完整","基本信息",MB_OK);
        return;
    }
    else
```

```cpp
    {
        CString sql,str;
        sql = "select * from   StuInfo ";
        m_pRecordset_stu.CreateInstance("ADODB.Recordset");
        m_pRecordset_stu->Open((_variant_t)sql,_variant_t((IDispatch
*)theApp.m_pConnection,true),adOpenDynamic,adLockPessimistic,adCmdText);
        if(m_pRecordset_stu->GetRecordCount( )!= 0)
        {
            while(!m_pRecordset_stu->adoEOF)
            {
                str = m_pRecordset_stu->GetCollect("ID").bstrVal;
                if(str.CompareNoCase(m_strID) = = 0)
                {
                    AfxMessageBox("该编号的学生记录已存在");
                    return;
                }

                m_pRecordset_stu->MoveNext( );
            }
        }
        m_pRecordset_stu->AddNew( );
        m_pRecordset_stu->PutCollect("ID",(_variant_t)m_strID);
        m_pRecordset_stu->PutCollect("NAME",(_variant_t)m_strName);
        m_pRecordset_stu->PutCollect("SEX",(_variant_t)m_strSex);
        m_pRecordset_stu->PutCollect("SPECIALITY",(_variant_t)m_strSpecial);
        m_pRecordset_stu->PutCollect("NATIVEPLACE",(_variant_t)m_strNative);
        GetDlgItemText(IDC_DATETIMEPICKER1,str);
        m_pRecordset_stu->PutCollect("BIRTHDAY",(_variant_t)str);

        m_pRecordset_stu->Update( );
        MessageBox("学生信息保存完毕  ","基本信息",MB_OK);
    }
}
```

6. 保存操作

用户添加、修改和删除信息后，单击"保存"按钮，更新学生信息表。

为 CStuDlg 类的"保存"按钮 IDOK，添加单击 BN_CLICKED 的消息映射函数，添加代码如下：

```cpp
void CStuDlg::OnOK( )
{
    m_pRecordset_stu.CreateInstance("ADODB.Recordset");
```

m_pRecordset_stu->Open("SELECT * FROM StuInfo",_variant_t((IDispatch *)theApp.m_pConnection,true),adOpenDynamic,adLockPessimistic,adCmdText);
　　m_dgStudent.SetRefDataSource(NULL);
　　m_dgStudent.SetRefDataSource((LPUNKNOWN)m_pRecordset_stu);
　　m_dgStudent.SetColumnHeaders(2) ;
　　m_dgStudent.Refresh( );
　　UpdateData(FALSE);
　　//CDialog::OnOK( );
}

7. 修改操作

当用户输入修改的学生基本信息后，单击"修改"按钮，然后单击"保存"按钮更新列表，修改后的信息显示在列表中。

为 CStuDlg 类的"修改"按钮 IDC_MODIFYBTN，添加单击 BN_CLICKED 的消息映射函数，添加代码如下：
```
void CStuDlg::OnModifybtn( )
{
    if(theApp.m_Level != 2)
    {
        AfxMessageBox("您没有权限修改记录");
        return;
    }
    UpdateData(TRUE);

    CString sql,str;
    sql = "select * from StuInfo where ID = '"+m_strID+"'";
    m_pRecordset_stu.CreateInstance("ADODB.Recordset");
    m_pRecordset_stu->Open((_variant_t)sql,_variant_t((IDispatch
*)theApp.m_pConnection,true),adOpenDynamic,adLockPessimistic,adCmdText);
    if(m_pRecordset_stu->GetRecordCount( ) = = 0)
    {
        AfxMessageBox("学生记录不存在");
        return;          }
    m_pRecordset_stu->PutCollect("ID",(_variant_t)m_strID);
    m_pRecordset_stu->PutCollect("NAME",(_variant_t)m_strName);
    m_pRecordset_stu->PutCollect("SEX",(_variant_t)m_strSex);
    m_pRecordset_stu->PutCollect("SPECIALITY",(_variant_t)m_strSpecial);
    m_pRecordset_stu->PutCollect("NATIVEPLACE",(_variant_t)m_strNative);
```

```
GetDlgItemText(IDC_DATETIMEPICKER1,str);
m_pRecordset_stu->PutCollect("BIRTHDAY",(_variant_t)str);
m_pRecordset_stu->Update( );
MessageBox("学生信息修改完毕 ","基本信息",MB_OK);
}
```

8. 删除操作

当用户输入学生学号，单击"删除"按钮，然后单击"保存"按钮更新学生信息表，该学号的学生已删除。

为 CStuDlg 类的"删除"按钮 IDC_DELBTN，添加单击 BN_CLICKED 的消息映射函数，添加代码如下：

```
void CStuDlg::OnDelbtn( )
{
    if(theApp.m_Level != 2)
    {
        AfxMessageBox("您没有权限删除记录");
        return;
    }
    UpdateData(TRUE);

    CString sql,str;
    sql = "select * from StuInfo where ID = '"+m_strID+"'";
    m_pRecordset_stu.CreateInstance("ADODB.Recordset");
    m_pRecordset_stu->Open((_variant_t)sql,_variant_t((IDispatch
*)theApp.m_pConnection,true),adOpenDynamic,adLockPessimistic,adCmdText);
    if(m_pRecordset_stu->GetRecordCount( ) = = 0)
    {
        AfxMessageBox("学生记录不存在");
        return;        }
    m_pRecordset_stu->Delete(adAffectCurrent);
    m_pRecordset_stu->Update( );
}
```

9.5.4 履历信息模块设计

学生履历信息模块包括学生的教育经历和奖惩情况。该模块实现的功能是根据学号查询学生的教育经历和奖惩情况，教务处管理人员可以对学生的履历信息进行添加、修改和查询。学生履历信息界面设计如图 9-39 所示。

图 9-39 学生履历信息界面设计

1. 数据库设计

根据上面分析，设计一张学生履历信息表(StuExp)用来对学生信息进行管理，如表 9-9 和表 9-10 所示。

表 9-9　　　　　　　　　　　　学生履历信息表(StuExp)结构

字段名称	数据类型	说　　明
ID	文本	学号，长度为 15，不能为空
NAME	文本	姓名，长度为 8
MIDTIME	文本	中学毕业时间
MIDSCHOOL	文本	中学毕业学校
ENCPUN	文本	奖惩项
ENCTIME	文本	奖惩时间
REMARK	备注	奖惩原因

表 9-10　　　　　　　　　　　学生履历信息表(StuExp)记录信息

ID	NAME	MIDTIME	MIDSCHOOL	ENCPUN	ENCTIME	REMARK
20103233001	张星	2008-7-15	武汉二中	社会工作奖	2008-10-20	担任学生会工作
20103233002	徐倩	2008-7-15	武汉六中	一等奖	2009-5-20	IT 软件设计大赛
20103233003	熊丽	2008-7-15	华师一附中	二等奖	2009-5-20	IT 软件设计大赛
20103233004	李闯	2008-7-15	武汉一中	二等奖	2010-12-10	全国数学建模大赛
20103233005	杨柳	2008-7-15	武汉一中	记过处分	2008-7-5	考试作弊

2. 界面设计

①打开学生信息管理系统应用程序 StuSystem 项目，插入一个新的对话框资源，打开属性对话框将其字体设置为"宋体 9 号"，ID 设置为 IDD_ID_EXPERIENCE，设置 Styles 属性如图 9-34 所示，与登录对话框相同。双击对话框模板，添加一个新类为 CExpeDlg。

②在对话框上添加控件，设置属性，并添加相应控件的变量如表 9-11 所示。设计完成后的界面如图 9-39 所示。

③添加相关类的成员变量和成员函数。

- 在 StuSystemDlg.h 文件中添加类的成员，代码如下：
  CExpeDlg *ExpDlg;   //声明学生履历信息对话框类对象指针
  将学生履历信息对话框类头文件包含进来：#include "ExpeDlg.h"。
- 在 ExpeDlg.cpp 文件中声明变量，代码如下：
  extern CStuSystemApp theApp;
  在 ExpeDlg 类的声明 ExpeDlg.h 文件中声明变量，代码如下：
  public:
      int action;
      int SelectType;
- 在 CStuSystemDlg 类的 SetDlgStatus( )函数中，添加代码如下：
  void CStuSystemDlg::SetDlgStatus( )
  {
      …
      if(status[2])
      {
          ExpDlg->DestroyWindow( );
          status[2] = FALSE;
      }
  }

表 9-11　　　　　　　　学生履历信息界面控件属性及变量说明

ID	Caption	属性说明	变量类型	变量名
IDC_STATIC	学号	静态文本，默认		
IDC_STATIC	姓名	静态文本，默认		
IDC_STATIC	备注	静态文本，默认		
IDC_STATIC	毕业	静态文本，默认		
IDC_STATIC	教育经历	静态文本，默认		
IDC_STATIC	奖惩	静态文本，默认		
IDC_STATIC	奖惩项	静态文本，默认		
IDC_EDIT_EXPEID	——	编辑框，默认	CString	m_strID
IDC_EDIT_EXPENAME	——	编辑框，默认	CString	m_strName
IDC_EDIT_EXPEREMARK	——	编辑框，默认	CString	m_strExpMark
IDC_DATETIMEPICKER_EXPE	——	日期/时间，默认	CDateTimeCtrl	m_dateTime
			CTime	m_timeCtrl
IDC_EDIT_EXPE	——	编辑框，默认	CString	m_strExpe
IDC_COMBO_ENCFUN	——	组合框，默认	CComboBox	m_cbEncFun
			CString	m_strEncFun
IDC_DATETIMEPICKER_ENCFUN	——	日期/时间，默认	CDateTimeCtrl	m_DateCtrlEncFun
			CTime	m_timeEncFun

续表

ID	Caption	属性说明	变量类型	变量名
IDC_DATAGRID_EXPEINFO	履历信息表	DataGrid	CDataGrid	m_dgResult
IDC_ADDBTN_EXPE	录入	按钮，默认		
IDC_QUERYBTN_EXPE	查询	按钮，默认		
IDOK	保存	按钮，默认		
IDC_RADIO_ID	按学号查询	单选按钮，Group	int	m_looktype

④为 CStuSystemDlg 类，添加"履历信息"ID_EXPERIENCE 菜单的 COMMAND 消息映射函数 OnExperience( )，并添加代码如下：

```
void CStuSystemDlg::OnExperience( )
{
    SetDlgStatus( );
    if(theApp.Logstatus)
    {
        ExpDlg=new CExpeDlg;
        ExpDlg->Create(IDD_ID_EXPERIENCE,this);
        ExpDlg->ShowWindow(SW_SHOW);
        status[2] = TRUE;
    }
    else
    {
        MessageBox("未登录系统","提示");
    }
}
```

3. 初始化履历信息对话框

在登录模块中对 ADO 支持及数据源连接已完成，在其他模块中就不需要重新设置，在学生履历信息模块中直接对数据记录集操作就可以了。当用户在登录系统后，单击"履历信息"菜单，第一个学生履历信息在控件中显示出来，以下是显示学生履历信息表数据的操作。

①在履历信息管理对话框类 ExpeDlg.h 文件中，添加数据集对象代码如下：

```
_RecordsetPtr   m_pRecordset_exp;   //创建记录集对象指针
BOOL   m_add;
```

将 ExpeDlg.h 文件中#include"datagrid1.h"改为#include"datagrid1.h"

②打开 MFC ClassWizard，为 CExpeDlg 类添加 WM_INITDIALOG 消息映射函数，并创建学生履历信息表，添加代码如下：

```
BOOL CExpeDlg::OnInitDialog( )
{
    CDialog::OnInitDialog( );
```

```
// TODO: Add extra initialization here
m_add = FALSE;
m_pRecordset_exp.CreateInstance("ADODB.Recordset");
m_pRecordset_exp->Open("SELECT    *    FROM    StuExp",_variant_t((IDispatch
*)theApp.m_pConnection,true),adOpenDynamic,adLockPessimistic,adCmdText);
if(m_pRecordset_exp->GetRecordCount( )!=0)
{
    m_pRecordset_exp->MoveFirst( );
    m_strID = m_pRecordset_exp->GetCollect("ID").bstrVal;
    m_strName = m_pRecordset_exp->GetCollect("NAME").bstrVal;
m_strExpMark= m_pRecordset_exp->GetCollect("REMARK").bstrVal;
    CString schstr,encstr;
    m_strExpe= m_pRecordset_exp->GetCollect("MIDSCHOOL").bstrVal;
    schstr = m_pRecordset_exp->GetCollect("MIDTIME").bstrVal;    //str to time
    m_dateTime.SetFormat(schstr);
m_strEncFun = m_pRecordset_exp->GetCollect("ENCPUN").bstrVal;
encstr = m_pRecordset_exp->GetCollect("ENCTIME").bstrVal;    //str to time
    m_DateCtrlEncFun.SetFormat(encstr);
}
m_pRecordset_exp ->Close( );
UpdateData(FALSE);
return TRUE;    // return TRUE unless you set the focus to a control
}
```

③在 ExpeDlg.cpp 文件中，将设置表头列的函数包含的头文件加入，代码如下：
#include "Columns.h"
#include "Column.h"
④编译运行程序，得到如图 9-40 所示的结果。

图 9-40　学生履历信息显示结果

4. 查询学生信息

查询学生信息按分类不同，结果会显示在学生履历信息表中，当用户输入查询学生的学号，并选中"按学号查询"，单击"查询"按钮，按学号查询结果显示在"学生履历信息表中"；当用户选择"奖惩项"，并选中"按奖惩项查询"，单击"查询"按钮，所选奖惩项查询结果，显示在"学生履历信息表中"；当用户选中"全部"选项，单击"查询"按钮，全部学生信息，显示在"学生履历信息表中"。

打开 MFC ClassWizard，为 CExpeDlg 类的"查询"按钮 IDC_QUERYBTN_EXPE，添加单击 BN_CLICKED 的消息映射函数，并添加代码如下：

```
void CExpeDlg::OnQuerybtnExpe( )
{
    UpdateData(TRUE);
    CString sql;
    if(m_looktype = = 0)
    {
        if(m_strID.CompareNoCase("") = = 0)
        {
            AfxMessageBox("请输入您要查找的学号");
            return;
        }
        sql = "select * from StuExp where ID = '"+m_strID+"' ";
    }
    else if(m_looktype = = 1)
    {
        if(m_strEncFun.CompareNoCase("") = = 0)
        {
            AfxMessageBox("请输入您要查找的奖惩项");
            return;
        }
        sql = "select * from StuExp where ENCPUN = '"+m_strEncFun+"' ";
    }
    else if(m_looktype = = 2)
        sql = "select * from StuExp";
    m_pRecordset_exp.CreateInstance("ADODB.Recordset");
    m_pRecordset_exp->Open((_variant_t)sql,_variant_t((IDispatch
*)theApp.m_pConnection,true),adOpenDynamic,adLockPessimistic,adCmdText);
    if(m_pRecordset_exp->GetRecordCount( )= =0)
    {
        AfxMessageBox("没有找到您需要的记录");
        return;
    }
```

```
m_dgResult.SetRefDataSource(NULL);
m_dgResult.SetRefDataSource((LPUNKNOWN)m_pRecordset_exp);
m_dgResult.SetColumnHeaders(2) ;

//设置表头每一列字段名
_variant_t var[7]={long(0),long(1),long(2),long(3),long(4),long(5),long(6)};
CString  str[7]={"学号","姓名","中学毕业时间","中学毕业学校","奖惩项","奖惩时间","备注"};
float width[7]={90,60,90, 90,90, 90, 140};
for(int i=0;i<7;i++)
{
    m_dgResult.GetColumns( ).GetItem(var[i]).SetCaption(str[i]);
    m_dgResult.GetColumns( ).GetItem(var[i]).SetWidth(width[i]);
}
//更新列表控件
m_dgResult.Refresh( );
UpdateData(FALSE);
}
```

5. 录入操作

为 CExpeDlg 类的"录入"按钮 IDC_ADDBTN_EXPE，添加单击 BN_CLICKED 的消息映射函数。当用户单击"录入"按钮，弹出提示信息框，要求输入学号及相关信息，然后单击"保存"按钮，录入信息保存到相应的数据库中。添加代码如下：

```
void CExpeDlg::OnAddbtnExpe( )
{
    if(theApp.m_Level != 2)
    {
        AfxMessageBox("您无权进行奖惩设置");
        return;
    }
    m_strID = "";
    m_strName = "";
    m_strExpMark = "";
    m_strExpe="";
    m_strEncFun = "";
    AfxMessageBox("请输入新的奖惩记录后保存");
    m_add = TRUE;
    UpdateData(FALSE);
}
```

6. 保存操作

保存用户添加信息更新列表。为 CExpeDlg 类的"保存"按钮 IDOK 添加单击

BN_CLICKED 的消息映射函数，添加代码如下：
```
void CExpeDlg::OnOK( )
{
    UpdateData(TRUE);
    if(m_add = = TRUE)
    {
        CString sql,str;
        sql = "select * from StuExp ";
        m_pRecordset_exp.CreateInstance("ADODB.Recordset");
        m_pRecordset_exp->Open((_variant_t)sql,_variant_t((IDispatch *)theApp.m_pConnection,true),adOpenDynamic,adLockPessimistic,adCmdText);

        m_pRecordset_exp->AddNew( );
        m_pRecordset_exp->PutCollect("ID",(_variant_t) m_strID);
        m_pRecordset_exp->PutCollect("NAME",(_variant_t)m_strName);
        m_pRecordset_exp->PutCollect("REMARK",(_variant_t)m_strExpMark);

        str.Format("%d-%d-%d",m_timeCtrl.GetYear( ),m_timeCtrl.GetMonth( ),m_timeCtrl.GetDay( ));
        m_pRecordset_exp->PutCollect("MIDTIME",(_variant_t)str);
        m_pRecordset_exp->PutCollect("MIDSCHOOL",(_variant_t)m_strExpe);

        int i=m_cbEncFun.GetCurSel( );
        m_cbEncFun.GetLBText(i,m_strEncFun);
        m_pRecordset_exp->PutCollect("ENCPUN",(_variant_t)m_strEncFun);

        m_timeEncFun = CTime::GetCurrentTime( );
        str.Format("%d-%d-%d",m_timeEncFun.GetYear( ),m_timeEncFun.GetMonth( ),m_timeEncFun.GetDay( ));
        m_pRecordset_exp->PutCollect("ENCTIME",(_variant_t)str);

        m_pRecordset_exp->Update( );
        m_pRecordset_exp->Close( );
    }
    m_add = FALSE;
}
```

9.5.5 成绩管理模块设计

学生成绩管理模块能添加、修改、删除、保存学生成绩信息，并能提供两种查询方式：按学号查看学生的各科成绩信息；按课程号查看选修该课程的各个学生成绩。学生成绩信息管理界面设计如图 9-41 所示。

图 9-41 学生成绩信息管理界面设计

1. 数据库设计

根据上面分析,设计一张学生成绩信息表(StuScore)用来对学生成绩进行管理,如表 9-12 和表 9-13 所示。

表 9-12　　　　　　　　　　学生成绩信息表(StuScore)结构

字段名称	数据类型	说　明
ID	文本	学号,长度为 15,不能为空
NAME	文本	姓名,长度为 8
COURSEID	文本	课程代码
COURSENAME	文本	课程名称
SCORE	数字(双精度型)	分　数
TEACHER	文本	任课教师

表 9-13　　　　　　　　　　学生成绩信息表(StuScore)记录信息

ID	NAME	COURSEID	COURSENAME	SCORE	TEACHER
20103233001	张星	2001	C 语言	89	张文学
20103233002	徐倩	2002	VC++	90	王国栋
20103233003	熊丽	2003	数据库	96	吴江
20103233004	李闯	2004	数据结构	78	旺季松

2. 界面设计

①打开学生信息管理系统应用程序 StuSystem 项目,插入一个新的对话框资源,打开属性对话框将其字体设置为"宋体 9 号",ID 设置为 IDD_SCOREDLG,设置 Styles 属性如图 9-34 所示,与登录对话框相同。双击对话框模板,添加一个新类为 CSCoreDlg。

②在对话框上添加控件,设置属性,并添加相应控件的变量如表 9-14 所示。设计完成后的界面如图 9-41 所示。

表 9-14　　　　　　　　　　学生成绩信息界面控件属性及变量说明

ID	Caption	属性说明	变量类型	变量名
IDC_STATIC	学号	静态文本，默认		
IDC_STATIC	姓名	静态文本，默认		
IDC_STATIC	课程代码	静态文本，默认		
IDC_STATIC	课程名称	静态文本，默认		
IDC_STATIC	分　数	静态文本，默认		
IDC_STATIC	任课教师	静态文本，默认		
IDC_EDITSCORE_ID	——	编辑框，默认	CString	m_strID
IDC_EDITSCORE_NAME	——	编辑框，默认	CString	m_strName
IDC_EDITSCORE_COURSEID	——	编辑框，默认	CString	m_strCourID
IDC_EDITSCORE_COURSENAME	——	编辑框，默认	CString	m_strCourNa
IDC_EDITSCORE	——	编辑框，默认	double	m_nScore
IDC_EDITSCORE_TEACHER	——	编辑框，默认	CString	m_strTeacher
IDC_DATAGRID_SCORE	学生成绩信息表	DataGrid	CDataGrid	m_dgScore
IDC_DATAGRID_RESULT	查询结果	DataGrid	CDataGrid	m_dgResult
IDC_ADDBTN_SCORE	添加	按钮，默认		
IDC_MODIFYBTN_SCORE	修改	按钮，默认		
IDC_DELBTN_SCORE	删除	按钮，默认		
ID_SAVEBTN_SCORE	保存	按钮，默认		
IDC_LOOKFORBTN_SCORE	查询	按钮，默认		
IDC_RADIO_STUDENTID	按学号	单选按钮，Group	int	m_looktype
IDC_RADIO_COURSEID	按课程代码	单选按钮		

③添加相关类的成员变量和成员函数：
- 在 StuSystemDlg.h 文件中，添加类的成员，代码如下：
  CSCoreDlg *ScorDlg;　　//声明学生成绩信息对话框类对象指针
  将学生成绩信息对话框类头文件包含进来：#include "SCoreDlg.h"。
- 在 SCoreDlg.cpp 文件中声明变量，代码如下：
  extern CStuSystemApp theApp;
  在 SCoreDlg 类的声明 SCoreDlg.h 文件中声明变量，代码如下：
  public:
  　　int action;
- 在 CStuSystemDlg 类的 SetDlgStatus( )函数中，添加代码如下：
  void CStuSystemDlg::SetDlgStatus( )
  {
  　　…
  　　if(status[3])
  　　{

```
            ScorDlg ->DestroyWindow( );
            status[3] = FALSE;
        }
    }
    ④为 CStuSystemDlg 类，添加"成绩管理"ID_SCORE 菜单的 COMMAND 消息映射函数 OnScore( )，并添加代码如下：
    void CStuSystemDlg::OnScore( )
    {
        SetDlgStatus( );
        if(theApp.Logstatus)
        {
            ScorDlg=new CSCoreDlg;
            ScorDlg->Create(IDD_SCOREDLG,this);
            ScorDlg->ShowWindow(SW_SHOW);
            status[3] = TRUE;
        }
        else
        {
            MessageBox("未登录系统","提示");
        }
    }
```

3. 初始化成绩管理对话框

在登录模块中对 ADO 支持及数据源连接已完成，在其他模块就不需要重新设置。在学生成绩管理模块中直接对数据记录集操作就可以了。当用户在登录系统后，单击"成绩管理"菜单，学生成绩信息在控件中显示出来，以下是显示学生成绩管理数据的操作。

①在成绩管理对话框类 SCoreDlg.h 文件中添加数据集对象代码如下：

```
public:
    _RecordsetPtr    m_pRecordset;      //创建记录集对象指针
    _RecordsetPtr    m_pRecordset_result;
```

②打开 MFC ClassWizard 为 CSCoreDlg 类添加 WM_INITDIALOG 消息映射函数，并创建学生成绩信息表，添加代码如下：

```
BOOL CSCoreDlg::OnInitDialog( )
{
    CDialog::OnInitDialog( );
    // TODO: Add extra initialization here
    m_looktype = 0;
    m_pRecordset.CreateInstance("ADODB.Recordset");
    m_pRecordset->Open("SELECT * FROM StuScore",_variant_t((IDispatch *)theApp.m_pConnection,true),adOpenDynamic,adLockPessimistic,adCmdText);
    m_dgScore.SetRefDataSource(NULL);
```

```cpp
m_dgScore.SetRefDataSource((LPUNKNOWN)m_pRecordset);
m_dgScore.SetColumnHeaders(2) ;

//设置表头每一列字段名
_variant_t var[6]={long(0),long(1),long(2),long(3),long(4),long(5)};
CString str[6]={"学号","姓名","课程代码","课程名称","分数","任课教师"};
float width[6]={90,60,60,80,30,90};
for(int i=0;i<6;i++)
{
    m_dgScore.GetColumns( ).GetItem(var[i]).SetCaption(str[i]);
m_dgScore.GetColumns( ).GetItem(var[i]).SetWidth(width[i]);
}
//更新列表控件
m_dgScore.Refresh( );
UpdateData(FALSE);
return TRUE;   // return TRUE unless you set the focus to a control
}
```

③在 SCoreDlg.cpp 文件中将设置表头列的函数包含的头文件加入，代码如下：
```
#include "Columns.h"
#include "Column.h"
```
④编译运行程序，得到如图 9-42 所示的结果。

图 9-42 学生成绩信息显示结果

4. 查询学生成绩

查询学生成绩按分类不同，结果会显示在学生查询结果表中，当用户选中"按学号"的单选按钮，输入查询学生的学号，并单击"查询"按钮，按学号查询结果显示在"查询结果"表中，如图 9-43 所示；当用户选中"按课程代码"的单选按钮，输入查询的课程号，单击"查询"按钮,查询结果,显示在"查询结果"表中,如图9-44所示。

图9-43 按"按学号"查询结果　　　　图9-44 按"课程代码"查询结果

打开MFC ClassWizard为CSCoreDlg类的"查询"按钮IDC_LOOKFORBTN_SCORE,添加单击BN_CLICKED的消息映射函数,并添加代码如下:
```
void CSCoreDlg::OnLookforbtnScore()
{
    UpdateData(TRUE);
    if(m_looktype = = 0)
    {
        m_strID= "";
        AfxMessageBox("请输入您要查找的学号");
        return;
    }
    else if(m_looktype = = 1)
    {
        m_strCourID = "";
        AfxMessageBox("请输入您要查找的课程号");
        return;
    }
    UpdateData(FALSE);
}
```
为输入"学号"编辑框IDC_EDITSCORE_ID添加EN_CHANGE的消息映射函数,并添加代码如下:
```
void CSCoreDlg::OnChangeEditscoreId()
{
    UpdateData(TRUE);
    CString sql;
    if(m_looktype != 0)
```

```
        return;
    sql = "select * from StuScore where ID = '"+m_strID+"' ";

    m_pRecordset_result.CreateInstance("ADODB.Recordset");
    m_pRecordset_result->Open((_variant_t)sql,_variant_t((IDispatch
*)theApp.m_pConnection,true),adOpenDynamic,adLockPessimistic,adCmdText);

    m_dgResult.SetRefDataSource(NULL);
    m_dgResult.SetRefDataSource((LPUNKNOWN)m_pRecordset_result);
    m_dgResult.SetColumnHeaders(2) ;
    //设置表头每一列字段名
    _variant_t var[6]={long(0),long(1),long(2),long(3),long(4),long(5)};
    CString    str[6]={"学号","姓名","课程代码","课程名称","分数","任课教师"};
    float width[6]={90,60,60,80,30,90};
    for(int i=0;i<6;i++)
    {
        m_dgResult.GetColumns( ).GetItem(var[i]).SetCaption(str[i]);
    m_dgResult.GetColumns( ).GetItem(var[i]).SetWidth(width[i]);
    }
    //更新列表控件
    m_dgResult.Refresh( );
    UpdateData(FALSE);
}
```

为输入"课程代码"编辑框 IDC_EDITSCORE_COURSEID 添加 EN_CHANGE 的消息映射函数，并添加代码如下：

```
void CSCoreDlg::OnChangeEditscoreCourseid( )
{
    UpdateData(TRUE);
    CString sql;

    if(m_looktype != 1)
        return;
    sql = "select * from StuScore where COURSEID = '"+m_strCourID+"' ";

    m_pRecordset_result.CreateInstance("ADODB.Recordset");
    m_pRecordset_result->Open((_variant_t)sql,_variant_t((IDispatch
*)theApp.m_pConnection,true),adOpenDynamic,adLockPessimistic,adCmdText);

    m_dgResult.SetRefDataSource(NULL);
    m_dgResult.SetRefDataSource((LPUNKNOWN)m_pRecordset_result);
```

```
m_dgResult.SetColumnHeaders(2) ;

//设置表头每一列字段名
_variant_t var[6]={long(0),long(1),long(2),long(3),long(4),long(5)};
CString   str[6]={"学号","姓名","课程代码","课程名称","分数","任课教师"};
float width[6]={90,60,60,80,30,90};
for(int i=0;i<6;i++)
{
    m_dgResult.GetColumns( ).GetItem(var[i]).SetCaption(str[i]);
    m_dgResult.GetColumns( ).GetItem(var[i]).SetWidth(width[i]);
}
//更新列表控件
m_dgResult.Refresh( );
UpdateData(FALSE);
}
```

5. 添加操作

当用户单击"添加"按钮，弹出提示信息框，要求输入学号及相关信息，然后单击"保存"按钮，录入信息保存到相应的数据库中。

为 CSCoreDlg 类的"添加"按钮 IDC_ADDBTN_SCORE，添加单击 BN_CLICKED 的消息映射函数，并添加代码如下：

```
void CSCoreDlg::OnAddbtnScore( )
{
    if(theApp.m_Level != 1)
    {
        AfxMessageBox("您无权录入成绩");
        return;
    }
    m_strID = "";
    m_strName = "";
    m_strCourID = "";
    m_strCourNa = "";
    m_nScore = 0;
    m_strTeacher = "";
    AfxMessageBox("请输入新的成绩");
    action = 1;
    UpdateData(FALSE);
}
```

6. 修改操作

当用户单击"修改"按钮，弹出提示信息框，要求输入学号及课程代码信息，然后单击"保存"按钮，修改信息保存到相应的数据库中。

为 CSCoreDlg 类的 "修改" 按钮 IDC_MODIFYBTN_SCORE, 添加单击 BN_CLICKED 的消息映射函数。添加代码如下：

```
void CSCoreDlg::OnModifybtnScore( )
{
    if(theApp.m_Level != 1)
    {
        AfxMessageBox("您无权修改成绩");
        return;
    }
    if(AfxMessageBox("确定修改此成绩吗？",MB_YESNO)= =IDYES)
        action = 2;
}
```

7. 删除操作

当用户在"学生成绩列表"中选中某记录，或输入删除学生的学号和课程号，单击"删除"按钮，弹出提示信息框，然后单击"保存"按钮，删除信息保存到相应的数据库中。

为 CSCoreDlg 类的"删除"按钮 IDC_DELBTN_SCORE，添加单击 BN_CLICKED 的消息映射函数，并添加代码如下：

```
void CSCoreDlg::OnDelbtnScore( )
{
    if(theApp.m_Level != 1)
    {
        AfxMessageBox("您无权删除成绩");
        return;
    }
    if(AfxMessageBox("确定删除此成绩吗？",MB_YESNO)==IDYES)
        action = 3;
}
```

8. 保存操作

保存用户"添加"、"修改"、"删除"信息。为 CSCoreDlg 类的"保存"按钮 ID_SAVEBTN_SCORE，添加单击 BN_CLICKED 的消息映射函数，并添加代码如下：

```
void CSCoreDlg::OnSavebtnScore( )
{
    UpdateData(TRUE);

    CString sql,str,stuid,courid;
    sql = "select * from StuScore ";
    m_pRecordset.CreateInstance("ADODB.Recordset");
    m_pRecordset->Open((_variant_t)sql,_variant_t((IDispatch
*)theApp.m_pConnection,true),adOpenDynamic,adLockPessimistic,adCmdText);
```

```cpp
switch(action)
{
case 1:          //保存用户"添加"信息
    m_pRecordset->AddNew( );

    m_pRecordset->PutCollect("ID",(_variant_t)m_strID);
    m_pRecordset->PutCollect("NAME",(_variant_t)m_strName);
    m_pRecordset->PutCollect("COURSEID",(_variant_t)m_strCourID);
    m_pRecordset->PutCollect("COURSENAME",(_variant_t)m_strCourNa);
    m_pRecordset->PutCollect("TEACHER",(_variant_t)m_strTeacher);
    str.Format("%d",m_nScore);
    m_pRecordset->PutCollect("SCORE",(_variant_t)str);

    m_pRecordset->Update( );
    break;

case 2:      //保存用户"修改"信息
    if(m_pRecordset->GetRecordCount( )!=0)
    {
        m_pRecordset->MoveFirst( );
        while(!m_pRecordset->adoEOF)
        {
            stuid=m_pRecordset->GetCollect("ID").bstrVal;
            courid = m_pRecordset->GetCollect("COURSEID").bstrVal;
            if(stuid.CompareNoCase(m_strID) = = 0      &&
courid.CompareNoCase(m_strCourID) = = 0)
            {
                m_pRecordset->PutCollect("TEACHER",(_variant_t)m_strTeacher);

                str.Format("%d",m_nScore);
                m_pRecordset->PutCollect("SCORE",(_variant_t)str);

            }
            m_pRecordset->MoveNext( );
        }
    }
    break;
case 3:     //保存用户"删除"信息
    if(m_pRecordset->GetRecordCount( )!=0)
    {
```

```
                m_pRecordset->MoveFirst( );
                while(!m_pRecordset->adoEOF)
                {
                    stuid=m_pRecordset->GetCollect("ID").bstrVal;
                    courid = m_pRecordset->GetCollect("COURSEID").bstrVal;
                    if(stuid.CompareNoCase(m_strID) = = 0     &&
courid.CompareNoCase(m_strCourID) = = 0)
                        m_pRecordset->Delete(adAffectCurrent);
                    m_pRecordset->MoveNext( );
                }
            }
            break;

        default:
            break;
    }

    m_pRecordset->Close( );

    OnInitDialog( );
    UpdateData(FALSE);
    action = 0;
}
```

9.5.6 院系设置模块设计

院系设置模块的功能是查看院系设置情况，根据需要添加和删除学院、系和班级。院系设置模块界面设计如图 9-45 所示。

图 9-45 院系设置界面设计

当用户登录系统后，选择"院系设置"菜单，进入院系设置主界面，当用户单击院系目录某个子目录时，相应的信息在文本框中显示，如单击"计科0901"子目录，文本框中显示该班级所属的学校为"武昌理工学院"，所属学院为"信息工程学院"，所属系为"计算机科学"，班级名称为"计科0901"。如图9-46所示。

对目录的增加和删除必须以管理员身份登录，单击"新增同级目录"按钮可以添加同一级别的目录，如选择学院目录，可以新增学院，选择系目录，可以在同一学院下新增系，选择班级目录，可以在同一学院下的系新增班级。也可以单击"新增下一级目录"按钮添加下一级目录，如选择学院目录，可以在该学院下新增系，选择系目录，可以在该系下新增班级。单击"删除"按钮，可以删除选中的目录，如选择学院目录可以删除该学院及下属的系的班级。

图9-46 院系设置界面

1. 数据库设计

根据上面分析，设计一张院系设置表(Depart)用来对院系进行设置，如表9-15和表9-16所示。

表9-15　　　　　　　　　　　院系设置表(Depart)结构

字段名称	数据类型	说　　明
NO	文本	院系编号
NAME	文本	学院、系或班级的名称
TYPE	文本	类型：学院/系/班级
COLLEGE	文本	所属学院
DEPART	文本	所属系

表 9-16　　　　　　　　　　　院系设置表(Depart)记录信息

NO	NAME	TYPE	COLLEGE	DEPART
1	信息工程学院	学院	空	空
2	商学院	学院	空	空
3	外语学院	学院	空	空
11	计算机科学	系	信息工程学院	空
	计科 0901	班级	信息工程学院	计算机科学
	计科 0902	班级	信息工程学院	计算机科学
12	自动化	系	信息工程学院	空
13	会计	系	商学院	空
14	日语	系	外语学院	空
	会计 0901	班级	商学院	会计
	日语 0901	班级	外语学院	日语
	自动化 0901	班级	信息工程学院	自动化
	自动化 092	班级	信息工程学院	自动化

2. 界面设计

①打开学生信息管理系统应用程序 StuSystem 项目，插入一个新的对话框资源，打开属性对话框将其字体设置为"宋体 9 号"，ID 设置为 IDD_DEPARTMENTDLG，设置 Styles 属性如图 9-33 所示，与登录对话框相同。双击对话框模板，添加一个新类为 CDepartDlg。

②在对话框中添加控件，设置属性，并添加相应控件的变量如表 9-17 所示。设计完成后的界面如图 9-44 所示。

表 9-17　　　　　　　　　　　院系设置界面控件属性及变量说明

ID	Caption	属性说明	变量类型	变量名
IDC_STATIC	学校：	静态文本，默认		
IDC_STATIC	学院：	静态文本，默认		
IDC_STATIC	系：	静态文本，默认		
IDC_STATIC	班级：	静态文本，默认		
IDC_SCHOOLEDIT	——	编辑框，Disabled	CString	m_strSchool
IDC_COLLEGEEDIT	——	编辑框，默认	CString	m_strCollege
IDC_DEPARTEDIT	——	编辑框，默认	CString	m_strDepart
IDC_CLASSEDIT	——	编辑框，默认	CString	m_strClass
IDC_TREE_DEPARTMENT	——	树视图	CTreeCtrl	m_tree
ID_ADD_DEPARTBTN	添加同级目录	按钮，默认		
IDC_ADD_DEPARTNEXTBTN	添加下一级目录	按钮，默认		
ID_DELETEBTN	删除	按钮，默认		
IDC_EXECUTEBTN	确定	按钮，默认		

③添加相关类的成员变量和成员函数：
- 在 StuSystemDlg.h 文件中，添加类的成员，代码如下：
  CDepartDlg *DepartDlg;   //声明院系设置对话框类对象指针
  将院系设置对话框类头文件包含进来：#include "DepartDlg.h"。
- 在 DepartDlg.cpp 文件中声明变量，代码如下：
  extern CStuSystemApp theApp;
- 在 CStuSystemDlg 类的 SetDlgStatus( )函数中，添加代码如下：

```
void CStuSystemDlg::SetDlgStatus()
{
    …
    if(status[4])
    {
        DepartDlg ->DestroyWindow( );
        status[4] = FALSE;
    }
}
```

④为 CStuSystemDlg 类，添加"院系设置" ID_DEPARTMENT 菜单的 COMMAND 消息映射函数 OnDepartment( )，并添加代码如下：

```
void CStuSystemDlg::OnDepartment( )
{
    SetDlgStatus( );
    if(theApp.Logstatus)
    {
        DepartDlg=new CDepartDlg;
        DepartDlg->Create(IDD_DEPARTMENTDLG,this);
        DepartDlg->ShowWindow(SW_SHOW);
        status[4] = TRUE;
    }
    else
    {
        MessageBox("未登录系统","提示");
    }
}
```

⑤为院系设置对话框 DepartDlg 类的声明成员函数，用于设置编辑框的状态，函数原型如下：
  void SetStatus(BOOL st1,BOOL st2,BOOL st3);
添加函数代码如下：
  void CDepartDlg::SetStatus(BOOL st1, BOOL st2, BOOL st3)
  {
      GetDlgItem(IDC_COLLEGEEDIT)->EnableWindow(st1);

```
GetDlgItem(IDC_DEPARTEDIT)->EnableWindow(st2);
GetDlgItem(IDC_CLASSEDIT)->EnableWindow(st3);
}
```

3. 初始化院系设置对话框

在登录模块中对 ADO 支持及数据源连接已完成，在其他模块就不需要重新设置。在院系设置模块中直接对数据记录集操作就可以了。当用户在登录系统后，单击"院系设置"菜单，院系设置信息在控件中显示出来，以下是院系设置管理数据的操作。

①在院系设置对话框 DepartDlg 类的声明 DepartDlg.h 文件中声明变量，添加数据集对象代码如下：

```
public:
        _RecordsetPtr m_pRecordset_col;      //创建学院记录集对象指针
        _RecordsetPtr m_pRecordset_dep;      //创建系记录集对象指针
        _RecordsetPtr m_pRecordset_cla;      //创建班级记录集对象指针
        _RecordsetPtr m_pRecordset;          //创建记录集对象指针
        int m_flag;
```

②打开 MFC ClassWizard 为 CDepartDlg 类添加 WM_INITDIALOG 消息映射函数，创建院系设置情况，并添加代码如下：

```
BOOL CDepartDlg::OnInitDialog( )
{
    CDialog::OnInitDialog( );
    m_strSchool = "武昌理工学院";
DWORD dwStyles=GetWindowLong(m_tree.m_hWnd,GWL_STYLE);//获取树控件原风格
dwStyles|=TVS_EDITLABELS|TVS_HASBUTTONS|TVS_HASLINES|TVS_LINESATROOT;

    SetWindowLong(m_tree.m_hWnd,GWL_STYLE,dwStyles);//重新设置风格

    HTREEITEM hRoot,hCur,hChild;//树控制项目句柄
    TV_ITEM tvItem;
    TV_INSERTSTRUCT tvInsert;      //插入数据项数据结构
    tvInsert.hParent=TVI_ROOT;      //设置为根目录
    tvInsert.hInsertAfter=TVI_LAST;   //在最后项之后

tvItem.mask=TVIF_TEXT|TVIF_PARAM|TVIF_IMAGE|TVIF_SELECTEDIMAGE;// 设 屏 蔽

    tvItem.pszText="武昌理工学院";      //设置显示字符
    tvItem.cchTextMax=9;               //设置字符大小
    tvItem.lParam=0;                   //序号
    tvInsert.item=tvItem;

    hRoot=m_tree.InsertItem(&tvInsert);  //返回根项句柄
```

```
CString str,sql,str1,str2;
char* DJ[20];                    //学院节点
char* SJ[20][20];                //系节点
char* CJ[20][20][20];            //班级节点

int i,j,m;
str = "学院";
sql="SELECT * FROM Depart WHERE Type = '"+str+"'";
m_pRecordset_col.CreateInstance("ADODB.Recordset");
m_pRecordset_col->Open((_variant_t)sql,_variant_t((IDispatch*)theApp.m_pConnection,true),adOpenDynamic,adLockOptimistic,adCmdText);

if(m_pRecordset_col->GetRecordCount( ) != 0)
{
    i=0;
    while(!m_pRecordset_col->adoEOF)
    {
        str = m_pRecordset_col->GetCollect("NAME").bstrVal;
        DJ[i] = str.LockBuffer( );
        //添加学院
        tvInsert.hParent=hRoot;  //设置当前项的根目录
        tvItem.pszText=DJ[i];
        tvItem.lParam=(i+1)*20;//子项序号
        tvInsert.item=tvItem;
        hCur=m_tree.InsertItem(&tvInsert);
        //-------------------------------------------------------
        str1 = "系";
        sql="SELECT * FROM Depart WHERE TYPE = '"+str1+"' and COLLEGE= '"+str+"'";

        m_pRecordset_dep.CreateInstance("ADODB.Recordset");

        m_pRecordset_dep->Open((_variant_t)sql,_variant_t((IDispatch*)theApp.m_pConnection,true),adOpenDynamic,adLockOptimistic,adCmdText);

        if(m_pRecordset_dep->GetRecordCount( ) != 0)
        {
            j=0;
            while(!m_pRecordset_dep->adoEOF)
            {
```

```
str1 = m_pRecordset_dep->GetCollect("NAME").bstrVal;
SJ[i][j] = str1.LockBuffer( );
//添加系
tvInsert.hParent=hCur;
tvItem.pszText=SJ[i][j];
tvItem.lParam=(i+1)*20+(j+1);//子项序号
tvInsert.item=tvItem;
hChild = m_tree.InsertItem(&tvInsert);
//------------------------------------------------
str2 = "班级";
sql="SELECT * FROM Depart WHERE TYPE = '"+str2+"' and DEPART = '"+str1+"' and COLLEGE = '"+str+"'";
m_pRecordset_cla.CreateInstance("ADODB.Recordset");

m_pRecordset_cla->Open((_variant_t)sql,_variant_t((IDispatch*)theApp.m_pConnection,true), adOpenDynamic,adLockOptimistic,adCmdText);

            if(m_pRecordset_cla->GetRecordCount( ) != 0)
            {
                m=0;
                while(!m_pRecordset_cla->adoEOF)
                {
                    str2 = m_pRecordset_cla->GetCollect("NAME").bstrVal;
                    CJ[i][j][m] = str2.LockBuffer( );
                    //添加班级
                    tvInsert.hParent=hChild;          //设置当前项的根目录

                    tvItem.pszText=CJ[i][j][m];
                    tvItem.lParam=(i+1)*20*20+(j+1)*20 +(m+1);//子项序号
                    tvInsert.item=tvItem;
                    m_tree.InsertItem(&tvInsert);
                    m++;
                    m_pRecordset_cla->MoveNext( );
                }
                m_tree.Expand(hChild,TVE_EXPAND);//展开班级树
            }
            m_pRecordset_cla->Close( );
            //------------------------------------------------
            j++;
            m_pRecordset_dep->MoveNext( );
```

```
            }
            m_tree.Expand(hCur,TVE_EXPAND);//展开专业树
        }
        m_pRecordset_dep->Close( );
        //--------------------------------------------------------
        i++;
        m_pRecordset_col->MoveNext( );
    }
    m_tree.Expand(hRoot,TVE_EXPAND);//展开院系树
}
m_pRecordset_col->Close( );
UpdateData(FALSE);

return TRUE;    // return TRUE unless you set the focus to a control
}
```

③编译运行程序，登录系统，选择"院系设置"菜单，选中"计科 0901"，得到如图 9-45 所示的结果。

4. 添加目录项操作

当用户选择学院级目录，如选中"信息工程学院"，单击"添加同级目录"按钮，输入学院名称"城建学院"，单击"确定"按钮，新增学院目录添加到树视控件中，如图 9-47 所示，新增系和班级目录依此类推；当用户选择学院级目录，如选中"城建学院"，单击"添加下一级目录"按钮，输入系名称"土木"，单击"确定"按钮，新增系添加到树视控件中，如图 9-48 所示，新增班级目录依此类推。

图 9-47 增加同级目录

图 9-48 增加下一级目录

打开 MFC ClassWizard 为 CDepartDlg 类的"添加同级目录"按钮 ID_ADD_DEPARTBTN 和"添加下一级目录"按钮 IDC_ADD_DEPARTNEXTBTN，分别添加单击 BN_CLICKED 的消息映射函数，并添加代码如下：

```
void CDepartDlg::OnAddDepartbtn( )    //添加同级目录
```

```cpp
{
    if(theApp.m_Level != 2)
    {
        AfxMessageBox("您无权进行院系设置");
        return;
    }

    SetStatus(TRUE,TRUE,TRUE);

    CString sql,text,name,type;

    HTREEITEM hCurItem=m_tree.GetSelectedItem ( );//获取选中的内容
    text=m_tree.GetItemText(hCurItem);

    if(text.CollateNoCase("武昌理工学院") != 0)
    {
        sql="SELECT * FROM Depart where NAME='"+text+"'";
        m_pRecordset_dep.CreateInstance("ADODB.Recordset");

m_pRecordset_dep->Open((_variant_t)sql,_variant_t((IDispatch*)theApp.m_pConnection,
true),adOpenDynamic,adLockOptimistic,adCmdText);
        if(m_pRecordset_dep->GetRecordCount( )!=0)
        {
            type = m_pRecordset_dep->GetCollect("TYPE").bstrVal;//获取节点处类型
            if(type.CompareNoCase("学院") = = 0)//如果为学院,系、班级为无效状态
            {
                SetStatus(TRUE,FALSE,FALSE);
                m_strCollege= "";//等待输入
                m_flag = 0;
            }
            else if(type.CompareNoCase("系") = = 0)//如果为系,班级为无效状态
            {
                SetStatus(FALSE,TRUE,FALSE);
                m_strDepart= "";//等待输入
                m_flag = 1;
            }
            else if(type.CollateNoCase("班级") = = 0)//如果为班级
            {
                SetStatus(FALSE,FALSE,TRUE);
                m_strClass = "";//等待输入
```

```
                    m_flag = 2;
                }
                else
                {
                    return;
                }
            }
            m_pRecordset_dep->Close( );
        }
        else
        {
            return;
        }
        UpdateData(FALSE);
    }
//添加下一级目录操作函数
void CDepartDlg::OnAddDepartnextbtn( )
{
    if(theApp.m_Level != 2)
    {
        AfxMessageBox("您无权进行院系设置");
        return;
    }

    SetStatus(TRUE,TRUE,TRUE);
    CString sql,text,name,type;
    //获取选中的内容
    HTREEITEM hCurItem=m_tree.GetSelectedItem ( );
    text=m_tree.GetItemText(hCurItem);

    if(text.CollateNoCase("武昌理工学院") != 0)
    {
        sql="SELECT * FROM Depart where NAME='"+text+"'";
        m_pRecordset_dep.CreateInstance("ADODB.Recordset");

    m_pRecordset_dep->Open((_variant_t)sql,_variant_t((IDispatch*)theApp.m_pConnection,
true),adOpenDynamic,adLockOptimistic,adCmdText);
        if(m_pRecordset_dep->GetRecordCount( )!=0)
        {
```

```
            type = m_pRecordset_dep->GetCollect("TYPE").bstrVal;//获取节点处的类型
            if(type.CompareNoCase("学院") == 0)
            {
                SetStatus(FALSE,TRUE,FALSE);
                m_strDepart= "";//等待输入
                m_flag = 3;
            }
            else if(type.CompareNoCase("系") == 0)
            {
                SetStatus(FALSE,FALSE,TRUE);
                m_strClass = "";//等待输入
                m_flag = 4;
            }
            else if(type.CollateNoCase("班级") == 0)//如果为班级
            {
                SetStatus(FALSE,FALSE,FALSE);
                AfxMessageBox("没有下一级别");
            }
            else
            {
                return;
            }
        }

        m_pRecordset_dep->Close( );
    }
    else
    {
        return;
    }
    UpdateData(FALSE);
}
```

5. 删除目录项操作

当用户选择学院目录，单击"删除"按钮，然后单击"确定"按钮，学院所属系和班级一同删除，如选中系，系所属的班级一同删除。

打开 MFC ClassWizard 为 CDepartDlg 类的"删除"按钮 ID_DELETEBTN，添加单击 BN_CLICKED 的消息映射函数，并添加代码如下：

```
void CDepartDlg::OnDeletebtn( )
{
```

```cpp
if(theApp.m_Level != 2)
{
    AfxMessageBox("您无权进行院系设置");
    return;
}
SetStatus(TRUE,TRUE,TRUE);
CString sql,text,name,type;
//获取选中的内容
HTREEITEM hCurItem=m_tree.GetSelectedItem ( );
text=m_tree.GetItemText(hCurItem);

if(text.CollateNoCase("武昌理工学院") != 0)
{
    sql="SELECT * FROM Depart where NAME='"+text+"'";
    m_pRecordset_dep.CreateInstance("ADODB.Recordset");

    m_pRecordset_dep->Open((_variant_t)sql,_variant_t((IDispatch*)theApp.m_pConnection,
true),adOpenDynamic,adLockOptimistic,adCmdText);
    if(m_pRecordset_dep->GetRecordCount( )!=0)
    {
        type = m_pRecordset_dep->GetCollect("TYPE").bstrVal;//获取节点处类型
        if(type.CompareNoCase("学院") = = 0)//如果为学院
        {
            m_flag = 5;
        }
        else if(type.CompareNoCase("系") = = 0)//如果为系
        {
            m_flag = 6;
        }
        else if(type.CollateNoCase("班级") = = 0)//如果为班级
        {
            m_flag = 7;
        }
        else
        {
            return;
        }
    }
    m_pRecordset_dep->Close( );
}
```

```
        else
        {
            return;
        }
        UpdateData(FALSE);
}
```

6. 更新目录项操作

保存用户"添加同级目录"、"添加下一级目录"、"删除"的信息。为 CDepartDlg 类的"确定"按钮 IDC_EXECUTEBTN，添加单击 BN_CLICKED 的消息映射函数，并添加代码如下：

```
void CDepartDlg::OnExecutebtn( )
{
        UpdateData(TRUE);

        CString sql;
        CString name,college,depart;
        sql="SELECT * FROM Depart ";
        m_pRecordset_dep.CreateInstance("ADODB.Recordset");
        m_pRecordset_dep->Open((_variant_t)sql,_variant_t((IDispatch*)theApp.m_pConnection,
true),adOpenDynamic,adLockOptimistic,adCmdText);

        switch( m_flag )
        {
        case 0:
            if(m_strCollege.CompareNoCase("") == 0)
                AfxMessageBox("请输入新增学院的名称");
            else
            {
                m_pRecordset_dep->AddNew( );
                m_pRecordset_dep->PutCollect("NAME",(_variant_t)m_strCollege);
                m_pRecordset_dep->PutCollect("TYPE",(_variant_t)"学院");
                m_pRecordset_dep->Update( );
            }
            break;
        case 1:
        case 3:
            if(m_strDepart.CompareNoCase("") == 0)
                AfxMessageBox("请输入新增系的名称");
            else
            {
                m_pRecordset_dep->AddNew( );
```

```cpp
                m_pRecordset_dep->PutCollect("NAME",(_variant_t)m_strDepart);
                m_pRecordset_dep->PutCollect("TYPE",(_variant_t)"系");
                m_pRecordset_dep->PutCollect("COLLEGE",(_variant_t)m_strCollege);
                m_pRecordset_dep->Update( );
            }
            break;
    case 2:
    case 4:
            if(m_strClass.CompareNoCase("")= = 0)
                AfxMessageBox("请输入新增班级的名称");
            else
            {
                m_pRecordset_dep->AddNew( );
                m_pRecordset_dep->PutCollect("NAME",(_variant_t)m_strClass);
                m_pRecordset_dep->PutCollect("TYPE",(_variant_t)"班级");
                m_pRecordset_dep->PutCollect("COLLEGE",(_variant_t)m_strCollege);
                m_pRecordset_dep->PutCollect("DEPART",(_variant_t)m_strDepart);
                m_pRecordset_dep->Update( );
            }
            break;
    case 5:
            if(m_pRecordset_dep->GetRecordCount( )!=0)
            {
                m_pRecordset_dep->MoveFirst( );
                while(!m_pRecordset_dep->adoEOF)
                {
                    name = m_pRecordset_dep->GetCollect("NAME").bstrVal;
                    college = m_pRecordset_dep->GetCollect("COLLEGE").bstrVal;
    if(m_strCollege.CompareNoCase(name)= =0||m_strCollege.CompareNoCase(college)= =0)
                    m_pRecordset_dep->Delete(adAffectCurrent);
                    m_pRecordset_dep->MoveNext( );
                }
            }
            break;
    case 6:
            if(m_pRecordset_dep->GetRecordCount( )!=0)
            {
                m_pRecordset_dep->MoveFirst( );
                while(!m_pRecordset_dep->adoEOF)
```

```
                {
                    name = m_pRecordset_dep->GetCollect("NAME").bstrVal;
                    depart= m_pRecordset_dep->GetCollect("DEPART").bstrVal;

            if(m_strDepart.CompareNoCase(name)==0||m_strDepart.CompareNoCase(depart)==0)
                    m_pRecordset_dep->Delete(adAffectCurrent);
                    m_pRecordset_dep->MoveNext( );
                }
            }
            break;
        case 7:
            if(m_pRecordset_dep->GetRecordCount( )!=0)
            {
                m_pRecordset_dep->MoveFirst( );
                while(!m_pRecordset_dep->adoEOF)
                {
                    name = m_pRecordset_dep->GetCollect("NAME").bstrVal;
                    if(m_strClass.CompareNoCase(name) ==0)
                    m_pRecordset_dep->Delete(adAffectCurrent);
                    m_pRecordset_dep->MoveNext( );
                }
            }
            break;
        default :
            break;
        }
    m_pRecordset_dep->Close( );
    m_tree.DeleteAllItems( );
    OnInitDialog( );
    m_flag = -1;
}
```

9.5.7 课程设置模块设计

课程设置模块管理员能对课程设置进行添加、修改、删除等的操作，并能根据课程号查询该课程设置，如课时、学时、上课时间、地点和任课教师等。课程设置模块界面设计如图9-49所示。

第 9 章 数据库应用及项目开发实例

图 9-49 课程设置界面设计

1. 数据库设计

根据上面分析,设计一张课程设置信息表(Course)用来对课程设置进行管理,如表 9-18 和表 9-19 所示。

表 9-18　　　　　　　　　　课程设置信息表(Course)结构

字段名称	数据类型	说明
COURSEID	文本	课程代码
COURSENAME	文本	课程名称
COURSEHOUR	文本	学　　时
COURSETIME	文本	开课时间
TEACHER	文本	任课教师
COURSEPLACE	文本	上课教室

表 9-19　　　　　　　　　　课程设置信息表(Course)记录信息

COURSEID	COURSENAME	COURSEHOUR	COURSETIME	TEACHER	COURSEPLACE
2001	C 语言	72	2010-2011 学年第一学期	张文学	517
2002	VC++	72	2010-2011 学年第二学期	王国栋	516
2003	数据库	54	2010-2011 学年第二学期	吴江	425
2004	数据结构	72	2010-2011 学年第二学期	旺季松	325
2005	编译原理	54	2011-2012 学年第二学期	易晓燕	518

2. 界面设计

①打开学生信息管理系统应用程序 StuSystem 项目,插入一个新的对话框资源,打开属性对话框将其字体设置为"宋体 9 号",ID 设置为 IDD_COURSEDLG,设置 Styles 属性如图 9-33 所示,与登录对话框相同。双击对话框模板,添加一个新类为 CCourseDlg。

②在对话框上添加控件,设置属性,并添加相应控件的变量如表 9-20 所示。设计完成后

的界面如图9-48所示。

表9-20　　　　　　　　　　课程设置界面控件属性及变量说明

ID	Caption	属性说明	变量类型	变量名
IDC_STATIC	课程代码	静态文本，默认		
IDC_STATIC	课程名称	静态文本，默认		
IDC_STATIC	学时	静态文本，默认		
IDC_STATIC	开课时间	静态文本，默认		
IDC_STATIC	任课教师	静态文本，默认		
IDC_STATIC	上课教室	静态文本，默认		
IDC_EDITID_COUR	——	编辑框，默认	CString	m_strCourID
IDC_EDITNAME_COUR	——	编辑框，默认	CString	m_strCourName
IDC_EDITHOUR_COUR	——	编辑框，默认	CString	m_strCourHour
IDC_EDITTIME_COUR	——	编辑框，默认	CString	m_strCourTime
IDC_EDITTEACHER_COUR	——	编辑框，默认	CString	m_strCourTeacher
IDC_EDITPLACE_COUR	——	编辑框，默认	CString	m_strCourPlace
IDC_DATAGRID_COURSE	课程信息表	DataGrid	CDataGrid	m_dgCour
IDC_ADDBTN_COUR	增加	按钮，默认		
IDC_MODIFYBTN_COUR	修改	按钮，默认		
IDC_DELBTN_COUR	删除	按钮，默认		
IDC_LOOKFORBTN_COUR	查找	按钮，默认		
ID_SAVEBTN_COUR	保存	按钮，默认		

③添加相关类的成员变量和成员函数。
- 在 StuSystemDlg.h 文件中，添加类的成员，代码如下：
　　CCourseDlg *CourDlg;　　//声明课程设置对话框类对象指针
将课程设置对话框类头文件包含进来：#include "CourseDlg.h"。
- 在 CourseDlg.cpp 文件中声明变量，代码如下：
extern CStuSystemApp theApp;
在 CCourseDlg 类的声明 CourseDlg.h 文件中声明变量，代码如下：
public:
　　int type;　　//1=add,2=del,3=modify
- 在 CStuSystemDlg 类的 SetDlgStatus( )函数中，添加代码如下：
void CStuSystemDlg::SetDlgStatus( )
{
　…
　if(status[5])
　{
　　　CourDlg->DestroyWindow( );

　　　　status[5] = FALSE;
　　}
}

④为 CStuSystemDlg 类，添加"课程设置" ID_COURSE 菜单的 COMMAND 消息映射函数 OnCourse ( )，并添加代码如下：

```
void CStuSystemDlg::OnCourse( )
{
    SetDlgStatus( );
    if(theApp.Logstatus)
    {
        CourDlg=new CCourseDlg;
        CourDlg->Create(IDD_COURSEDLG,this);
        CourDlg->ShowWindow(SW_SHOW);
        status[5] = TRUE;
    }
    else
    {
        MessageBox("未登录系统","提示");
    }
}
```

3. 初始课程设置对话框

在登录模块中对 ADO 支持及数据源连接已完成，在其他模块就不需要重新设置。在学生成绩管理模块中直接对数据记录集操作就可以了。当用户在登录系统后，单击"课程设置"菜单，课程设置信息在控件中显示出来，如图 9-50 所示的结果。以下是显示课程设置数据的操作。

图 9-50　课程设置界面显示结果

①在课程设置对话框类 CourseDlg.h 文件中添加数据集对象代码如下：
public:
　　_RecordsetPtr m_pRecordset; //创建记录集对象指针
②打开 MFC ClassWizard 为 CCourseDlg 类添加 WM_INITDIALOG 消息映射函数，并创建学生成绩信息表，添加代码如下：

```
BOOL CCourseDlg::OnInitDialog( )
{
    CDialog::OnInitDialog( );

    type = 0;

    m_pRecordset.CreateInstance("ADODB.Recordset");
    m_pRecordset->Open("SELECT * FROM Course",_variant_t((IDispatch *)theApp.m_pConnection,true),adOpenDynamic,adLockPessimistic,adCmdText);

    m_dgCour.SetRefDataSource(NULL);
    m_dgCour.SetRefDataSource((LPUNKNOWN)m_pRecordset);
    m_dgCour.SetColumnHeaders(2) ;
    //设置表头每一列字段名
    _variant_t var[6]={long(0),long(1),long(2),long(3),long(4),long(5)};
    CString str[6]={"课程代码","课程名称","学时","开课时间","任课教师","上课教室"};
    float width[6]={60,90,3,150,60,60};
    for(int i=0;i<6;i++)
    {
        m_dgCour.GetColumns( ).GetItem(var[i]).SetCaption(str[i]);
        m_dgCour.GetColumns( ).GetItem(var[i]).SetWidth(width[i]);
    }
    //更新列表控件
    m_dgCour.Refresh( );

    if(m_pRecordset->GetRecordCount( )!=0)
    {
        m_pRecordset->MoveFirst( );
        m_strCourID = m_pRecordset->GetCollect("COURSEID").bstrVal;
        m_strCourName = m_pRecordset->GetCollect("COURSENAME").bstrVal;
        m_strCourHour = m_pRecordset->GetCollect("COURSEHOUR").bstrVal;
        m_strCourTime = m_pRecordset->GetCollect("COURSETIME").bstrVal;
        m_strCourTeacher = m_pRecordset->GetCollect("TEACHER").bstrVal;
        m_strCourPlace = m_pRecordset->GetCollect("COURSEPLACE").bstrVal;
    }
```

UpdateData(FALSE);
return TRUE;   // return TRUE unless you set the focus to a control
}

③在 CourseDlg.cpp 文件中将设置表头列的函数包含的头文件加入,代码如下:
#include "Columns.h"
#include "Column.h"
④编译运行程序,得到如图 9-49 所示的结果。
⑤当用户选择课程信息表中记录时,该记录相关信息显示在相应的编辑框控件中。如选择课程代码为 2003,与该课程相关信息在对应的控件中显示。为课程信息表控件 IDC_DATAGRID_COURSE 添加 SelChange 的消息映射函数,并添加代码如下:
void CCourseDlg::OnSelChangeDatagridCourse(short FAR* Cancel)
{
    CString str=m_dgCour.GetText( );//表示第一列的数据

    CString sql;
sql = "select * from Course where COURSEID = '"+str+"'";
m_pRecordset.CreateInstance("ADODB.Recordset");
m_pRecordset->Open((_variant_t)sql,_variant_t((IDispatch
*)theApp.m_pConnection,true),adOpenDynamic,adLockPessimistic,adCmdText);

    if(m_pRecordset->GetRecordCount( )!=0)
    {
        m_strCourID = m_pRecordset->GetCollect("COURSEID").bstrVal;
        m_strCourName = m_pRecordset->GetCollect("COURSENAME").bstrVal;
        m_strCourHour = m_pRecordset->GetCollect("COURSEHOUR").bstrVal;
        m_strCourTime = m_pRecordset->GetCollect("COURSETIME").bstrVal;
        m_strCourTeacher = m_pRecordset->GetCollect("TEACHER").bstrVal;
        m_strCourPlace = m_pRecordset->GetCollect("COURSEPLACE").bstrVal;
    }

    UpdateData(FALSE);
    m_pRecordset->Close( );
}
重新编译运行程序,观察运行效果。
4. 查询课程信息
当用户单击"查找"按钮,提示用户在课程代码的编辑框中,输入课程代码,该课程的信息会显示在相应的编辑框控件中,如图 9-51 所示。

图 9-51 按"按课程代号"查询结果

打开 MFC ClassWizard 为 CCourseDlg 类的"查找"按钮 IDC_LOOKFORBTN_COUR，添加单击 BN_CLICKED 的消息映射函数，并添加代码如下：

```
void CCourseDlg::OnLookforbtnCour( )
{
AfxMessageBox("请在课程代码编辑框输入您要查找的课程代码！ ");
}
```

为"课程代码"编辑框 IDC_EDITID_COUR 添加 EN_CHANGE 的消息映射函数，并添加代码如下：

```
void CCourseDlg::OnChangeEditidCour( )
{
UpdateData(TRUE);

CString sql;
sql = "select * from Course where COURSEID = '"+m_strCourID+"'";
m_pRecordset.CreateInstance("ADODB.Recordset");
m_pRecordset->Open((_variant_t)sql,_variant_t((IDispatch
*)theApp.m_pConnection,true),adOpenDynamic,adLockPessimistic,adCmdText);

if(m_pRecordset->GetRecordCount( )!=0)
{
    m_strCourID = m_pRecordset->GetCollect("COURSEID").bstrVal;
    m_strCourName = m_pRecordset->GetCollect("COURSENAME").bstrVal;
    m_strCourHour = m_pRecordset->GetCollect("COURSEHOUR").bstrVal;
    m_strCourTime = m_pRecordset->GetCollect("COURSETIME").bstrVal;
    m_strCourTeacher = m_pRecordset->GetCollect("TEACHER").bstrVal;
    m_strCourPlace = m_pRecordset->GetCollect("COURSEPLACE").bstrVal;
}
```

```
UpdateData(FALSE);
m_pRecordset->Close( );
}
```

5. 添加操作

当用户单击"增加"按钮，弹出消息对话框，提示用户在课程代码编辑框中输入课程代码、课程名称、学时、开课时间、任课教师及上课教室信息，然后单击"保存"按钮，录入信息保存到相应的数据库中。在课程信息表中可以浏览。

为 CCourseDlg 类的"增加"按钮 IDC_ADDBTN_COUR，添加单击 BN_CLICKED 的消息映射函数，并添加代码如下：

```
void CCourseDlg::OnAddbtnCour( )
{
    if(theApp.m_Level != 2)
    {
        AfxMessageBox("您无权添加课程");
        return;
    }
    m_strCourID= "";
    m_strCourName = "";
    m_strCourHour = "";
    m_strCourTime = "";
    m_strCourTeacher = "";
    m_strCourPlace = "";

    UpdateData(FALSE);
    AfxMessageBox("请在编辑框中输入新课程的信息");
    type = 1;
}
```

6. 修改操作

当用户单击"修改"按钮，弹出提示信息框，要求输入课程代码及相关信息，然后单击"保存"按钮，修改信息保存到相应的数据库中。

为 CCourseDlg 类的"修改"按钮 IDC_MODIFYBTN_COUR，添加单击 BN_CLICKED 的消息映射函数，并添加代码如下：

```
void CCourseDlg::OnModifybtnCour( )
{
    if(theApp.m_Level != 2)
    {
        AfxMessageBox("您无权修改课程");
        return;
    }
```

```
    if(AfxMessageBox("确定修改此课程吗？",MB_YESNO)= =IDYES)
        type = 3;
}
```

7. 删除操作

当用户在"课程信息表"中选中某记录，或输入删除学生的学号和课程号，单击"删除"按钮，弹出提示信息框，然后单击"保存"按钮，删除信息保存到相应的数据库中。

为 CCourseDlg 类的"删除"按钮 IDC_DELBTN_COUR，添加单击 BN_CLICKED 的消息映射函数，并添加代码如下：

```
void CCourseDlg::OnDelbtnCour( )
{
    if(theApp.m_Level != 2)
    {
        AfxMessageBox("您无权删减课程");
        return;
    }
    if(AfxMessageBox("确定删除此课程吗？",MB_YESNO)= =IDYES)
        type = 2;
}
```

8. 保存操作

保存用户"增加"、"修改"、"删除"信息。为 CCourseDlg 类的"保存"按钮 ID_SAVEBTN_SCORE，添加单击 BN_CLICKED 的消息映射函数，并添加代码如下：

```
void CCourseDlg::OnSavebtnCour( )
{
    UpdateData(TRUE);

    CString courid,sql;
    sql = "select * from Course ";
    m_pRecordset.CreateInstance("ADODB.Recordset");
    m_pRecordset->Open((_variant_t)sql,_variant_t((IDispatch
*)theApp.m_pConnection,true),adOpenDynamic,adLockPessimistic,adCmdText);

    switch(type)
    {
    case 1:
        m_pRecordset->AddNew( );
        m_pRecordset->PutCollect("COURSEID",(_variant_t)m_strCourID);
        m_pRecordset->PutCollect("COURSENAME",(_variant_t)m_strCourName);
        m_pRecordset->PutCollect("COURSEHOUR",(_variant_t)m_strCourHour);
        m_pRecordset->PutCollect("COURSETIME",(_variant_t)m_strCourTime);
        m_pRecordset->PutCollect("TEACHER",(_variant_t)m_strCourTeacher);
```

```cpp
            m_pRecordset->PutCollect("COURSEPLACE",(_variant_t)m_strCourPlace);
        m_pRecordset->Update( );
        break;
case 2:
    if(m_pRecordset->GetRecordCount( )!=0)
    {
        m_pRecordset->MoveFirst( );
        while(!m_pRecordset->adoEOF)
        {
            courid=m_pRecordset->GetCollect("COURSEID").bstrVal;
            if(courid.CompareNoCase(m_strCourID) == 0)
                m_pRecordset->Delete(adAffectCurrent);
            m_pRecordset->MoveNext( );
        }
    }
    break;
case 3:
    if(m_pRecordset->GetRecordCount( )!=0)
    {
        m_pRecordset->MoveFirst( );
        while(!m_pRecordset->adoEOF)
        {
            courid=m_pRecordset->GetCollect("COURSEID").bstrVal;
            if(courid.CompareNoCase(m_strCourID) = = 0)
            {
            m_pRecordset->PutCollect("COURSENAME",(_variant_t)m_strCourName);
            m_pRecordset->PutCollect("COURSEHOUR",(_variant_t)m_strCourHour);
            m_pRecordset->PutCollect("COURSETIME",(_variant_t)m_strCourTime);
            m_pRecordset->PutCollect("TEACHER",(_variant_t)m_strCourTeacher);
            m_pRecordset->PutCollect("COURSEPLACE",(_variant_t)m_strCourPlace);
            }
            m_pRecordset->MoveNext( );
        }
    }
    break;
default:
    break;
}
type = 0;
m_pRecordset->Close( );
```

OnInitDialog( );
}

9.5.8 用户管理模块设计

用户管理模块管理员能进行添加、修改、删除用户的操作,用户管理模块界面设计如图 9-52 所示。

图 9-52 用户管理界面设计

1. 数据库设计

用户管理模块的数据信息与登录对话框是一致的,使用登录对话框设计的用户信息表 (UserInfo)来存放用户信息,如表 9-3 和表 9-4 所示。

2. 界面设计

①打开学生信息管理系统应用程序 StuSystem 项目,插入一个新的对话框资源,打开属性对话框将其字体设置为"宋体 9 号",ID 设置为 IDD_USERDLG,设置 Styles 属性如图 9-33 所示,与登录对话框相同。双击对话框模板,添加一个新类为 CUserDlg。

②在对话框上添加控件,设置属性,并添加相应控件的变量如表 9-21 所示。设计完成后的界面如图 9-52 所示。

表 9-21　　用户管理模块控件属性设置及变量说明

控件 ID	Caption	属性说明	变量类型	变量名
IDC_STATIC	用 户 名:	默认		
IDC_STATIC	密　　码:	默认		
IDC_STATIC	用户类型:	默认		
IDC_EDIT_NAME		默认	CString	m_strUsName
IDC_EDIT_PWD		默认	CString	m_strUsPwd
IDC_COMBO_USER		不选中 Sort	CString	m_strUsType
			CComboBox	m_comboUser
IDC_ADD_BTN	添加			

续表

控件 ID	Caption	属性说明	变量类型	变量名
IDC_MODIFY_BTN	修改			
IDC_DEL_BTN	删除			
IDC_EXECUTE_BTN	确定			
IDC_DATAGRID_USER	用户信息表		CDataGrid	m_dgUser

③添加相关类的成员变量和成员函数：
- 在 StuSystemDlg.h 文件中，添加类的成员，代码如下：
  CUserDlg *userDlg;   //声明用户管理对话框类对象指针
  将课程设置对话框类头文件包含进来：#include "UserDlg.h"。
- 在 UserDlg.cpp 文件中声明扩展变量，代码如下：
  extern CStuSystemApp theApp;
  在 CUserDlg 类的声明 UserDlg.h 文件中声明变量，代码如下：
  public:
    int type;   //1=add,2=del,3=modify
- 在 CStuSystemDlg 类的 SetDlgStatus( )函数中，添加代码如下：

```
void CStuSystemDlg::SetDlgStatus( )
{
    …
    if(status[6])
    {
        userDlg->DestroyWindow( );
        status[6] = FALSE;
    }
}
```

④为 CStuSystemDlg 类，添加"用户管理" ID_USER 菜单的 COMMAND 消息映射函数 OnUser( )，并添加代码如下：

```
void CStuSystemDlg::OnUser( )
{
    SetDlgStatus( );
    if(theApp.Logstatus)
    {
        userDlg=new CUserDlg;
        userDlg->Create(IDD_USERDLG,this);
        userDlg->ShowWindow(SW_SHOW);
        status[6] = TRUE;
    }
    else
```

{
    MessageBox("未登录系统","提示");
}
}

3. 初始化用户管理对话框

在登录模块中对 ADO 支持及数据源连接已完成,在其他模块就不需要重新设置。在用户管理模块中直接对数据记录集操作就可以了。当用户在登录系统后,单击"用户管理"菜单,用户管理信息在控件中显示出来,如图 9-53 所示的结果。以下是显示用户管理数据的操作。

图 9-53 用户管理界面显示结果

①在用户管理对话框类 UserDlg.h 文件中添加数据集对象代码如下:
public:
　　_RecordsetPtr m_pRecordset; //创建记录集对象指针
②打开 MFC ClassWizard,为 CUserDlg 类添加 WM_INITDIALOG 消息映射函数,并创建用户管理信息表,添加代码如下:
BOOL CUserDlg::OnInitDialog( )
{
CDialog::OnInitDialog( );

m_comboUser.AddString("学生");
m_comboUser.AddString("教师");
m_comboUser.AddString("管理员");
m_comboUser.SetCurSel(0);
CString str;
int i;
m_pRecordset.CreateInstance("ADODB.Recordset");

第9章 数据库应用及项目开发实例

```
    m_pRecordset->Open("select * from UserInfo",_variant_t((IDispatch *)theApp.m_
pConnection,true),adOpenDynamic,adLockPessimistic,adCmdText);

    if(m_pRecordset->GetRecordCount( )!=0)
    {
        m_pRecordset->MoveFirst( );
        m_strUsName = m_pRecordset->GetCollect("NAME").bstrVal;
        m_strUsPwd = m_pRecordset->GetCollect("PASSWORD").bstrVal;
        i = m_pRecordset->GetCollect("LEVEL").lVal;
        switch(i)
        {
        case 0:
            m_strUsType = "学生";
            break;
        case 1:
            m_strUsType = "教师";
            break;
        case 2:
            m_strUsType = "管理员";
            break;
        default:
            break;
        }
    }
    m_dgUser.SetRefDataSource(NULL);
    m_dgUser.SetRefDataSource((LPUNKNOWN)m_pRecordset);
    m_dgUser.SetColumnHeaders(2) ;
    m_dgUser.Refresh( );

    UpdateData(FALSE);
    return TRUE;   // return TRUE unless you set the focus to a control
}
```

③编译运行程序，得到如图9-52所示的结果。

④当用户选择用户信息表中记录时，该记录相关信息显示在相应的编辑框控件中。如选择用户名为"222222"的用户，与该用户相关信息在对应的控件中显示。为用户信息表控件IDC_DATAGRID_USER 添加 SelChange 的消息映射函数，并添加代码如下：

```
void CUserDlg::OnSelChangeDatagridUser(short FAR* Cancel)
{
    CString str = m_dgUser.GetText( );//表示第一列的数据
```

```cpp
    CString sql;
    int i;
    sql = "select * from UserInfo where NAME = '"+str+"'";
    m_pRecordset.CreateInstance("ADODB.Recordset");
    m_pRecordset->Open((_variant_t)sql,_variant_t((IDispatch
*)theApp.m_pConnection,true),adOpenDynamic,adLockPessimistic,adCmdText);

    if(m_pRecordset->GetRecordCount( )!=0)
    {
        m_strUsName = m_pRecordset->GetCollect("NAME").bstrVal;
        m_strUsPwd = m_pRecordset->GetCollect("PASSWORD").bstrVal;
        i = m_pRecordset->GetCollect("LEVEL").lVal;
        switch(i)
        {
        case 0:
            m_strUsType = "学生";
            break;
        case 1:
            m_strUsType = "教师";
            break;
        case 2:
            m_strUsType = "管理员";
            break;
        default:
            break;
        }
    }

    UpdateData(FALSE);
    m_pRecordset->Close( );
}
```

此代码添加后,重新编译运行程序,按上面操作说明,观察程序运行效果。

4. 添加操作

当用户单击"添加"按钮,弹出消息对话框,提示用户在编辑框中输入新用户信息,然后单击"确定"按钮,添加信息保存到相应的数据库中。

为CUserDlg类的"添加"按钮IDC_ADD_BTN,添加单击BN_CLICKED的消息映射函数,并添加代码如下:

```cpp
void CUserDlg::OnAddBtn( )
{
    if(theApp.m_Level != 2)
```

```
        {
            AfxMessageBox("您无权添加用户");
            return;
        }
m_strUsType = "";
m_strUsName = "";
m_strUsPwd = "";

AfxMessageBox("请输入新的用户信息");
type = 1;
UpdateData(FALSE);
}
```

5. 修改操作

当用户选择用户信息表控件中的记录项,单击"修改"按钮,弹出提示信息框,提示用户"确定修改用户权限吗?",如果确定修改,在组合框中重新选择"用户类型"。然后单击"确定"按钮,该记录权限修改信息保存到相应的数据库中。

为 CUserDlg 类的"修改"按钮 IDC_MODIFY_BTN,添加单击 BN_CLICKED 的消息映射函数,并添加代码如下:

```
void CUserDlg::OnModifyBtn( )
{
    if(theApp.m_Level != 2)
    {
        AfxMessageBox("您无权修改用户权限");
        return;
    }
    if(AfxMessageBox("确定修改此用户信息吗? ",MB_YESNO)==IDYES)
        type = 2;
}
```

6. 删除操作

当用户选择用户信息表控件中的某记录项,单击"删除"按钮,弹出提示信息框,确认是否删除,然后单击"确定"按钮,该记录信息从数据库中删除。

为 CUserDlg 类的"删除"按钮 IDC_DEL_BTN,添加单击 BN_CLICKED 的消息映射函数,并添加代码如下:

```
void CUserDlg::OnDelBtn( )
{
    if(theApp.m_Level != 2)
    {
        AfxMessageBox("您无权删除用户");
        return;
    }
```

```
        if(AfxMessageBox("确定删除此用户吗？",MB_YESNO)= =IDYES)
            type = 3;
    }
```

7. 保存操作

当用户进行"添加"、"修改"、"删除"操作后，要更新后台数据库的数据，单击"确定"按钮就可以实现。为 CUserDlg 类的"确定"按钮 IDC_EXECUTE_BTN，添加单击 BN_CLICKED 的消息映射函数，并添加代码如下：

```
    void CUserDlg::OnExecuteBtn( )
    {
     UpdateData(TRUE);

     CString sql,str,name;
     int i;
     sql = "select * from UserInfo ";
     m_pRecordset.CreateInstance("ADODB.Recordset");
     m_pRecordset->Open((_variant_t)sql,_variant_t((IDispatch
*)theApp.m_pConnection,true),adOpenDynamic,adLockPessimistic,adCmdText);
     switch(type)
     {
     case 1:
         m_pRecordset->AddNew( );
         m_pRecordset->PutCollect("NAME",(_variant_t)m_strUsName);   //用户名
         m_pRecordset->PutCollect("PASSWORD",(_variant_t)m_strUsPwd);//密码
         if(m_strUsType.CompareNoCase("学生")= =0)     //类型
             i = 0;
         else if(m_strUsType.CompareNoCase("教师")= =0)
             i = 1;
         else if(m_strUsType.CompareNoCase("管理员")= =0)
             i = 2;
         else
             return;
         str.Format("%d",i);
         m_pRecordset->PutCollect("LEVEL",(_variant_t)str);
         m_pRecordset->Update( );
         break;
     case 2:
         if(m_pRecordset->GetRecordCount( )!=0)
         {
             m_pRecordset->MoveFirst( );
             while(!m_pRecordset->adoEOF)
```

```cpp
            {
                name=m_pRecordset->GetCollect("NAME").bstrVal;
                if(name.CompareNoCase(m_strUsName) = = 0)
                {
                    m_pRecordset->PutCollect("PASSWORD",(_variant_t)m_strUsPwd);//密码
                        if(m_strUsType.CompareNoCase("学生")= =0)    //类型
                            i = 0;
                        else if(m_strUsType.CompareNoCase("教师")= =0)
                            i= 1;
                        else if(m_strUsType.CompareNoCase("管理员")= =0)
                            i = 2;
                        else
                            return;
                        str.Format("%d",i);
                        m_pRecordset->PutCollect("LEVEL",(_variant_t)str);
                }
                m_pRecordset->MoveNext( );
            }
        }
        break;
    case 3:
        if(m_pRecordset->GetRecordCount( )!=0)
        {
            m_pRecordset->MoveFirst( );
            while(!m_pRecordset->adoEOF)
            {
                name=m_pRecordset->GetCollect("NAME").bstrVal;
                if(name.CompareNoCase(m_strUsName) == 0)
                    m_pRecordset->Delete(adAffectCurrent);
                m_pRecordset->MoveNext( );
            }
        }
        break;
    default:
        break;
    }

    m_pRecordset->Close( );
    UpdateData(FALSE);
    type = 0;
}
```

习 题

1. MFC 提供的数据库编程方式有哪些？它们有何不同？
2. 什么是 ODBC？
3. 在 MFC 中使用 ODBC 技术的一般步骤是怎样的？
4. 在 ODBC 中如何使用 CRecordSet 类的成员函数进行数据的添加、修改和删除操作？
5. ADO Data 控件和 DataGrid 控件各实现什么功能？它们之间有什么关系？
6. DataList 控件和 DataCombo 控件各实现什么功能？它们之间有什么关系？
7. MFC 应用程序使用 ADO 数据库编程的一般过程是怎样的？
8. ADO 访问数据库，需要用到哪些内置对象？这些对象各有什么作用？
9. ADO 有哪几种对象指针？返回的值是什么？
10. 在 MFC 应用程序中如何导入 ADO 接口？
11. 在 MFC 应用程序中，如何创建 ADO 连接对象并打开与数据源的连接？具体实现代码如何编写？
12. 在 ADO 中，对记录集操作使用 SQL 命令的执行方式有哪两种？具体实现代码如何编写？
13. 在 ADO 中，对记录集进行添加记录、修改记录、删除记录和关闭操作的函数是什么？试举例说明代码如何编写。

附录A C/C++主要关键字及其用途

关 键 字	用 途	说 明
char		一个字节长的字符值
short		短整数
int		整数
unsigned		无符号类型,最高位不作为符号位
long	数	长整数
float		单数度实数
double		双精度实数
struct	据	用于定义结构体
union		用于定义共用体
void		空类型,用它定义的对象不具有任何值
enum	类	定义枚举类型
signed		有符号类型,最高位作为符号位
const		表明这个量在程序执行过程中不可变
volatile	型	表明这个量在程序执行过程中可被隐含地改变
typedef		用于定义同义数据类型
auto	存	自动变量
register	储	寄存器类型
static	类	表态变量
extern	别	外部变量声明
break		退出一层循环或switch语句
case		switch语句中的情况选择
continue		跳到下一轮循环
default		switch语句中"其余情况"标号
do	流	在do…while循环中的循环起始标记
else		if语句中的"另一种选择"
for	程	带有初值、测试和增量的一种循环
goto		转移到标号指定的地方
if	控	语句的条件执行
return		返回到调用函数
switch	制	从所有列出的动作中作出选择
while		在while和do…while循环中语句的条件执行

续表

关　键　字	用　途	说　明
class	类相关	定义类标识
public		公开成员说明
private		私有成员说明
protected		保护成员说明
virtual		指明虚基类或虚函数
friend		友元声明符
template		定义模板
operator		运算符函数名
try	异常处理	异常处理
throw		异常抛出
catch		捕捉异常类型
new	动态分配	申请动态内存块
delete		释放动态内存块
inline	其他	内置函数
asm		汇编声明
sizeof		计算表达式和类型的字节数

附录B C/C++运算符的优先级别

优先级类别	符号	操作描述	结合方向	优先级类别	符号	操作描述	结合方向
1.最高级	( )	函数调用	从右向左	7.关系	<	小于	从左向右
	[ ]	数组下标			<=	小于或等于	
	->	成员间接选择			>	大于	
	::	作用域限定			>=	大于或等于	
	.	成员直接选择		8.关系	==	等于	
2.一元运算	!	逻辑非			!=	不等于	
	~	按位求反		9.位与	&	按位与	
	+	正		10.位异或	^	按位异或	
	-	负		11.位或	|	按位或	
	++	增1		12.与	&&	逻辑与	
	--	减1		13.或	||	逻辑或	
	&	求地址,引用		14.条件	?:	则,否则	
	*	指针,间接访问		15.赋值	=	赋值	从右向左
	sizeof	求存储空间字节数			*=	赋值乘	
	new	申请动态空间			/=	赋值除	
	delete	释放动态空间			+=	赋值加	
3.成员访问	.	间接引用	从左向右		-=	赋值减	
	->	指针间接引用			&=	赋值与	
4.乘除模	*	乘			^=	赋值异或	
	/	除			|=	赋值或	
	%	模(求余)			<<=	赋值左移	
5.加减	+	加			>>=	赋值右移	
	-	减		16.逗号	,	顺序求值	从左向右
6.移位	<<	左移					
	>>	右移					

参考文献

[1] 郑阿奇.Visual C++实用教程（第3版）[M].北京：电子工业出版社，2007.
[2] 郑阿奇.Visual C++教程（第2版）[M].北京：电子工业出版社，2008.
[3] 王育坚.Visual C++面向对象编程教程[M].北京：清华大学出版社，2003.
[4] 侯其锋,李晓华,李莎. Visual C++数据库通用模块开发与系统移植[M]. 北京：清华大学出版社，2007.
[5] 朱晴婷，黄海鹰，陈莲群. Visual C++程序设计基础与实例分析[M].北京：清华大学出版社，2004.
[6] 黄维通.Visual C++面向对象与可视化程序设计[M].北京：清华大学出版社，2002.
[7] 网冠科技.Visual C++6.0 MFC时尚编程百例[M].北京：机械工业出版社，2004.
[8] 胡海生.Visual C++6.0编程学习捷径[M].北京：清华大学出版社，2003.
[9] 康博创作室.Visual C++高级编程[M].北京：清华大学出版社，1999.
[10] 尹立民.Visual C++6.0应用编程150例[M].北京：电子工业出版社，2004.
[11] 吴金平. Visual C++6.0编程与实践[M]. 北京：中国水利水电出版社，2004.
[12] 梁普选主编. Visual C++程序设计与实践[M].北京：清华大学出版社，2005.
[13] 吕凤翥.C++语言简明教程[M]. 北京：清华大学出版社,2007.
[14] David Vandevoorde,Nicolai M Josutties.C++ Templates 中文版[M].陈伟柱，译.北京：北京大学出版社,1999.
[15] 李春葆. C++语言—习题与解析[M]. 北京：清华大学出版社,2001.